城市荒野景观

[英] 安娜·乔根森　理查德·基南　编著
邵钰涵　徐欣瑜　译

中国建筑工业出版社

著作权合同登记图字：01-2019-4011 号

图书在版编目（CIP）数据

城市荒野景观 /（英）安娜·乔根森，（英）理查德·基南编著；邵钰涵，徐欣瑜译．—北京：中国建筑工业出版社，2020.8
书名原文：Urban Wildscapes
ISBN 978-7-112-25267-1

Ⅰ.①城… Ⅱ.①安… ②理… ③邵… ④徐… Ⅲ.①城市景观－景观设计－研究 Ⅳ.① TU984.1

中国版本图书馆 CIP 数据核字（2020）第 106813 号

Urban Wildscapes，1st Edition/Anna Jorgensen，Richard Keenan，9780415581066

责任编辑：戚琳琳　董苏华
责任校对：李欣慰

城市荒野景观
[英] 安娜·乔根森　理查德·基南　编著
邵钰涵　徐欣瑜　译
*
中国建筑工业出版社出版、发行（北京海淀三里河路9号）
各地新华书店、建筑书店经销
北京雅盈中佳图文设计公司制版
天津图文方嘉印刷有限公司印刷
*
开本：787×1092毫米　1/16　印张：14$^{3}/_{4}$　字数：276千字
2020年6月第一版　2020年6月第一次印刷
定价：162.00元
ISBN 978-7-112-25267-1
（35706）

目录

第三部分　景观实践启示

中文版序

中文关于野、野性（wildness）的引申组词很多，原野、旷野、荒野、野地等等，其本意就在“野”。“野”的源意应该是自然原始，大自然是野的根据地。从人居环境学的角度，“野”代表着原始自然的生存环境。野、乡、城是组成人居环境的三元，三元一体，耦合存在。与演进了数万年的乡和已有近万年的城相比，“野”作为人类栖息的环境曾经发挥了数百万年的主要作用，从生理、习惯到心理、精神，从基因遗传到文明传递，“野”对于形成当代人类的基本、深层、潜意识作用既不可或缺，也无可替代。在野－乡－城尚无逆转迹象的演进中，在一百多年的城镇化进程中，“野”正在加速地远去、消失，人居环境因此也出现了因缺少远离自然之野所产生的一系列负面连锁反应。而且，从小到大，从全球性的气候乱变到世界性的病毒流行，从当今人类时空意识的错乱到世界未来问题层出不穷和越发地不确定，破坏自然与远离自然之野的恶果正在逼迫人类觉醒。让人类回归自然，在城市中引入并留住自然之野，已变得极为迫切而时不我待了。

在广义人居环境的概念之下，从风景园林师和城市设计师的理论与实践角度，本书作者们围绕城市之野展开了非“一家之言”的丰富探讨。透过这些具体的研究实践，自然之野的存在、意义、目的变得如此具体而生动，从风景园林学科专业理解到城市风景园林、景观规划设计实践，充满了启发和借鉴，在当今充满人工的人居世界，为我们带来了一股自然清流，点明了未来城市的希望之路。

感谢译者辛勤、严谨而忘我的工作。

2020年4月于新疆西天山脚下

撰稿人简介

克里斯·贝恩斯（Chris Baines），是一位独立的环保主义者，也是一位一流的播音员。直到 1986 年，他一直在给研究生教授景观设计和管理。贝恩斯是 20 世纪 70 年代末英国首批城市野生动物信托基金的创始人之一。他的著作《如何打造野生花园》（*How to Make a Wildlife Garden*，弗朗西丝·林肯出版社，1985）已经畅销了 25 年之久。贝恩斯与企业、中央和地方政府的客户合作，他也是英国皇家野生动物信托基金（Royal Society of Wildlife Trusts）的副主席。现居于伍尔弗汉普顿市市中心。

乔恩·宾尼（Jon Binnie），是曼彻斯特城市大学（Manchester Metropolitan University）的一位人文地理学准教授。他的研究方向是性与都市和跨国政治。他是《性的全球化》（*The Globalization of Sexuality*，世哲出版社，2004）的作者，《有性公民——酷儿政治及其以后》（*The Sexual Citizen：Queer Politics and Beyond*，政治出版社，2000）和《欢乐区——身体、城市、空间》（*Pleasure Zones：Bodies, Cities, Spaces*，雪城大学出版社，2001）的合著者；也是《世界都市主义》（*Cosmopolitan Urbanism*，劳特里奇出版社，2005）的主编之一，是《政治地理学》（*Political Geography*）、《社会与文化地理》（*Social and Cultural Geography*）、《环境与规划 A》（*Environment and Planning A*）等刊物特刊的合编者。

蕾妮·德瓦尔（Renée de Waal），自 2010 年起担任荷兰瓦格宁根大学（Wageningen University）风景园林研究小组的博士研究员，研究方向是可再生能源和景观美学。她 2009 年毕业于瓦格宁根大学风景园林专业，在德国普鲁斯勒州（Fürst-Pückler-Land）国际建筑展（Internationale Bauausstellung，IBA）实习并完成毕业论文。

阿尔金·德威特（Arjen de Wit），自 2008 年来一直担任德国普鲁斯勒州国际建筑展（IBA）卢萨蒂亚湖区（Lusatian Lakeland）项目负责人。2006 年毕业于瓦格宁根大学规划专业，之后在瓦格宁根大学担任土地利用规划和社会空间分析研究小组的研究员。

奈杰尔·邓尼特（Nigel Dunnett），是设菲尔德大学（the University of Sheffield）景观系城市园艺学教授，也是屋顶绿化中心的主任。他的专业背景是生态学、植物学、园艺学、园林与景观设计。邓尼特的实践项目广泛融合了上述学科，主要集中在屋顶花园、雨水花园和自然主义种植设计方面。他开创了"画布草甸"的概念并从事广泛的自然主义种植设计咨询工作，包括2012年伦敦奥林匹克公园的种植设计。

蒂姆·伊登索（Tim Edensor），在曼彻斯特城市大学教授文化地理学。他著有《泰姬陵的游客》（*Tourists at the Taj*，劳特里奇出版社，1998）、《民族认同、大众文化与日常生活》（*National Identity*，*Popular Culture and Everyday Life*，伯格出版社，2002）和《工业废墟：空间、美学与物质性》（*Industrial Ruins*：*Space*，*Aesthetics and Materiality*，伯格出版社，2005）；是《地理的韵律》（*Geographies of Rhythm*，阿什盖特出版社，2010）的主编；是《本土创意空间》（*Spaces of Vernacular Creativity*，劳特里奇出版社，2009）和《西方之外的城市论——城市的世界》（*Urban Theory Beyond the West*：*A World of Cities*，劳特里奇出版社，2011）的合编者。蒂姆写了大量关于国家认同、旅游、工业废墟、步行、驾驶、足球文化和城市物质性的文章，目前正在研究景观照明。

贝森·埃文斯（Bethan Evans），是杜伦大学（Durham University）地理和医学人文中心的讲师。曾在《英国地理学家学会学报》（*Transactions of the Institute of British Geographers*）、《对极》（*Antipode*）、《性别、地方和文化》（*Gender*，*Place and Culture*）、《地理罗盘》（*Geography Compass*）、《领域》（*Area*）等刊物上发表文章。她的研究方向是儿童地理学、肥胖问题、身体健康表征和关键方法。她目前正在进行一个经济和社会研究委员会（Economic and Social Research Council）委托的项目，主题是反肥胖政策下的建成环境，并撰写《肥胖的身体、肥胖的空间——肥胖的关键地理位置》（*Fat Bodies*，*Fat Spaces*：*Critical Geographies of Obesity*，威立出版社）一书，作为《对极》系列丛书中的一本。

保罗·H·格博斯特（Paul H. Gobster），是美国农业部林业局芝加哥北部研究站的社会科学家，也是《景观与城市规划》（*Landscape and Urban Planning*）的编辑之一。他目前的研究内容是调查人们对自然区域恢复和管理的看法，探讨景观美学价值和生态价值之间的关系，研究健康生活导向的城市绿地设计和政策。

凯瑟琳·希瑟林顿（Catherine Heatherington），博士毕业于英国设菲尔德大学景观系，她也在伦敦从事园林设计实践工作。她喜欢东英格兰的沼泽和天空——在那里她度过了童年。在她的许多花园中都能看到这些宁静的风景的缩影。凯瑟琳对荒野的迷恋可以追溯到早年她探索废弃的水边遗址和她家附近腐烂的船只残骸的经历。

玛丽亚·赫尔斯特伦·赖默尔（Maria Hellström Reimer），视觉艺术家，风景园林博士，现任瑞典马尔默大学（Malmö University）艺术与传播学院设计理论教授。她的研究方向从理论美学和艺术行动主义到城市研究和设计方法论。她实践的项目包括一个围绕空间实践、技术和想象展开的跨学科国际合作艺术项目——土地利用诗学（Land Use Poetics）。她也是斯德哥尔摩皇家理工学院（Royal College of Technology，Stockholm）设计系客座教授，同时是瑞典研究委员会（Swedish Research Council's Committee）艺术研究部门的成员。

朱利安·霍洛韦（Julian Holloway），是曼彻斯特城市大学地理与环境管理系人文地理学高级讲师。他的研究集中在情感、具现和实践的地理性，特别关注宗教、灵性和超自然现象。他在《环境与规划 A》、《美国地理学家协会年鉴》（*Annals of the Association of American Geographers*）、《文化地理学》（*Cultural Geographies*）等期刊上发表了大量与这些方向相关的文章。他也是《世界都市主义》的合编者之一。

安娜·乔根森（Anna Jorgensen），现任英国设菲尔德大学景观系系主任。她的研究方向是城市绿地和开放空间的意义和效益，她也对城市森林和其他城市荒野景观特别感兴趣。是杂志《景观研究》（*Landscape Research*）的副主编之一。

理查德·基南（Richard Keenan），在 2001 年至 2010 年致力于环境和社会问题的沟通，主要从事市场营销和传播方面的工作，而且是一名艺术家。2002 年他在约克郡的一个区域性组织工作，于 2005 年离职，创立了环境室有限公司（Environment Room Ltd）。在担任了五年的总监后，他离开了公司。现专注于个人艺术实践项目“现在博物馆”（The Museum of Now）。该项目结合了摄影、视频、音乐和装置艺术以反映当代社会的问题。

安德烈亚斯·兰格（Andreas Langer），是一名受过专业训练的工程师，在柏林工业大学（Technical University of Berlin）学习景观规划（1978—1984年）。他曾是柏林工业大学生态研究所的助理研究员（1988—1992年），专门从事植物群落学的研究。自1992年以来，他一直是规划与景观开发（Planungsgruppe Landschaftsentwicklung）事务所的合伙人，主要从事景观、环境规划有关工作。

李一晨，设菲尔德大学景观系风景园林学硕士（2008—2010年），主要从事景观规划设计工作，尤其是后工业景观的再生。2010年，作为上海世博会总策划助理，协助编撰《上海世博会规划》、《上海世博会景观绿化》等刊物。李一晨目前是凯达环球城市设计景观有限公司（Aedas Urban Design & Landscape Ltd）的助理景观设计师。

莉莉·列克卡（Lilli Lička），是奥地利维也纳自然资源和应用生命科学大学（the University of Natural Resources and Applied Life Sciences）空间、景观和基础设施科学系风景园林研究所所长。她在荷兰从事专业实践工作，自1991年以来在维也纳与乌苏拉·高丝（Ursula Kose）合作创立了koselička景观建筑事务所（见www.koselicka.at）。完成的项目有住宅、历史景观、公园、花园和城市公共空间等方面的。

史蒂夫·米林顿（Steve Millington），是曼彻斯特城市大学人文地理学高级讲师。他的研究方向包括足球与地方特色、场所营销与品牌，以及灯光、场所和社会之间的关系，如圣诞灯饰和布莱克浦彩灯节（Blackpool Illuminations）等。史蒂夫在《社会学》（*Sociology*）、《环境与规划A》等国际期刊上发表过大量文章。他还是两本论文集《世界都市主义》（*Cosmopolitan Urbanism*，劳特里奇出版社，2005）和《本土创意空间》（*Spaces of Vernacular Creativity*，劳特里奇出版社，2009）的合编者。史蒂夫也是场所管理学会（the Institute of Place Management）的会员。

海伦·莫尔斯·帕尔默（Helen Morse Palmer），是一位自由艺术家（www.missmorsepalmer.com）。她定期为车站歌剧院（Station House Opera and）设计和表演，是现场艺术花园倡议（Live Art Garden Initiative）的成员之一。她与约翰·戴勒（John Deller）合作成立了瞭望哨艺术团体（Lookoutpost Artists Group）。自2008年起，海伦还兼职为埃平森林区（Epping Forest District Council）担任社区艺术家。海伦是布鲁博物馆（Blue Museum）的小物件研究会茶艺活动的积极参与者、工作坊的领导者，并持有武术黑带。

海伦拥有英国雷丁大学（Reading University）艺术学一级荣誉学位和伦敦艺术大学中央圣马丁学院（Central Saint Martins）艺术学硕士学位。

凯蒂·马格福德（Katy Mugford），坚信冒险、想象力和玩耍对成人和儿童同样重要。她在约克大学（University of York）和伦敦大学伯贝克学院（Birkbeck College）学习艺术史。她喜欢写作和绘画。

马蒂亚斯·奎斯特伦（Mattias Qviström），拥有瑞典农业科学大学（the Swedish University of Agricultural Sciences，SLU）风景园林硕士（1998）和博士（2003）学位。他的博士论文是关于20世纪早期道路规划中的风景理论和时间、速度和地点观念物化的。自2008年以来，他一直担任SLU风景园林系景观规划副教授。从2004年起，他主持了多个关于城市化和城市边缘地区景观变化的研究项目，重点研究空间规划与日常生活之间的相互作用。他目前的研究将景观和规划史结合起来，探讨城市扩张和城市周边景观的议题。

伊恩·D·罗瑟拉姆（Ian D. Rotherham），环境地理学家、生态学家和景观历史学家，设菲尔德哈勒姆大学（Sheffield Hallam University）环境地理学教授、国际研究协调员，是旅游与环境变化方向的准教授。他是城市生态学和环境史方面的国际权威。他对约克郡景观的历史与生态、城市河流生态与历史等方面进行了广泛的研究和写作。他的研究兴趣在于人类活动对历史景观难以辨别的改造。伊恩有关这一主题的工作——关于人与洪水的关系的文章已经被广泛报道。他还撰写、广播有关环境问题的文章。

杜戈尔·谢里登（Dougal Sheridan），是英国阿尔斯特大学（the University of Ulster）建筑学讲师，也是建筑倡议研究组（Building Initiative Research Group，www.buildinginitiative.org）和LID建筑事务所（www.lid.architecture.net）的成员。他的研究成果主要集中在与城市空间占用相关的批判论上，在实践中发表的论文和获奖作品则与景观概念和策略在建筑和城市主义中的运用有关。

玛丽安·泰莱科特（Marian Tylecote），生于南非。在搬到英国前，她在南非学习艺术学。在从设菲尔德大学景观系获得景观设计与生态学学士学位之前，她教过艺术学，并担任设计师（主要从事平面设计和纺织品设计），之后在设菲尔德大学获得景观研究与规划硕士学位。她的专业方向是生态学在城市景观设计中的应用（包括教学和研究），目前正在攻读博士学位，研究方向是多年生草本植物和竞争性草地。

凯瑟琳·沃德·汤普森（Catharine Ward Thompson），是爱丁堡艺术学院（Edinburgh College of Art）和爱丁堡大学（the University of Edinburgh）景观建筑学研究客座教授。她是开放空间研究中心的主任，该中心位于爱丁堡艺术学院和赫瑞－瓦特大学（Heriot-Watt University），致力于创造户外环境的包容性。她也指导学院景观建筑学博士项目。她与索尔福德大学（the University of Salford）、华威大学（the University of Warwick）、赫瑞－瓦特大学和爱丁堡大学合作，领导了一个名为 I' DGO（Inclusive Design for Getting Outdoors，户外活动的包容性设计）的多学科研究联盟，专注研究老年人的生活质量。她是英国景观设计师协会的会员，也是由思克莱德大学（the University of Strathclyde）发起的苏格兰体育活动研究合作组织（Scottish Physical Activity Research Collaboration，SPARColl）的顾问团成员。

克里斯托弗·伍德沃德（Christopher Woodward），是一位艺术史学家，他对废墟的兴趣始于在约翰·索恩爵士博物馆（Sir John Soane's Museum）工作时。2005 年之前，他一直担任巴斯霍尔本艺术博物馆（the Holburne Museum of Art）馆长，目前是伦敦花园博物馆（the Garden Museum）馆长。他的著作《废墟之中》（*In Ruins*，查托 & 温都斯书局，2001）入围了里斯青年作家奖（Rhys Prize）；该书随后在美国、中国、日本和意大利出版。本书相应的章节反映了伍德沃德对现代城市废墟的兴趣，特别是对美国城市废墟的“崇拜”。

序

城市野性的一面

克里斯·贝恩斯

xii

半个世纪以来景观的变革

第二次世界大战后不久，我出生在设菲尔德老城区，在一处被轰炸痕迹和建筑工地包围的排屋里。我 3 岁的时候，我们全家搬到了镇边缘的一个村庄，那里的田野里仍然有相对丰富的野生动植物，但新的住宅区已经开始覆盖在乡野上。学生时代，我搬到了肯特郡的农村，亲身经历了农业化学革命，而我的职业生涯则在英国最繁华的城市度过。

在那 60 多年里，我看到了土地和野生动植物之间的关系发生了显著的逆转。英国大部分的农村变得贫瘠且缺乏生气，而英国的城市景观却变得更加狂野并充满绿色。孩提时代，如果我想聆听云雀的叫声，我就会走到城镇边缘的田地里。如今，云雀已成为农村地区的稀有物种，但在后工业化的默西赛德郡、布莱克乡间、南约克郡以及英国其他大多数大城市的草地上，云雀却相当常见。

迄今为止，英国主流的自然保护运动几乎把所有的精力都集中在遏制农村栖息地流失的浪潮上。幸存的景观碎片被从林田工业化的浪潮中提取出来，作为优秀的孤岛保存下来。这种策略确实有助于保护某些物种，却使自然变得非常排外，并加速了广泛的景观解体。

与此形成鲜明对比的是，当英国的乡村日益变质时，城市景观却变得更加丰富。重工业的衰落、铁路网的尺度缩减和煤矿的停止开采给城市留下了丰富的遗产，“善意的忽视”给予了城市荒野巨大的复杂性——作为非常规的游乐场，或是那些难以在新农业景观中生存的野生动植物的理想生境。相对凌乱的城市荒地网络，已成为齐整的公园、运动场和娱乐场的完美补充，共同构成了城市的绿地系统。

城市生态系统

铁路边或运河边灌木丛生的林地可能更像是“野生”的。然而，无论是广袤的草原、蓊郁的树林，还是更正式的公园和公共开放空间中的观赏花坛，都为不同生境的复杂镶嵌做出了贡献，共同构成了城市生态系统。正是这种连通的多样的栖息地使城市地区在自然保护方面有了价值。

尽管设菲尔德大学通过已故的奥利弗·吉尔伯特（Oliver Gilbert）等人的工作，在研究和提高公众意识方面一直处于领先地位，远超大多数大学和研究机构，英国城市荒野的生态作用还是直到最近才得到保护机构的承认。如今，人们似乎终于意识到城市荒野在英国的重要性。

城市景观对各种物种都变得至关重要。例如，红额金翅雀（*Carduelis Carduelis*）曾经是农田鸟类，现在却成为花园鸟类饲养者的常客。它们已经学会了用外来物种向日葵的种子来补充本地荒地草类种子作为主要食物。城市景观亦成为最可能看到野生虞美人（*Papaver rhoeas* L.）的地方，因为在农村很少有杂草丛生的土地，但杂草是城市地区的一个固有特征。来自北非的小红蛱蝶（*Vanessa cardui*）以城市荒地的蓟花为主食，而后越过花园的栅栏去采食醉鱼草的花。城市刺猬（*Erinaceus europaeus*）可能面临更大的交通危险，但它们不太会成为獾（*Meles meles*）的盘中餐——是城市的食物供应，从花园里的蛞蝓到猫粮，使之成为一个维稳的状态。

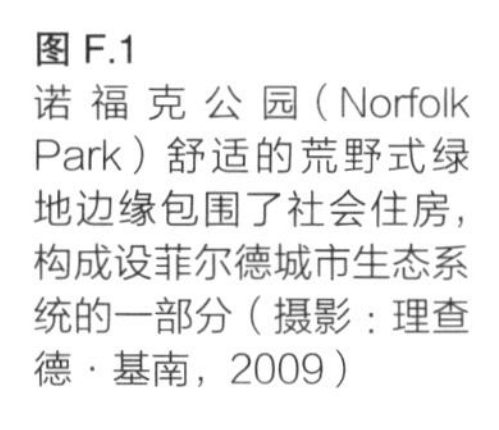

图 F.1
诺福克公园（Norfolk Park）舒适的荒野式绿地边缘包围了社会住房，构成设菲尔德城市生态系统的一部分（摄影：理查德·基南，2009）

虽然在城市中偶尔会有非常大的自然空间，但景观中不同功能要素镶嵌而成的完全体才真正在生态方面起决定作用（图 F.1）。这种生态连续性在各个尺度上都很重要，从郊区花园的高密网络，到贯穿整个城市的公路、

铁路和河流形成的廊道。相对较小的城市场地可以为过境的鸟类和昆虫提供关键的踏脚石，尤其是这些场地相互连通时，其作用就更加显著。例如，迁徙中的家燕（*Hirundo rustica*）每晚都会在苇草上歇脚。农村的大量农作物发挥着至关重要的作用，但城市的小型草地也大大增加了迁徙的成功率。更重要的是，随着气候变化，动植物走出它们的舒适区，城市绿地系统网络的生态连续性将有助于它们适应新生境。

多功能的城市绿地

城市荒野显然对野生动植物的栖息和人类的游憩活动很重要，但它在应对气候变化方面还有其他重要作用。例如，在应对更频繁的暴雨和洪水方面，荒野可以为暴雨径流提供临时的蓄水池。燕子的栖息和蝾螈（*Triturus* sp.）的繁殖是很重要的，因此有必要降低洪水暴发的不利影响。景观的这种多功能作用终于开始受到重视。在高度发达的英国城市背景下，我们需要利用诸如地表水管理等问题，证明保留非常规的开放荒野空间的合理性。同时也需要对城市荒野进行管理，使其能够在更可持续的环境保护中发挥作用。

对于政治家或政策制定者来说，这并非易事。看待城市荒野的视角存在着各种矛盾，这些空间被视为雨水管理设施、鸟类栖息地、待开发场地和倾销被盗汽车的地方。因此，城市荒野空间往往会被归入难以管理的范畴。大部分情况下它们的存在都是默认的，并通过善意的忽视加以管理。地方政府很少有积极的政策来管理由公有或私有、临时或永久的开放空间碎片拼贴而成的城市荒野。专业护林员和教育机构倡导下公众将倾向于越来越多地增加正式的开放空间。相比之下，虽然不受围墙限制的非常规景观可能有更大的潜力，但其管理似乎很少受到重视。

xv

景观中的人

城市荒野的管理固然至关重要，但无疑也极具挑战性。我小的时候，喜欢早上 8 点出去疯玩，下午 4 点满身是泥地回来。这种自由放养的童年在今天已经很少见了。到 20 世纪 70 年代和 80 年代，我们中的一些人在布里克斯顿、德特福德和其他城市的社区荒野空间里工作，把一群群孩子带到他们家门口的大自然中。我们在一起度过了美好的时光，也获益匪浅。但如今，让孩子们随意地、不受看护地进入城市荒野空间是不可能的。理智上，许多人认为我们的孩子应该在生活中得到更多来自自然的刺激——城市荒野恰可以提供这种刺激。然而，每过一周，似乎另有更好的理由来解释为什么理性的父母选择让他们的孩子待在家里。由此可见我们迫切需要对离家不远的有活力的景观进行更具创造性的管理。

城市荒野在解决当今一些重大问题方面可以发挥宝贵的作用。自然接触、环境保护、生活健康、社区安全，这些都可以通过对城市绿地管理采取更积极的态度来实现。在接下来的章节中，一些经验丰富的学者和实践者分享了他们对城市荒野的热情。他们一起为更严肃地对待这一资源提出了强有力的论据。而如果真的这样做了，说不定后世的人们和野生动植物也会感激我们。

导言

安娜·乔根森

"城市荒野景观"是一种特定的景观类型，有其独特的性质、功能和体验。城市荒野景观这个名称暗含着特殊的寓意，2007年由设菲尔德大学景观系组织的学术论坛，即本书来源之处[1]，则将其解释为：

> "城市中以自然而非人为力量主导的土地，尤其指那些在自然演替过程中呈现植被自由生长景象的地方。这种荒野景观可大可小，从人行道的裂缝到更大尺度的城市景观，包括但不限于林地、停止使用的租赁菜园、河流、废弃的场地、棕地。"
>
> （Jorgensen 2008：4）（图0.1）

然而，本书所指的城市荒野景观的范围和规模都有了很大的扩展。杜戈尔·谢里登将其定义为人们的感知、使用和占有方式未受到城市"常规控制力"支配的区域、空间或者构筑。这里的"常规控制力"包括规划政策、建筑

图0.1
英国设菲尔德人行道沿线的微型荒野景观（摄影：玛丽安·泰莱科特，2007）

1　关于本书和会议的背景资料请访问 www.urbanwildscapes.org

规范、建成环境的正常营造过程、治安、监控以及城市文脉（见本书第15章；Sheridan 2007：98）。研究的尺度从玛丽安·泰莱科特与奈杰尔·邓尼特所研究的小尺度种植干预措施到蕾妮·德瓦尔与阿尔金·德威特撰写的章节中德国卢萨蒂亚的褐煤开采造成的大型荒地。主题包括“未加干扰的”城市荒野和在其中的规划和设计干预，并更广泛地讨论荒野景观的特质能给城市环境的规划、设计和管理带来什么启发。本书涉及了一系列软质和硬质的场地，虽然在叙述的众多城市荒野中，植被是一个关键的要素，但并非决定性特征。本书意图阐明，城市空间的规范管理和野性特质并不是两分的，相反，城市空间网络应是一个从茫茫荒野到严谨有序的连续体，在城市的任何地方都以不同的尺度存在着不同程度的荒野。从这个角度来说，荒野景观可以被看作是一种概念、一种思考城市空间的方式，而不是一个可以在空间上定位的确定范畴。

这本书正文分为三部分。第一部分主要是城市荒野景观的理论探索成果，第二部分则由许多对城市荒野景观进行不同干预的案例研究组成，第三部分的章节叙述了城市荒野对景观和城市设计实践的启示，既可应用于废弃和自生了植被的城市荒地的改造又指向更广义的城市环境。

在第一部分中，克里斯托弗·伍德沃德探讨了有关20世纪和21世纪废墟的审美和图像艺术的问题；保罗·H·格博斯特研究了芝加哥市的自然史，以及荒野景观在城市地区未来的作用；凯瑟琳·沃德·汤普森研究了公园和城市荒野景观的社会历史，重点描述了它们面向儿童和青少年的价值；蒂姆·伊登索、贝森·埃文斯、朱利安·霍洛韦、史蒂夫·米林顿和乔恩·宾尼对生存目的论和秩序规范性提出了质疑，认为城市将游憩活动驱逐到童年时代和荒野空间中；凯蒂·马格福德分析了儿童文学中描绘的荒野景观作为培养生存技能的沃土的作用，并将其与现实中荒野对儿童和青少年的安全构成威胁的形象进行了对比。

第二部分的案例研究从蕾妮·德瓦尔和阿尔金·德威特的研究开始，这一章节讲述了在卢萨蒂亚（前德意志民主共和国境内，现为统一后的德国的一部分）露天褐煤开采后，恢复景观所采用的不同策略；李一晨介绍了为保护和改善城市湿地而采取的雄心勃勃的措施——其对象是为2010年上海世博会而开发的一个场地，该场地前身是一处荒野；玛丽亚·赫尔斯特伦·赖默尔在当代城市规划设计的背景下，以丹麦哥本哈根自称为自由城的克里斯蒂安尼亚为例，探讨了“公地”的概念；伊恩·D·罗瑟拉姆追溯了作为一处线性城市荒野景观的唐河的历史，并概述了它在英国设菲尔德市的未来潜力；玛丽安·泰莱科特和奈杰尔·邓尼特介绍了他们在英国设菲尔德一个新的地区公园中补充和优化了周围的植被的实验；安德烈亚斯·兰格描述了德国柏林萨基兰德自然公园（the Nature-Park Südgelände）的建立过程，它前身是一处货运铁路调度站；在第二部分的结尾，海伦·莫尔斯·帕尔默讲述了伦敦南部锡德纳姆山森林（Sydenham Hill Wood）作为一系列户外艺术活动的场地，其作品的灵感来都来源于森林。

第三部分将讨论转移到如何将理论和案例研究（以及其他类似的研究）用于指导景观实践，既涉及如何对待城市荒野景观，也涉及更广泛的城市公共空间的规划和设计。凯瑟琳·希瑟林顿探索了四种不同的营造和解读叙事性景观的方法，并通过一些与废弃场地和后工业场地有关的项目具体阐释了这些方法；马蒂亚斯·奎斯特伦以瑞典马尔默郊区的盖尔林花园（Gyllin' s Garden）为例，展示了景观和规划实践的方法和术语在城市荒野方面的局限性；杜戈尔·谢里登以其在爱尔兰城市场地的一系列实践为例，展示了如何从对荒野景观的理论理解中发展基于空间、时间和材料的规划和设计策略；最后，安娜·乔根森和莉莉·列克卡通过列克卡在维也纳的设计实践案例，展示了在广义的城市景观视角下城市荒野的内在特质如何成为一种设计方法的基础。

对于城市荒野的多样性及其理论研究与实践方法的思考，有哪些共同的主线贯穿其中？为什么现在要把对这些问题的讨论结合在一本书里呢？本导言将简述各章节中涉及的这些主题和议题及其更宽泛的背景。

本书许多章节明确或含蓄地表达了对理解和重新诠释城市荒野之美的渴望，其重点并不在于这类景观的外在形式或视觉品质，而在于它们的功能特质和赋予它们意义的价值体系。城市荒野景观究竟是什么，为什么它们会引起如此矛盾的反应，为什么它们现在很重要，它们如何在未来的城镇中得到重现？正如克里斯托弗·伍德沃德在第 1 章中所指出的那样，反文化城市的衰败，在音乐、时尚产业、建筑和景观实践等不同文化领域已经成为主流观点。利用工业废墟作为景观设计的背景这一想法至少可以追溯到美国西雅图的油库公园（Gas Works Park），该公园由美国景观设计师理查德·哈格（Richard Haag）设计，于 1975 年开始向公众开放。最近的一个例子，公认的对旧工业用地再利用最佳景观实践，是德国杜伊斯堡的兰德沙夫特公园（Landschaftpark），由彼得·拉茨（Peter Latz）于 1991 年设计（凯瑟琳·希瑟林顿在本书第 13 章对其进行了更详细的描述）。 4

尽管在某些情况下废弃的场地也被或多或少地接纳了，但许多被遗弃的场地及其所包含的构筑仍然存在着根本性和长期性的不安定。与此相反，古建筑的遗迹则广泛用于景观、艺术和文学，以象征、纪念过去的伟大文明，或作为虚无缥缈的情感反思的载体，又或是人类虚荣心的奋进号（Woodward 2002）。而从最基本的意义上讲，废墟总是象征着前居住者的死亡、灾难或不幸（Jorgensen and Tylecote 2007）。此外，对许多人来说，构成城市荒野的一部分废墟太新、太普遍或与经济崩溃、战争或自然灾害联系太紧密，都无法唤起敬畏感或愉快的愁思（Roth 1997：20）（图 0.2）。

图 0.2
塞尔维亚贝尔格莱德新贝尔格莱德区 Jugoslavija 酒店，在 1999 年北约轰炸中严重受损；与贝尔格莱德许多公共建筑一样，这家酒店也已破败不堪。反映了该国近年来动荡的历史，以及在公共基础设施投资方面缺乏资源。部分地区普遍城市衰败的近代史为贝尔格莱德蒙上了一层阴霾。英国等国的情况也与之相近（摄影：安娜·乔根森，2010）

在本书的开篇章节，克里斯托弗·伍德沃德以底特律为全球城市收缩[1]现象的一个典型例子，试图从图像艺术以及人与废墟、工业和其他方面矛盾关系的多重含义的角度，探索许多之前提到的主题，包括行业内外人士对工业废墟及其物质和社会遗存的保留与否是否存在直接的意见分歧。在第 6 章，蕾妮·德瓦尔和阿尔金·德威特描述了卢萨蒂亚（前德意志民主共和国）的居民在面对露天褐煤开采的遗留场地时，采纳了激进的景观修复与开发建议——保留了引人注目的采矿作业景观。

正如伍德沃德（Woodward 2002）等人所指出的，废墟中的自然有一个矛盾的定位（Jorgensen and Tylecote 2007）。一方面，它具有一种如诗如画的效果，软化并粉饰着残破的构筑物；另一方面，它又象征着逐渐摧毁这些构筑的自然过程，正是贾诺威茨（Janowit 1990：108）所谓的“可怕的返祖”。

从历史上看，许多西方文化在不同时期倾向于保持自然观和文化观高度对立（Plumwood 1993）。在所谓的“新世界”殖民化期间，这种观点被用来为欧洲殖民者吞并荒野或无主地（terra nullius）以供其开发和利用的行为辩护。原始荒野的继续存在被描述为道德上应受谴责的，而放弃已经定居的土地就是更加不光彩的（Jorgensen and Tylecote 2007）。后来在 19 世

1　收缩城市是指由于经济、政治和社会进程（如去工业化、后社会主义和郊区化）而导致人口减少的城市，其结果是城市的大部分地区被遗弃。见 www.shrinkingcities.com/index.php?L=1.

纪，由于原始荒野变得相对稀少，它被平反为一种珍贵的游憩和精神资源，随后作为自然公园或自然保护区受到法律保护。矛盾的是，虽然原始荒野的地位提高了，但是曾经在其上建造或耕种然后被遗弃的土地尽管也可以恢复到荒野，却保留了原来无主地的消极含义。这类土地仍然经常被称为荒地，《牛津词典》将其定义为“一种土地（尤其是被已开发的土地所包围的），没有被使用，或不适合耕种和建设，并且允许保持其荒芜状态”（1989）。正如现代以前的无主地被认为是等待殖民和开发的空间一样，当代的荒地常常被视为一片虚无，只待改造或发展，和旧的无主地一样，它们经常在地图和规划上以图面的空白表示（Doron 2007）。

在许多当代的城市荒野中，废弃的构筑镶嵌在由城市先锋植被群落、本地植物和外来植物混合而成的茂密木本灌丛中，形成了广阔的次生演替景观。正如沙马所描述的“柳树、沼泽桤木和白桦树长得又脏又丑，一无是处”（Schama 1996：178）。这种作法自毙的组合形式在物种搭配、空间组织和生产力方面都不符合任何舒适的景观模式。另外，它们似乎混淆了自然和人工之间公认的界限（图 0.3）。

保罗·H·格博斯特在第 2 章中对芝加哥的荒野景观及非自然地区的自然史的描述，与自然（荒野）和文化的二分观念有关，尤为有趣——须知北美“荒野”的殖民是在相对较近的历史时期发生的。格博斯特指出，美国还没有形成“城市自然”的概念，即还未能针对人类长期创造的一系列独特城市景观作出回应。他以题为《芝加哥区域自然史》（*A Natural History of the Chicago Region*）（Greenberg 2008）的书为例阐释了这一点。该书的重

6

图 0.3
醉鱼草属植物从设菲尔德一处废弃场地的边界肆意蔓延出来（摄影：玛丽安·泰莱科特，2007）

点是芝加哥地区的生态系统，它们早于芝加哥市建成而存在。书中除了对这些生态系统构成威胁外，并没有提及荒野景观。因此，正如格博斯特所述，“我们对芝加哥地区的欣赏并无芝加哥城在其中”（见本书第2章）。如果觉得这种说法稍显夸张，只需看看芝加哥蒙特罗斯角（Montrose Point）的修复工程——简单来说就是利用本土植物在原本曾是荒野的地方建立野生栖息地；或去看看芝加哥的杂草条例——该条例将自生的城市植被归类为公害，相应的土地所有者甚至可能会被罚款。在美国的集体潜意识中，原始荒野的记忆是否因为历史太短、太危险，而无法使城市荒野及其混合的生态系统成为一种可行的景观手法？格博斯特与此持相反观点，但他显然是在一个不同的、更具挑战性的文化语境下对城市荒野景观进行重新界定。

安德烈亚斯·兰格在第11章所呈现的案例研究——萨基兰德自然公园，则提出了一种完全不同的观点：在德国柏林一处废弃多年的铁路调度站内发现了大量草本植物群落，这成为规划一个新的城市自然公园的基础。该自然公园的创建得到了当地居民的支持，他们提议当局进行生态调查，最终发现此处是该市生物多样性最丰富的地区之一。兰格用章节标题中的一个短语概括了对这些植物群落的研究结果，即“纯粹的城市自然”。在萨基兰德自然公园中，城市自然不再被认为是受污染的。

7

玛丽安·泰莱科特和奈杰尔·邓尼特在第10章中提出了一种不同但也很激进的方法，用于重新审视草本植被群落。他们对高茎草本植物的研究属于设菲尔德一个地区公园项目的一部分，该项目旨在将庄园地公园（Manor Fields Park）从一处城市荒野逐渐转变为一个新的地区公园。公园发展的一个重要目标是保持其自然景观特色，同时还要提供更便利的通道和设施，以促使现有的和新的使用者与场地建立更积极的关系。这一章叙述了通过置入非本土多年生草本植物来改善现有的草本植被群落状况的实验，其目标是丰富场地色彩和延长开花季节。

李一晨在第7章中提出了另一种处理荒野景观中现有自然要素的方法。他描述了作为2010年上海世博会的一部分，如何确定保护后滩湿地的恰当方法。后滩湿地是黄浦江以南后工业园区的一部分，被改造为后滩湿地公园。设计团队提出了一个雄心勃勃的策略，在现有湿地的基础上建立一个全新的湿地，并打造一条贯通两个湿地全长的沿河步道。然而，正如凯瑟琳·希瑟林顿在第13章中所指出的，保护现有的荒野景观特色仍然是不常见的，尤其在英国，如针对2012年伦敦奥运会举办场地采取的方法就是清除重来。

克里斯托弗·伍德沃德在第1章中总结道，废墟促使我们重新想象这个世界。由此给予我们的思想飞跃是超越单个城市荒野场地边界的，而并非仅在场地尺度上思考整个荒野景观体系。在第9章中，伊恩·D·罗瑟拉姆叙述了2010年唐河流域信托基金（the River Don Catchment Trust）启动的历史背景——挖掘“线性城市荒野景观”在提供野生动物栖息地、洪水调节等多种生态系统服务方面的潜力。唐河的历史轨迹，从广阔的湿地，到运河化和下水道污染，再到恢复自然景观，是许多城市河流的典型历程。与此相似，蕾妮·德瓦尔和阿尔金·德威特在第6章中介绍了通过创建一个新的区域尺度湖泊系统来修复卢萨蒂亚褐煤开采遗址的策略。

就像被遗弃的城市场地为先锋植被落地生根和蔓延创造机会，它亦创造了一个吸引人类占据和使用的空白空间——而人们对这种空间的使用方式在城市中规范有序的地区根本无法可想。如伊登索等人（Edensor 2005；Schneekloth 2007）所描述的，城市荒野中发生着各种各样的活动，从非法到体面的，包括吸毒、艳遇、寻欢作乐、销赃、偷车兜风、纵火、临时买卖商品、擅闯无人房屋、露宿、乱扔垃圾、玩耍和探险、建造秘密基地（图0.4）、贴广告、摘野果、观察自然、游击式园艺、抄近路、遛狗……如同荒地常在地图和规划上显示为空白一样，在这些地方发生的许多不良活动也被忽视了。即在多伦（Doron 2003）所谓的“不存在的虚空”（指城市荒野）中，社会的阴暗面被忽视了。

8

如果认为荒野景观的功能在大多数城市区域都不可能实现，那纯粹是对城市荒野功能的低估。对某些人来说，身处一个完全没有别人监控、管理的空间，是一种心理上高度解放的体验，在此环境中个人可以自由地做自己想做的任何事——无论是冥想、嬉戏、寻欢，还是他们能想象到的任何事情（Doron 2007；Schneekloth 2007），还能以在其他公共开放空间无法做到的方式融入和改变环境。第12章中，海伦·莫尔斯·帕尔默叙述了伦

图 0.4
设菲尔德里维林山谷（Rivelin Valley）的临时避难所（摄影：安娜·乔根森，2007）

敦锡德纳姆山森林成为一系列年度艺术活动的场所。在此，艺术家摆脱了传统的表达限制，且被鼓励以新的方式进行创作，探索更多样化的主题——有关森林的过去和现在的用途，以及探讨自然和文化之间相互关系等更广泛的问题。

对许多人来说，荒野中不时发生的非法或不正当的活动是非常危险的，因此他们就在观念上完全排除荒野。对这些人来说，荒野就是这些活动的同义词。然而，正如凯瑟琳·沃德·汤普森在第3章中详尽叙述的那样，从多种角度看，荒野是儿童和青少年玩耍消遣的理想场所，具有启发作用和其他社会效益。对孩子们来说，荒野是理想的游戏空间，是水景、泥土、乔木、灌木、高茎草本植物、多变的地形、有生命的动物的恰当组合，“宽松有弹性”，即可以利用“搜寻到的资源”建造东西，还能采摘野果（Hart 1982：5）（图0.5）。而对年轻人来说，荒野既提供了私密的空间，也提供了社交和尝试新身份、新行为的空间。然而，沃德·汤普森亦指出，由于荒野景观固有的风险，许多儿童和青少年被他们的监护人明令禁止接触荒野，或者他们自己不愿意这样做——因为荒野的负面形象，以及他们自身不具备荒野生存的经验。

沃德·汤普森将儿童、青少年以及他们与荒野景观的关系置于城市公园和开放空间起源到发展的历史和社会背景中，证明这些地方通常给使用者营造一种文明教化的环境，而不是类似荒野那样，能承载具有挑战性的冒险活动、是专为大声笑闹或有伤风化行为设置的环境。汤普森介绍了早期关于公共绿地可接受行为有哪些内容，然后由于年轻人在公共空间肆无忌惮的活动，这些可接受行为在公众观念中是如何演变的，以及由此而成的障碍是如何限制年轻人的游憩机会范围的。

图 0.5
孩子们在哥本哈根瓦尔比帕肯自然游乐场的荒野植被丛中玩耍，赫勒·诺贝隆（Helle Nebelong）设计（摄影：安娜·乔根森，2008）

在第 5 章中，凯蒂・马格福德描绘了荒野景观在儿童文学中的角色：作为儿童个人发展的假想环境，尤侧重于独立、责任、谈判风险和情感成熟等主题；以及作为身体技能的教室，从生存技能如游泳，到一些为成年人而设的科目，如运动力学。她还探讨了一些内在的矛盾，即当今的成年人和父母认为，在许多方面，荒野是儿童发展的理想环境，他们自己也体验过，但觉得有必要限制自己的孩子接近荒野。

马格福德提到了一个观点，但更多地集中在伊登索等人撰写的第 4 章——儿童和成人的世界是有区别的，包括这两个生命历程阶段的活动方式和发生活动的空间。伊登索等人将废墟作为各种游憩活动发生的场所进行研究，同时批评了一些认为玩耍完全是幼稚的、工具性的或漫无目的的理论，而坚持认为，在许多方面，玩耍游憩是童年和成年都不可或缺的，揭示了工作活动与休闲活动之间不可严格分离的观点。他们认为废墟是研究城市空间游憩潜力的典型区域（见本书第 4 章）。马格福德还引用了克拉克和琼斯（Cloke & Jones 2005）的观点，他们指出，儿童和成人的区别对待观念非但没有为儿童创造更安全的环境，反而倾向于导致过分的幼稚和成人的恶习。

10

发生在荒野中的游憩和其他活动的一个显著特征是它们与周围环境的互动。在大多数公共城市空间中，使用者改变物质性的结构是不被允许的，使用空间的方式受到一系列社会规范和法律条例的严格限制。在大多数城市绿地中，摘花摘果、搭帐篷等活动都是被禁止的，或有甚者，还要面临处罚。而在广阔的荒野景观中，使用者可以自由地通过多种方式与场所进行交互甚至改造场所，比如采伐植物材料、营造或破坏构筑。对生活在高度有序城市环境中的许多人来说，以这种方式体验世界的机会很少也很远——要么就局限在自家小花园内，要么就得远走到广阔的郊外荒野。此外，荒野中政府监管的缺席为创造新形式的社会组织提供了机会，从临时合作的据点到维持孟买庞大的达拉维（Dharavi）贫民窟的长期社会组织——据说该市 80% 的塑料垃圾都是在那里回收的（Channel 4 2010），再到不正式的市场，如莫斯科的伊兹麦洛瓦市场（Izmailovo Marke，俄罗斯）、伊斯坦布尔托普卡皮（Topkap，土耳其）和亚利桑那市场（Arizona Market，巴尔干半岛）（Mörtenböck & Mooshammer 2007）。

在第 8 章中，玛丽亚・赫尔斯特伦・赖默尔对比了丹麦的克里斯蒂安尼亚自由城和目前官方认可的城市营造趋势。克里斯蒂安尼亚自由城是一个自行组织的圈地占屋定居点，自 1971 年第一批未经授权的居住者在这座前军营安家以来，一直存在于哥本哈根市中心。她用“公地”（commons）的概念来强调克里斯蒂安尼亚自由城在类似集体所有制的背景下管理其资源的能力，它既提供了一个个人可以自由越轨的空间，又作为一处当代城

图 0.6
丹麦哥本哈根克里斯蒂安尼亚自由城的主要公共开放空间之一（有关克里斯钦的更多信息，请参见本书第 8 章）（摄影：安娜·乔根森，2010）

11

市生产空间，合理考虑了自身的影响（图 0.6）。

荒野景观如何影响城市规划和设计的问题在本书的大部分章节中都以不同的方式进行了讨论，这也是第三部分的重点。虽然书中提倡的基于荒野的城市规划和设计方法的早期版本在过去很是受欢迎，例如 20 世纪 70 年代和 80 年代初英国的生态规划和设计方法（Tregay and Gustavsson 1983），但在那之后的几十年，它们已经过气了。目前人们对基于广义城市荒野的景观营造的方法有很大的兴趣，但这一领域明显缺乏理论和实践。我最初在 2009 年 4 月维也纳“景观——伟大想法！”（Landscape-Great Idea!）会议上叙述了第 16 章（本书第三部分最后一章）是基于城市荒野时，一些观众回应声称荒野的特质是无法复制的，荒野景观的发展是自发的，荒野只有在与规范的城市景观相区别的情况下才会存在，而当我们试图重建，甚至只是保护它们的时候，它们的特质就不存在了。

城市荒野的特质之一是层次性——以前使用的痕迹曾经存在过，但后来的使用和人工植被迅速侵入了废弃的场地，使其覆盖物和表面失去纹理，从而逐渐模糊了这些痕迹。在第 13 章，凯瑟琳·希瑟林顿研究了如何以不同的方式来回应这些隐藏的故事，从而得出结论，纯象征性地利用物体或结构将场地的意义与历史上某个特定阶段联系在一起的方法价值有限，只能将景观变成一个很快就能解决的谜语。这种方法确实倾向于破坏荒野的

12

特质。另一方面，利用荒野景观中起决定作用的自然过程的方法，如利用自然演替或自然衰败，可以创造一个更加动态的景观，其含义也更加复杂和多变。希瑟林顿进一步提出，这种方法的升级版，不仅利用荒野中的自然过程，还将这些过程在空间上与更广阔的景观联系起来，在时间上与场地的过去和未来相联系。

在第 14 章中，马蒂亚斯·奎斯特伦以瑞典马尔默郊区前身是苗圃的盖尔林花园为例，指出规划政策和景观设计中常用的建筑空间概念都是荒野景观延续的严重障碍。该苗圃于 20 世纪 70 年代关闭，后来变得杂草丛生，被当地居民视为荒野景观，如今正被改造成自然公园和住宅。奎斯特伦叙述了规划荒野景观的固有难点，即它们没有在规划体系中得到正式承认，以及平面规划方法内在的缺点，即在规划荒野景观时只强调形式或空间关系。

在第 15 章中，杜戈尔·谢里登还谈到了在处理荒野景观场地时，需要适当的规划类型、规划机制和设计方法。在这一章中，他解释了他之前对德国柏林废弃建筑使用的研究如何影响了他的城市设计实践，将对荒野景观特质和过程的全面理论分析与一系列城市公共空间的干预策略联系在一起。这章以在爱尔兰共和国都柏林完成的项目为例进行介绍，从对广阔荒野的小规模干预，到两个具有较少荒野景观特征的城市公共开放空间规划设计。他所描述的许多方法的关键都是过程，由此强调了时间的特性，无论是通过小的干预来促进大的变化，还是利用公众参与方法来确定现有公共开放空间的去向，抑或在信贷紧缩后的都柏林一个码头上用集装箱搭建的一个临时公共广场。

最后一章，安娜·乔根森、莉莉·列克卡与杜戈尔·谢里登采用了类似的方法，以列克卡在维也纳的实践项目为例，将荒野的特质与这些特质在公共开放空间设计中可能表达的方式联系起来，但更多地强调项目的形式或空间品质。这一章将城市荒野与当代城市景观设计趋势下的景观进行对比，重点突出了城市荒野特质在场地营造和地方文脉表达方面的作用。

13

这篇导言的开端提出城市荒野景观不仅仅是一个空间范畴，还是一种思考城市空间的方式。本书的各章节则证明了城市荒野不仅可以为城市空间和场所的理论做出贡献，还可以对其规划、设计和管理有所助益。正如书中案例所示，体现自然过程和具有荒野特质的景观，就算不是社会条件下产生的，也有可能具有社会吸引力，能体现地域性，且资源投入低，还能作为绿色基础设施提供生态系统服务，在城市区域很有潜力。都市生活正面临着气候变化、资源枯竭、社会分化以及地方、国家和全球经济前景不明等巨大挑战，而城市荒野似乎正是应对这些挑战的踏脚石。

参考文献

Channel 4（2010）*Slumming It.* Online：www.channel4.com/4homes/on-tv/kevin-mccloud-slumming-it/（accessed 10 January 2011）.

Cloke，P. and Jones，O.（2005）'Unclaimed territory：childhood and disordered space（s）'，*Social and Cultural Geography*，6（3）：311-333.

Doron，G. M.（2003）'The void that does not exist'，in Institut für Architekturtheorie der TU Wien und Österreichische Gesellschaft für Architektur（eds）*UmBau 20：Morality and Architecture. Architektur und Gesellschaft*，Vienna：Verlag edition selene.

——（2007）'Dead zones，outdoor rooms and the architecture of transgression'，in K. A. Franck and Q. Stevens（eds）*Loose Space*，London：Routledge.

Edensor，T.（2005）*Industrial Ruins：Space，Aesthetics and Materiality*，Oxford：Berg.

Greenberg，J.（2008）*A Natural History of the Chicago Region*，Chicago：University of Chicago Press.

Hart，R. A.（1982）'Wildlands for children：consideration of the value of natural environments in landscape planning'，*Childhood City Quarterly*，9（2）：3-7.

Janowitz，A.（1990）*England's Ruins*，London：Blackwell.

Jorgensen，A.（2008）'Introduction'，in A. Jorgensen and R. Keenan（eds）*Urban Wildscapes Ebook.* Online：www.urbanwildscapes.org.uk（accessed 10 January 2011）.

Jorgensen，A. and Tylecote，M.（2007）'Ambivalent landscapes：wilderness in the urban interstices'，*Landscape Research*，32（4）：443-462.

MÖrtenbÖck，P. and Mooshammer，H.（2007）'Trading indeterminacy：informal markets in Europe'，*Field*，1：73-87. Online：www.field-journal.org（accessed 5 January 2009）.

The Oxford English Dictionary（1989）Oxford：Oxford University Press.

Plumwood，V.（1993）*Feminism and the Mastery of Nature*，London：Routledge.

Roth，M. S.（1997）'Irresistible decay：ruins reclaimed'，in M. S. Roth，C. Lyons and C. Merewether（eds）*Irresistible Decay*，Los Angeles，CA：The Getty Research Institute.

14

Schama，S.（1996）*Landscape and Memory*，London：Fontana.

Schneekloth，L. H.（2007）'Unruly and robust：an abandoned industrial river'，in K. Franck and Q. Stevens（eds）*Loose Space*，London：Routledge.

Sheridan，D.（2007）'Berlin's indeterminate territories：the space of subculture in the city'，*Field Journal*，1：97-119. Online：www.fieldjournal.org/index.php?page=2007-volume-1（accessed 1 May 2010）.

Tregay，R. and Gustavsson，R.（1983）*Oakwood's New Landscape：Designing for Nature in the Residential Environment*，Stad och land Rapport nr 15，Alnarp，Sweden：Sveriges Lantbruksuniversitet and Warrington and Runcorn Development Corporation.

Woodward，C.（2002）*In Ruins*，London：Vintage.

第一部分
荒野景观理论研究

第1章

向底特律这“错误的废墟”学习

克里斯托弗·伍德沃德

17

“你得去底特律”，一位观众对我说。我当时正在美国马萨诸塞州克拉克艺术学院（Clark Institute of Art）作有关废墟的演讲，恰逢他们在举办古罗马废墟主题的大师绘画作品展。我被如此告知了数次:既然这么喜欢废墟，那就去底特律吧。

原本的行程安排是去波士顿美术博物馆的朋友那里，但我改签了机票，飞往底特律。出租车经过一排排空荡荡的砖房和木房，接着是废弃的现代主义工厂和装饰派艺术风格的摩天大楼。你为什么来这里，司机问。我解释说我来美国是为了讲授废墟的美丽，给人以灵感。后来我们讨论了罗马与底特律的异同。他摇了摇头说：“这是一处错误的废墟。”

在我 2001 年出版的《废墟之中》一书中，我试图探讨由于炸弹袭击、火灾、自然灾害、贫穷、废弃而产生的废墟是如何变成美丽、令人振奋甚至舒适的地方的。是什么让老旧的石料和烧焦的砌块再焕发生机?

首先，残缺的结构迫使参观者只好以自己的想象补全缺失的部分。而参观者的回应是创造性的、个性化的。即废墟的真实性其实是主观的。换句话说，当我们描绘废墟时，也是在描绘我们自己。罗斯·麦考利（Rose Macaulay）的经典之作《废墟之乐》（*Pleasure of Ruins*）（1953）是一本收录了其他旅行者经历的选集，亦是一本未开诚布公的自传。在小说《我的荒野世界》（*The World My Wilderness*）（1950）表达了某种虚无主义之后，她描写了那些充满鸟类、藤蔓或喧闹的农夫的废墟，以此来象征自己作为基督徒在战后被轰炸摧毁的伦敦背景下的重生。

其次，废墟代表了人与自然的博弈。这是营造者的野心和自然过程之间的争斗。大自然的手段主要是植被。借助植被可以使废墟融入景观——无论是经过设计的，例如 18 世纪带花园的修道院，如英国约克郡的喷泉修道院（Fountains Abbey），还是自然天成的，比如 19 世纪晚期旅行者在意大利“偶然邂逅”的女神（Ninfa）花园。与此同时，植被还有另一个角色——20 世纪 20 年代起，一直被正规考古学视为一种破坏性的安全威胁。

18

再次，并置。在罗马斗兽场内建造的基督教小教堂，或在皇陵的废墟上建造的牧羊人小屋，这种戏剧性的并置暗示了一种以时间为线索的变化的叙事。而变化能引起反思。这种并置也延缓或逆转了对时间和历史进展的正常感知：18 世纪到罗马旅行的人都非常清楚，他们踩在比巴黎或伦敦更宏伟的文明的尘埃中，而这文明已然支离破碎。

也许可以用一个配方把这些残缺、自然和并置的元素调和起来，让一堆碎片或烧焦的材料变成美丽、给人以灵感的地方。这也解释了为什么有的人会带着野餐篮爬上悬崖顶上的城堡，或者在地中海海滨的神庙里流连忘返。但这也适用于底特律吗？

20 世纪和 21 世纪的城市废墟构成了一个新的美学挑战，而作家、艺术家、规划师和设计师正处于拟订一个令人信服的回答的初级阶段。这是一个新的挑战，显然是因为对于数以百万计的城市居民来说，现代化的废墟就在家门口，每天早晨醒来都会映入眼帘。城市废墟被嵌在建筑、道路、沥青和铁丝网中，而不是在自然中，在此时间不会如驻孤岛般暂时停下。

而且，破坏的速度和规模是有异的。炸弹摧毁城市的速度比士兵用长矛和刺刀屠杀市民的速度快得多。最重要的是，经济规律决定了我们现在建设数量更多、体量更大的建筑的速度比以往任何时候都要快，而遗弃它们的时候也是如此。

底特律的人口在过去 20 年里减少了一半，这还不是最极端的。城市人口萎缩最极端的例子发生在中国。甘肃省的老玉门市是解放初为开采石油而建的，最终石油资源枯竭，政府也迁到了新城。一名英国记者描述道，这个没有工作的城市，280 美元就可买一套房（Graham-Harrison 2008）。同期为开采自然资源而修建的 118 座城镇中，有 18 座被亚洲开发银行列为资源枯竭型城镇。一座钢筋水泥的城市，既没有工作又没有孩子，空气污染还那么严重，会发生什么？

在过去的 20 年里，城市的衰败已经成为可上镜的、时髦的，受到新一代艺术家的追捧，尤其是年轻的摄影师[1]，甚至成为反主流文化的时尚，就像同名系列化妆品一样风靡全世界。在审美和城市衰落的现实之间存在的错位是对新秩序的审美挑战。我们该如何将现代废墟与城市愿景相结合，接受“废弃”作为现代城市的一个组成部分？

* * *

在 20 世纪的美国，艺术家、作家和导演创造了自英国、法国和德国浪漫主义之后最具震撼力的世界毁灭画面，无论是因为核战争［弗兰克林·斯

19

1　例如，艾米丽·里斯（Amelie Riis）在其主页 www.urbandecay.org.uk 上展示了一些废弃疯人院的震撼画面。

凡那（Franklin J. Shaffner）执导的《人猿星球》（*Planet of the Apes*）（1968）结尾破碎的自由女神像]，还是因为生态崩溃[科马克·麦卡锡（Cormac McCarthy）的小说《路》（*The Road*，2006）]。

除了切尔诺贝利核事故、“9·11事件”和卡特琳娜飓风之外，有关破坏的预言并没有成真。取而代之的是经济和社会变革对城市的破坏，底特律正是最极端的例子。据美国人口普查，其人口从1950年的185万下降到2003年的91.1万，降幅超过50%。自哥特人占领罗马后的一个半世纪以来，没有哪个城市在和平时期人口减少得如此之快。而且，从视觉角度上看，底特律是现代主义时期最引人注目的范例，它是依凭雄心壮志和财富建立起来的：装饰艺术风格的摩天大楼，在其拱形的大堂里镶嵌着闪闪发光的马赛克，比如图书大厦（Book Building）；工厂如批量生产的教堂般冒了出来；阿尔伯特·卡恩（Albert Kahn）作品中的混凝土柱如同卡尔纳克神庙（Karnak）的廊柱般结实有力。然而，图书大厦空空如也；“教堂”的玻璃碎了一地；卡恩的邮局已烧毁，其遗址宛如一片自种于灰烬中的森林。凡此种种皆成为西方文明最终的宏大废墟（图1.1）。

底特律还是一个废弃后的可能性研究的范例——从城市农业到新美学。

图1.1
底特律布拉什公园（Brush Park）废弃的楼宇。19世纪末建成时，它曾是这个城市中最高档的住宅区（摄影：克里斯托弗·伍德沃德，2006）

* * *

20 此前我对底特律的了解都是基于卡米洛·荷西·维加拉（Camillo Jose Vergara）的照片，其中最有名的一幅大概展示的是一个破旧、奢华的电影院内部坐落着一个停车场。维加拉出生于智利，20 世纪 60 年代末来到美国印第安纳州南本德的圣母大学学习工程学。《时代周刊》上的一篇文章把他带到了印第安纳州加里（Gary）的贫民窟："钢铁厂的浓烟刺痛了我的眼睛，我看到人们在喝酒赌博。"（Vergara 1999：23）自那之后的 40 年里，他又多次造访加里："这城市已成为废墟，气氛却很轻松。"这正是他的政治和社会学项目美国锈带摄影的开端，为此他多次造访工业锈带的城市以记录建筑和社会环境的变化。

此外，维加拉认为，废墟是美国历史不可或缺的组成部分，理应被接受为国家遗产——与史密森学会（Smithsonian Institution）美化过的完美无瑕的历史叙事形成鲜明对比。1995 年，他提议将底特律市中心的一部分变成野生动物园，作为研究摩天大楼的"美国卫城"：

> "我们可以把近 100 座废弃的建筑改造成一个可供游憩的大型国家历史公园、一个城市纪念碑林……中西部大草原可从北面融进场地。屋顶和窗棂上将长满树、藤蔓和野花。山羊和其他野生动物如松鼠、负鼠、蝙蝠、猫头鹰、乌鸦、蛇和昆虫会生活在这些空置的庞然大物里，它们的鸣叫、嘶吼和尖啸混合在腐烂树叶和排泄物的气味中。"
>
> （Vergara 1995）

我对底特律的幻想源于维加拉的作品，正如 18 世纪的游客对罗马的幻想源于皮拉内西（Piranesi）的雕刻作品。我和一个到底特律出差的人从机场拼了一辆出租车，他在一家蓝色玻璃外观的旅馆下了车。老实说，我对商业区的喧嚣繁忙感到失望。滨水空间被改造过了，有着环形的座椅，台阶映衬在修剪过的草地上，草地上装饰着银色圆环的抽象雕塑。在经过修复的装饰派艺术杰作卫报大厦里，可以买到泛黄的 20 世纪 30 年代的同志照片，但没有废墟的照片。外面一个穿西装的女人正爬上她的 SUV，锁上车门，然后方向盘一转消失在街角。

但只消走 10 分钟，维加拉记录的底特律便开始呈现了。时值正午，但建筑里外都空无人烟（底特律是世界上最容易找到停车位的城市）。我的两天多时间就消磨在了到处空空如也的困惑里。忽然，我对这种废弃无人的景象感到非常压抑，于是我走回了之前充满商业活动的小街区。走过数英里带裂缝的水泥路，一路与没有叶子的常春藤和固结的垃圾为伴，再21 次看到麦当劳的崭新塑料桌、窗户清洁工、敞开的门，以及在鲍德斯书店（Borders）呼吸平装书籍新拆封的味道，都让人倍感安心。

然而，废墟还是令人振奋的。在图书大厦，我从保安眼皮底下偷偷溜过。6部电梯中有一部还在运作。当电梯经过了36个空置的楼层，我都不知道该继续上去还是就此作罢。我实在没有独自一人翻进中央火车站的勇气,便只能第二天在朋友的陪伴下再行访问。一个细细的声音从高窗里飘来：“参观吗？”肖恩（Sean）要了10美元领我们参观中央车站和邮局。17岁的他，是一个“城市探险者”——据他估计底特律六七个人里就有一个像他这样活跃在城市中。参观从中央车站前厅开始。中央车站就像纽约大中央车站（Grand Central Station），都是由建筑师卡雷尔与哈斯丁（Carrere and Hastings）设计，效仿与致敬了罗马的卡拉卡拉浴场（the Baths of Caracalla）。肖恩讲述了城市废墟的形成过程。首先是停水停电，保安暂时在这里看一段时间；接下来强盗们就来了，其中许多人都是瘾君子，他们偷走铜和任何可以出售的装饰品；在那之后，是破坏者，在中央车站，他们砸碎了走廊上的大理石覆层，只为寻求刺激；随后，涂鸦艺术家和城市探险者来了；最后，我猜，是游客？

后来，我们下到地下室，借着手电筒的光穿过一个结冰的游泳池，爬到一条旧的传送带上。这条传送带原来的用途是将地下的快件送到对面卡恩（Albert Kahn）设计的现代主义邮局。在爬上传送带至邮局三楼的途中，手掌和膝盖拍打在磨损的面料上嗒嗒作响。这次参观定好了时间，所以我们在日落时才出来（图1.2）。邮局曾作为城市公立学校的图书存放处被重新使用，但又（被？）烧毁了，夕阳照亮了一堆堆被烧焦的报纸和图书。

图1.2
作者与两位城市探险者、作家M·T·安德森（M. T. Anderson，中后）在底特律中央邮局；邮局由阿尔伯特·卡恩（Albert Kahn）于20世纪20年代设计（摄影：克里斯托弗·伍德沃德，2006）

图 1.3
底特律中央邮局的屋顶（摄影：克里斯托弗·伍德沃德，2006）

22 我踩在一堆熔化又凝固的金属上，足有 1 米高。“是订书机吧”，肖恩不动声色地幽默了一句。而我的朋友托宾（Tobin），站在一座透明胶带融化的小山上。建筑屋顶的一部分坍塌了，树木在空隙中自种自长，而屋顶的一隅积满了水，水中甚至长出了芦苇（图 1.3）。

底特律最令人惊喜的是大自然的热情。我从未在城市里见过这么多鸟：并不是鸽子——它们早就跟着人们飞走了，而是那些在交通灯上、在空房子倾斜的门廊上扑腾、啁啾的鸟。交通指示灯不断闪烁，然而这里根本就没有交通。除了鸟鸣声以外，唯一的声音是自行车车轮转过一圈又一圈的吱呀吱呀，那似乎是一位无家可归的黑人老人在四处转悠。

* * *

我和我的朋友（一位作家）漫步穿过荒草地。“当底特律建成时，美国还是个工厂，”他说，“而现在是商场了。底特律恰反映了这点。”

从 T 型车生产线的发明到第二次世界大战，底特律的发展轨迹就像是美国的运势的微缩——当时解放欧洲的四分之一的坦克都是在这里制造的，还有从 1968 年的种族暴动到 20 世纪 70 年代的白人大迁徙。自信贷危机以来（据称始于底特律的次贷危机），5 美元就能买房成了有关底特律的谈资。底特律也成为电视记者的一站式商店，他们侃侃而谈的笑话就是需要这样一个激动人心的背景。

2010 年春天，朱利安·坦普尔（Julien Temple）的影片《底特律安魂曲》（Requiem for Detroit）在 BBC4 上播出，随后又在伦敦经济学院（the London School of Economics，LSE）城市计划的公开研讨会上播出。在研讨会最后，一个由 4 名学者组成的小组站在来自该市的一所高中校长马利克·亚基尼（Malik Yakini）的身后，她提出：底特律的教训是什么？其中之一，它揭示了过度依赖单一行业的风险。伦敦（说到此处，她停下来看了看听众），似乎也过度依赖金融业了。事实是，底特律已经给全世界城市理论家挖了个巨坑，令他们束手无策。在美国，底特律是自我怀疑的生发地，一个令全美都“侧目”的地方。 23

* * *

《底特律安魂曲》最后是一个圆满的结局，展示了都市农业的新气象：一个年轻白人和一个黑人大妈看着空空如也的高速公路旁的果园，把它作为这座城市废墟的救赎。这是投资的另一种设想——底特律一贯的公共政策是投资修建会议中心和汽车博物馆。“让未来开始吧！”当装饰艺术风格的百货大楼被炸毁时，一位官员呐喊道。不过遗憾的是，未来已经去了别处。

这部影片与《财富》杂志的一篇报道不谋而合。在报道中，一位名叫迈克尔·汉茨（Michael Hant）的金融投机者宣布在底特律投资数百万美元，将其用于城市农业（Whitford 2009）。据说，他在收购底特律的土地——139 平方英里的城市中，有 40 平方英里被废弃了（他用 200 美元买了很多地，给居民 50 美元）（图 1.4）汉茨农场的网站承诺“让底特律回归自然之美”，将场地恢复为农田（Hantz Farms 2010）。马利克·亚基尼（Malik Yakini）对她学校项目的自发实现与汉茨在网上发表的商业化城市农业形象之间的差距表示不安。底特律究竟有多少城市农民呢？在伦敦经济学院，马利克说， 24

图 1.4
底特律一处空地。这个城市有超过 60000 处空地，其中一些能以 50 美元购买获得（摄影：克里斯托弗·伍德沃德，2006）

“五六百吧。”我步行走了 12 英里也没看到一块在耕作的地。不过底特律是个巨大的城市这倒是不假。

无论是否有五百个农民，这个数字对于马利克而言并不太重要。相较而言，她项目里提出的孩子们的活动，挤山羊奶和在旧轮胎里种植物，反而更重要。这个项目对底特律的正面影响，一定程度上屏蔽了电影所呈现的负面形象。总的来说，我认为，正如 2009 年的《时代精神》(Zeitgeist)影片所言，人们对城市农业的好奇程度，体现了他们对现代城市人工性日益增长的矛盾心理。而底特律的城市背景又赋予了一些额外的含义——外部感知与内部现实之间的鸿沟，远远大于那些还在发挥着功能的城市。说得有创意些，这就是自由；说得社会些，这就更成问题了。

* * *

社会学家爱丽丝·马赫（Alice Mah）提出了“相近性”概念来解释这种鸿沟。她认为，我们对废墟的审美或情感是由我们与被遗弃的实际事件的差距决定的。这种“相近性”的衡量标准，可以是时间距离、空间距离或财富差距。

马赫（2010）在英国的案例研究是沃克（Walker），一个位于纽卡斯尔（Newcastle）的造船区，其人口从 1971 年的 13035 人减少到 30 年后的一半，是该市最贫困的社区。她的访谈揭示了当地人许多不同的观点。一位工人代表坚决反对最后一个造船厂 Swan Hunter 的关闭，认为造船厂建筑就像“工人阶级的大教堂”，并质疑服务业经济，只是“人们互相买卖篮子和果酱”（Mah 2010：404）。相比之下，如果一家人已从底特律搬走，并成立了小有成就的小型出租车公司，他们会很高兴将工业抛诸脑后，因为工厂工作很累，很危险，又很臭。她的结论是，对城市废墟的看法，取决于富裕程度、生活的地点、是否直接参与了其中的活动、受其废弃结局影响的精神创伤大小。这不仅仅是一个美学问题。在她进行研究时，纽卡斯尔市议会希望拆除 20 世纪 20 年代和 30 年代的联排住宅，建造“沃克滨水区”。而上述的反对言论反映了社会和家庭网络的力量，这些力量是外人看不到的，无论是城市规划者、政治家还是艺术家。

马赫（2009）在美国的案例研究也揭示了同样的城市现象——纽约尼亚加拉瀑布城的高地区（Highland），当化工厂关闭时，其人口从 12 万锐减到 5 万。居民卖不出去他们造的房子，扩建投资也收不回来。尽管他们知道这些失去的工作岗位再也回不来了，但是家庭、街道和教会的力量还是给予了他们宝贵的归属感。再一次证明了，这不仅仅是一个美学问题。

25 城市衰退曾有机会作出回应，但它只是缄默不言。

* * *

在小小的百老汇集市（Broadway Market，在伦敦的哈克尼，英国社区），你可以买到贴在自行车上的假铁锈贴纸、复古雅致的明信片（例如，画面是一只单臂泰迪熊懒洋洋地靠在后院沙发上），照相馆里有关于纽约废弃高架铁路的书籍，还有关于倒闭的油井和加油站的。工业衰落什么时候变得这么上镜了？

我的一个摄影师朋友，亚历山大·佩奇（Alexander Page），同样对废墟美学有着浓厚的兴趣（据2010年5月的私信交流）。他认为废墟摄影作品反映了废墟的古老迷人：剪影的轮廓、光影的强烈对比，使废墟美丽如画。19世纪60年代，一群专门从事罗马废墟摄影的摄影师在罗马的格雷克咖啡馆（Caffè Greco）偶遇了。1935年，沃克·埃文斯（Walker Evans）拍摄了在美国南方腹地沉眠的战前建筑群，作品名为《闪耀的废墟》（*luminous dilapidation*）（Mora & Hill 2004：122）。第二年，他和作家詹姆斯·阿吉（James Agee）记录了美国亚拉巴马州黑尔县的贫困家庭生活，收录于《让我们赞美名人吧》（*Let Us Now Praise Famous Men*）（1941）中。在该项目中，佩奇认为，埃文斯是首位以“有裂缝的地板、报纸糊成的墙纸和建筑东倒西歪的街道”为美的人。废弃乡村仍是美国艺术中的热点，家园田产宛如史诗，但终究不过是昙花一现。1961年，威廉·克里森伯里（William Christenberry）拍摄了一座老旧的木屋，给它取名为“老圣咏者楼”（The Old Psalmist's Building）。后来他年复一年来此摄影，20年来的系列写真记录了它被葛藤侵占并毁灭的过程。威廉·艾格斯顿（William Eggleston）和罗伯特·亚当斯（Robert Adams）是另两位优秀的摄影师，他们同样对美国南部和西部地区的人类存在感兴趣。总之，这种废弃乡村的图景反映了一系列不同的问题。

另一种流派是颂扬工业，正如在20世纪30年代，查尔斯·希勒（Charles Sheeler）记录的史诗般的生产中的工厂形象。第三种流派是，20世纪50年代和60年代专注做社会报道的“忧思摄影师”，例如尤金·史密斯（Eugene Smith）。但是，正如佩奇所指出的那样，“这些都是城市内部社会破败的写照，聚焦于个人的悲欢离合，并非废墟的美学”。

第一批意识到工业建筑的短暂性的艺术家是德国的贝恩德（Bernd）和希拉·贝歇尔（Hilla Becher）夫妇。贝恩德在德国锡根（Siegen）长大，这是鲁尔区（Ruhr）的一个小城镇，“遍地尘扬”（Lieshrok 2010：6）。20世纪50年代当他还是一个艺术生的时候，贝恩德就开始画一座正在拆除的工厂。因为建筑拆除的速度太快，他无法用铅笔记录，只好举起了相机。他们的第一本书于1970年出版，题为《无名雕塑与建筑工艺类型学》（*Anonymous Sculptures and a Typology of Technical Constructions*）。

在贝歇尔夫妇的工业景观摄影作品中，无法判断一家工厂废弃与否。这也表明了他们是在为未来摄影——

> "虽然时代潮流只着眼于未来，而不愿去了解那些断壁残垣上遗留的话语，他们仍感觉到……（这个时代）即将结束。他们的照片明确传达出一种情绪。看不出来这些工业设施是不是还笼罩在生产的灰尘和噪声中。鲁尔的煤矿和铁厂被描绘成一个时代无声的纪念碑，这个时代肯定已经走到了尽头……"
>
> （Liesbrock 2010）

1966 年，他们在英国文化协会奖学金（British Council Fellowship）的资助下来到英国，他们对工业和煤矿的摄影记录成为英国第一个此类作品。

次年，罗伯特·史密森（Robert Smithson）的摄影作品《新泽西州帕塞伊克纪念碑之旅》（A tour of the monuments of Passaic，New Jersey）（1967）记录了他在帕塞伊克的见闻，并探讨了现代建筑废墟的意义——如上文所述，维加拉就是受此影响而前去了密歇根。在 20 世纪 70 年代早期，来自布朗克斯（Bronx）的戈登·马塔·克拉克（Gordon Matta Clark）和他带领的激进艺术家们，将人口稀少而方向感不明的市中心作为了他们一系列特定场地作品的背景。在短短不到 10 年的时间里，城市衰退已成为艺术家们喜欢探讨的主题。

* * *

如上所述，并置是废墟历史体验中的一个重要因素，无论是在视觉上，如在罗马神庙的柱子之间拉起绳子晾衣服；还是在听觉上，如据爱德华·吉本（Edward Gibbon）称，他撰写的《罗马帝国衰亡史》（*The History of the Decline and Fall of the Roman Empire*）（1776—1789），灵感就是源于朱庇特神庙（Temple of Jupiter）里僧侣的晚祷歌声。然而，现代废墟的意象，越发依赖于并置了。维加拉在这方面是一个大师，他拍摄了停在剧院里的汽车，那些已熄灭的霓虹灯曾经与汽车的反光一样令人眼花缭乱。对他来说，这些具有讽刺意味的并置，是另一种对城市发展的叙述方式（Vergara 1999：209）。在安德鲁·摩尔（Andrew Moore）最近出版的《拆除底特律》（*Detroit Disassembled*）（2010）里，也有一幅令人震惊的照片，记录的是在一家酒店前厅里被毁坏的三角钢琴。

当没有并置的元素时，城市衰落带来的审美挑战更大。在伦敦东部，如果从利亚山谷（Lea Valley）向东旅行，就会发生这种情况。沿着 A13 公路,可以看到欧洲之星高速列车在雷纳姆沼泽（Rainham Marshes）一闪而过；在达格南（Dagenham）的水塔上,醉鱼草草丛之上隐约可见标志性的"福特"（Ford）字样。这是在哈克尼（Hackney）城区到艾塞克斯乡村（Essex）之间仅有的两处"风景成画"的地方。要知道,村里只能看到在撒克逊（Saxon）教堂的木塔下吃草的羊群。

法国景观设计师吉尔斯·克莱门特（Gilles Clement）认为，我们必须为介于城市和乡村审美范畴之间的区域建立新的价值。他认为，这种“三分之一的风景”（或第三类景观）的价值是针对生态的，而非视觉的——棕地“不应是充满垃圾与杂草的废弃之地，而应该被视作未来的贮存库或‘生物的时间胶囊’”（Clement et al 2006：92）。但是，这样一来挑战又回到视觉上了——怎么才能看出一处荒地的生态价值，而不仅仅把它视作一块开 6 周花的野草地？

27

克莱门特在法国里尔设计了德博伦斯站（ÎleDerborence）（1991—1995）。为了新建这个欧洲之星火车站，废墟残片被挖掘出来堆在一起，然后覆上白水泥。这个位于地势平坦的草地公园中的孤岛，白色的墙壁酷肖悬崖，令人不禁想象出海鸥的尖啸。该站的设计平面图，与南海（the South Seas）某一特定岛屿的形状一模一样。火车站屋顶的植物是自发生长和繁殖的，唯一的访客是植物学家，他们每年爬上一次楼梯，记录植物的生长。

德博伦斯站是雕塑、神话与生态综合而成的天才之作。它的影响力，并不依赖于那种直截了当的并置。它宛如遗世独立的小岛，仅能通过平面图和地图上描绘的轮廓与这个世界相关联。克莱门特令我们抛弃了一切先入之见，并在自然中沉思自己。他使审美观念又向前迈进了好几步。

所以，当我从哈克尼去到埃塞克斯，克莱门特已经取代了维加拉在我心目中的位置。我决心抛弃自己所受的美学教育，并试图在地下通道和旧铁路线中，探索全新的生态之美。可是，每英里冰冷僵硬的混凝土、贫穷和杂乱的景象，使这个愿望逐渐破灭了。我回想起在理查德·马比（Richard Mabey）的作品中，曾有某处说，大自然没有前进或后退的目标和行程表。“自然本就如此。”A12 和 M25 之间贫瘠景象本就如此，废墟也本就如此。然后我就开车回家了。

* * *

就在 M25 公路对面，有一个“第三类景观”——位于埃塞克斯莱恩登镇的小型地块（The Plotlands of Laindon），它既不是城市也不是乡村。1984 年，丹尼斯·哈代（Dennis Hardy）和已故的科林·沃德（Colin Ward）在《世外桃源—— 一个临时景观的遗产》（*Arcadia for All*：*The Legacy of a Makeshift Landscape*）中讲述了这样一个故事：在 19 世纪末农业衰退之后，企业家将小块土地卖给了伦敦人，以建造周末度假村或避暑别墅。到了 20 世纪 30 年代，莱恩登已经造起了 8000 多座房屋，它们建在草地类似街道的网格上，其中包括改造过的火车车厢和用回收材料自建的“小屋”。这个自建社区排水、电力和道路设施的不足，被独立、睦邻、自然所弥补。最重要的是，它逃离了伦敦。这个小型地块可以被看作一个新型的自发景观，在人与自然之间、自给自足与公社性之间达到平衡。

第二次世界大战后，莱恩登的小型地块在规划、秩序和卫生的价值观上对国家提出了挑战，不过归根结底还是对政府管制的思想状况提出了挑战。后来莱恩登的自建社区被拆除[1]，随后在75英里外的草地上巴西尔登的勇敢新世界（Brave New World of Basildon）建了起来。这里曾有世外桃源，但我们把它拆毁，又建造了巴西尔登。如今，有“巴西尔登健康小径”（Basildon Health Walk）贯穿场地。2009年，巴西尔登的儿童肥胖率高达18.1%。[2]莱恩登的小型地块上，孩子们在煤气灯下，奔跑、种花、烧饭和讲故事的场景，已如云烟般消散了。

人们难免会把消失的生活浪漫化，但毫无疑问，无论是从美学还是从生态学的角度来看，莱恩登的小型地块都是一个幸福天堂的毁灭。现在那里成了一片自播的森林，标识牌上刻有“第一大道”（First Avenue）、“无忧宫”（Sans Souci）等字样。往里走，时不时还能看见成对的门柱或锡制的浴缸。原先种植的开花植物还在持续开着花。建筑师与环保主义者喜欢引用克里斯托弗·雷恩（Christopher Wren）的金言玉律，“所有建筑都应追求永恒”，听众总对此深以为然。但是，当阴影悄悄笼罩了莱恩登的草地街道时，我第一次质疑这种表述。显然，建筑的时限，由建筑与环境的关系所决定；那么坚持了这么久的理想，即建筑追求永恒，是否还有必要？为什么新建筑一定要永远存在呢？底特律的汽车巨头们建造了最具纪念意义的工厂和摩天大楼，与此相对，小块土地的居民正用锤子把旧木板和瓦楞铁板钉在一起。比起底特律，莱恩登似乎没那么多烦恼。我们应该在城市的设计基因中植入回归荒野的元素吗？

* * *

现代建筑短暂性最有力的证明，就在莱恩登以东两百英里之外：在荷兰的米尔丹姆（Mildam），路易斯·勒罗伊（Louis Le Roy，1924—）建造了生态大教堂（Eco-Cathedral）。他是一位艺术家和环保主义者，在20世纪70年代，他买了一片开阔的农田，并通过废弃建材如砖块、混凝土排水管、老墓碑的再利用，开始在那里组装雕塑形体。生态大教堂美极了，让人想起在丛林中失落的玛雅城市（图1.5）。他打算以后葬在这里，并将骨灰留给大自然。

生态大教堂像是一种挑衅，而非一个解决方案。它与雅各布·凡·雷斯达尔（Jacob van Ruisdael）的油画《犹太人墓地》（*The Jewish Cemetery*，1654）的场景一脉相承。仿佛在挑战人类的虚荣心，告诉我们，无论我们建造什么，华丽坟墓抑或宏伟石雕，终究只是上帝眼中的一粒尘沙。毁灭

1 在埃塞克斯野生动物信托基金（Essex Wildlife Trust）划为自然保护区的区域里，有一栋房子被作为博物馆保存了下来。

2 《巴西尔登纪事》（*Basildon Recorder*），2010年3月30日，引用了儿童测量项目报告中高于英格兰东部的16.8%的增长。

图 1.5
在荷兰的米尔丹姆，路易斯·勒罗伊（Louis Le Roy）建造了生态大教堂（摄影：克里斯托弗·伍德沃德，2006）

是不可避免的，自然就是这样的神圣不可征服。1926 年，这幅画，被银行家、艺术收藏家和慈善家朱利叶斯·H·哈斯（Julius H. Haass，1869—1931 年）捐赠给底特律美术学院（Detroit Institute of Fine Arts）。然而，无人料到，学院真的在某一天，被废墟包围了。

像罗马一样，底特律在被建造时，仿佛默认它将永存。确实，对于城市探险家肖恩而言，火车站的结构格外稳固，所以它后来没被炸毁，依然矗立至今。我们究竟是否会将底特律重建？如果不会，那它又将何去何从呢？

* * *

房地产开发商通常都卓有远见。直到 2006 年还担任英国土地公司（British Land）董事长兼 CEO 的约翰·里特布拉特（John Rit-blatt）表示，如果一座建筑物能矗立 30 年，成本基本就收回来了（2010 年 5 月私信沟通）。

29 在这之后的，都是额外的惊喜。很少有人把这种现实与他们的建筑理想调和起来。

艺术家埃德·拉斯查（Ed Ruscha）是个例外，他将加利福尼亚的新商业建筑作为创作主题。他并不为这样一个现实感到困扰，他把建筑设计成30年的寿命，并拥有五六个租户，尽可能地随意与灵活。2005年，他被委任代表美国参加威尼斯双年展。他的主题是“帝国的历程”（The Course of Empire），回应了由托马斯·科尔（Thomas Cole，1801—1848年），一位曾游历罗马的年轻美国艺术家所绘制的系列油画（1833—1836年），以一个古老帝国的兴起与衰落隐晦地告诫了这个年轻的国家。

拉斯查重新访问了他曾绘制过的洛杉矶遗址——他在1992年的蓝领（Blue Collar）系列中，绘制了其中的车库、工厂、电话亭等要素。2005年，工厂已成为快餐店，而在电话亭曾经的位置上，长起一株白桦。当被问起时，拉斯查答道：

30 “退化是一个持续的过程。当然，它可以被看成负面的。但是，每个生命都有一个自然的周期，都会有涨有落，没有什么是永恒的。如果我们能意识到这一点的话，不也很好吗？有人总是想象世界如何发展和事情如何进步。我们当然这样生活，不是吗？我不是那么看的。”

（De Salvo & Norden 2005：31）

这段话是他用沙哑、平静的声音，面无表情地说出来的。他很乐意想象一个未来，那里建筑是灵活多变、光芒四射而又转瞬即逝的。

* * *

自从我开始研究以来，对废墟的兴趣比这15年来的任何时候都要高。为什么？城市衰退恰逢环保意识的提升，而废墟则是我们与自然关系的隐喻。为了适应这一新现实，我们的传统审美观念需要进行巨大变革。

这样的转变确实发生了。在18世纪早期，自然风景园的建设运动“声称”为艺术家和旅行者提供野生的自然。1965年后的10年里，只有少数艺术家改变了对工业建筑的看法。我相信，当今艺术比起自18世纪以来的任何时刻，都更强烈地被废墟影响。在美国，单单摄影这一个领域，就有罗伯特·亚当斯（Robert Adams）、威廉·克里森伯里（William Christenberry）、威廉·艾格斯顿（William Eggleston）、安德鲁·摩尔（Andrew Moore）、罗伯特·波利多利（Robert Polidori）和卡米洛·荷西·维加拉（Camillo jose Vergara）等人，何其强大的阵容。

在英国，对于废墟使用者而言，令人兴奋的是废墟再次成为“具有意义的”。在18世纪，罗马的废墟既是关于未来的，也是关于过去的。伦敦——新罗马是否同样会成为恶习和暴政的受害者？在英国境内，修道院的废墟将天主教徒与新教徒区分开来；而城堡的命运，将辉格党与保守党区分开来，因为他们继续辩论着皇室和议会的权利。然而，今天这些废墟都被寄放在明信片上。当荒废成为新时代的特征，带出的结果是，现代废墟再次变得像 18 世纪那样，具有攻击性、分裂性和挑战性。

一张我在底特律拍摄的照片，展示了一片广阔的沥青沙漠，平凡无奇，但在曾经的停车场的缝隙中，一片杂草正隐约往外蔓延（图 1.6）。相机里的下一张照片，展示了一排全新的、一尘不染的木屋，一家人坐在台阶上；室内，孩子们做着作业，烤箱暖烘烘的。谁又能想到这两张照片是在同一个地方拍的呢？ 180° 转身，天壤之别。废墟帮助我们选择未来。

31

图 1.6
底特律的空地（摄影：克里斯托弗 · 伍德沃德，2006）

参考文献

32

Agee, J. and Evans, W. (1941) *Let Us Now Praise Famous Men*, Boston MA : Houghton Mifflin.

Becher, B. and Becher, H. (1970) *Anonymous Sculptures and a Typology of Technical Constructions*, Dusseldorf : Eugen Michel Art Press.

Clement, G., Rahm, P. and Borani, G. (2006) *Environ (ne) ment : Approaches for Tomorrow*, Milan : Skira.

De Salvo, D. and Norden, L. (2005) Essay in *Ed Ruscha : Course of Empire*, Ostfildern : Hatje Kantz.

Gibbon, E. (1776–1789) *The History of the Decline and Fall of the Roman Empire*, London : Strahan & Cadell.

Graham–Harrison, E. (2008) *The New York Times*, 17 April 2008.

Hantz Farms. Online : www.hantzfarmsdetroit.com (accessed 20 April 2011) .

Liesbrock, H. (ed.) (2010) *Bernd and Hilla Becher : Coal Mines and Steel Mills*, Munich : Schirmer/Mosel.

Macaulay, R. (1950) *The World My Wilderness*, London : Collins.

——(1953) *Pleasure of Ruins*, London : Weidenfeld & Nicolson.

Mah, A. (2009) 'Devastation but also home : place attachment in areas of industrial decline', *Home Cultures*, 6 (3) : 288–310.

——(2010) 'Memory, uncertainty and industrial ruination : Walker Riverside, Newcastle upon Tyne', *International Journal of Urban and Regional Research*, 34 (2) : 398–413.

McCarthy, C. (2006) *The Road*, New York : Random House.

Moore, A. (2010) *Detroit Disassembled*, Akron OH : Damiani.

Mora, G. and Hill, J. T. (2004) *Walker Evans : The Hungry Eye*, London : Thames & Hudson.

Shaffner, F. J. (1968) *Planet of the Apes*, Twentieth Century Fox.

Smithson, R. (1967 [1996]) 'A tour of the monuments of Passaic, New Jersey', in : J. Flam (ed.) *Robert Smithson : The Collected Writings*, Berkeley : University of California Press.

Temple, J. (2010) *Requiem for Detroit*, London : BBC.

Vergara, C. J. (1995) 'Downtown Detroit : "American acropolis" or vacant land – what to do with the world's largest concentration of pre–depression skyscrapers', *Metropolis*, April 1995.

——(1999) *American Ruins*, New York : Monacelli Press.

Ward, C. and Hardy, D. (1984) *Arcadia for All : The Legacy of a Makeshift Landscape*, London : Mansell.

Whitford, D. (2009) 'Can farming save Detroit?' *Fortune*, 29 December 2009.

Woodward, C. (2001) *In Ruins*, London : Chatto & Windus.

第2章

城市荒野景观赏析——非自然之地的自然史

保罗 · H · 格博斯特

33

特定的生态系统反映了生物对环境的适应（Bradshaw 2003）。林地可能因湿度过高而形成湿地，也可能因湿度过低而成为草地；海拔升高可使落叶林变成针叶林；火灾和其他干扰则可能使顶级群落回到演替的初级阶段。这些环境影响的总和最终形成了一个地方的生物多样性，而这些过程的研究和阐释通常被认为是生态学科的职责。而为了建立对生态系统保护的认识和支持，给一个地方的生态建构叙事性，可能更适合划入自然史的领域。

最近出版的书籍《芝加哥区域自然史》就是一个很好的例子。作为自然作家和当地长期活跃的环保主义者乔尔·格林伯格（Joel Greenberg）的“17年倾情奉献”，这本595页的书讲述了该地区本土生态系统及其物种引人入胜的故事。格林伯格按时间线索详细叙述了原住民是如何与地方产生联系的，并介绍了芝加哥地区草原、热带稀树草原、森林和其他生态系统的特征和历史，以及其中的本土动植物群落，描述了这些生态系统的美丽之处和生态效用，也记录了它们的衰落过程，为生态恢复提供了一个令人信服的理由。尽管他撰写的自然史远远超越了曾经所有对该地区本土生态系统的理解和鉴赏，但他在自然史中几乎没有涉及人类环境、人类定居和城市化留下的遗产如何塑造这个地区，而众所周知，芝加哥地区目前是由人类城市景观主导的。至于本书各位作者所称的城市荒野，以及其中自发生长的先锋草本植被群落，除了对本土景观的威胁外，格林伯格就在再没提起了。也就是说，我们对芝加哥地区自然史的认知并无芝加哥城在其中。这种观点在严肃的历史记录中也许能成立，但对于那些专注于保护和恢复原生景观的人来说助益不大，因为不了解现在芝加哥地区已彻底改变的土壤、气温、水体等状况，保护和恢复就无从谈起。

34

城市生态学这一新兴学科为我们提供了一些线索，帮助我们构建一个更加健全的城市区域自然史体系。该体系有一种观点认为，城市荒野景观是回应城市中常见环境条件的活景观。城市生态学家并不区别对待某一特定条件或过程出于自然还是人工，而且学科早期研究的对象大多在欧洲，在那里人类定居的悠久历史使得诸如“本土（或外来）生物多样性”之类的区别没有那么严格（Del Tredici 2010）。因此，采用同样的观点来编写城市地区自然史可使人们更好地理解城市荒野，并将其视为值得欣赏、保护和利用的合法绿地类型。本章将重点介绍芝加哥地区四种主要的人工自然类型，并通过对应的案例研究，重点介绍芝加哥市内荒野景观的组成部分。城市荒野景观与格林伯格所叙述的生态系统不同，但可以用一种类似的方式来研究它们，即特定的土地类型已经进化出值得更深入理解和欣赏的动植物群落。笔者既不是自然历史学家也不是城市生态学家，所知所能极其有限，但在前人研究和个人观察的基础上，还是希望通过本章概述的框架，突出城市荒野的潜力，以抛砖引玉。

大都会的自然——芝加哥的四类城市荒野景观

尽管格林伯格的书提供了编写芝加哥城市荒野自然史的最初动力，但环境历史学家威廉·克罗侬（William Cronon）的《自然大都会——芝加哥和大西部》（*Nature's Metropolis*：*Chicago and the Great West*）（1991）也有助于将荒野景观置于对人与生态系统之间关系的更广泛理解之中。其区域分析描述了芝加哥作为一个城市如何因其在生态十字路口的位置而兴旺和繁荣，而格林伯格所推崇的生态系统多样性正是芝加哥城能发展起来的基础。北部的松林为建筑提供了现成的木材供应，西部的草地供应了牧草，而密西西比河和五大湖区则提供了便捷的水运交通。与运河、铁路相连后，芝加哥成为一个处理自然原料并将其转移到东部人口消费中心的大机器。

但正如芝加哥作为靠山吃山的典范一样，它也揭示了城市如何创造自然，尽管这种自然带着人工色彩，用以满足人的需要。克罗侬讨论的大尺度模式和过程被按比例缩小到人们每天感知和使用的城市绿地内。在芝加哥，常见的绿地包括专用的公园绿地等有目的设计的公共绿地、滨河绿道和道路附属绿地、住宅和商业区附属绿地，以及中到大尺度的后工业用地。接下来的部分将简要介绍这四类绿地中城市荒野景观的存在和演变，并通过相应案例的展示，说明与这些空间相互作用的人是如何处理这些空间的。通过将这些空间视为生物体对人类主导环境的回应，可在面对特定问题时更好地利用城市荒野景观。

35

堆填的自然——湖滨公园的荒野景观

虽然土地和水资源的丰富交汇使芝加哥地区长期作为战略要地，但直到对平地沼泽景观进行大规模改造之后，芝加哥市才出现了大规模的定居行为。1673 年法国探险家在该地区的高地山脊和丘陵上发现了伊利诺伊州人和迈阿密印第安部落的村庄，但随后而来的皮子猎人和军队都涌向了芝加哥和德斯普兰斯河（Des Plaines Rivers）之间的低洼地区，然后在此定居。当印第安人的土地于1833年被割让给美国时，当局计划建造一条连接德斯普兰斯河、五大湖、密西西比河流域的运河，由此引发了现芝加哥市中心附近猖獗的投机房地产开发。商业和居住用地的土地改良是建设城市的重要基础,但负责制定运河规划的委员在其地图上写了一句话——“公共场所。永远保持开放、清晰可见、视线自由不受建筑等障碍物阻挡”。在之后的几年，这成为保护密歇根湖岸线的有力依据，使之成为芝加哥最大的自然资产（Wille 1972：23）。

自1837年建立以来，芝加哥城迅速发展壮大。到了19世纪60年代早期，由于常住居民人口已达10万以及随之而来的问题，公民领袖们不得不发起倡议，将城市公园发展为“城市之肺”。林肯公园（Lincoln Park）原是城市北部低洼湖岸地区一个24公顷的公墓，后改建为公园。林肯公园是芝加哥富人和穷人的自然游乐场。公园通过疏浚和堆填将天然湿地转变为可以划船和捕鱼的湖面以及可以设置路径、草坪和遮阴树的高地，立即受到市民欢迎，很快许多大型景观公园和较小社区公园纷纷效仿起来。堆填土地在创建湖滨公园系统方面发挥了重要作用，现在该市48公里岸线的87%都是堆填出来的。1871年，芝加哥大火将这个有30万居民的城市的大部分摧毁了，而推入湖中的废墟碎片创造了新的土地。20年后，在公民领袖蒙哥马利·沃德（Montgomery Ward）“永远开放、清晰、自由”的倡议下，在此区域成功建立起了葛兰特公园（Grant Park）。公共湖畔的想法和从堆填场地创建“自由土地”的想法很快就开始实施了，在1890—1950年之间，随着城市居民从100万增长到360万，大规模建设项目从城市南部印第安纳州的浅滩上运来沙子等沉积物用于堆填，并疏浚了一系列港口，随后建造了一系列公园，总面积超过1200公顷，而且几乎无缝地连接在一起（Chicago Park District 1995）。 36

虽然林肯公园大部分都修剪整齐，而且游憩设施可以满足6500万人次的年游客容量，但人们对其作为城市自然价值的认识，在很大程度上是由于公园土地使用变化后出现的荒野景观。林肯公园有50公顷的区域被称为蒙特罗斯延伸区（Montrose Extension），是在20世纪30年代大面积的防波堤建设、填埋和疏浚港口背景下开发的（图2.1）。最外侧的5公顷土地延伸到湖中超过1公里，形成一个湖角（类似海角），称为“蒙特罗斯角”。最初设计为自然主义风格，作为公园备用区，不久被军队接管，被用作第二次世界大战的雷达站，并在冷战期间作为奈克导弹基地进一步开发，建造了军营和地下导弹仓库。这个场地最终在20世纪70年代空了出来，由于没有规划以及资金来应对这一土地利用类型的变化，蒙特罗斯角成为一个以草本植物为主的城市荒野，其唯一的特色是残存了以金银花（*Lonicera japonica*）为主的绿篱，这曾将军营与公园分开。场地现在几乎没有人类使

用，湖角区成为迁徙鸟类的天然踏脚石。绿篱及其周边区域发现了大约200种不同的鸟类，因此将其称为“魔法绿篱”（Gobster 2001）（图2.2）。

图2.1
林肯公园有50公顷的区域被称为蒙特罗斯延伸区，是在20世纪30年代大面积的防波堤建设、填埋和疏浚港口背景下开发的［来源：芝加哥公园管理委员会（Chicago Park District），1934］

37 20世纪80年代和90年代初期，为保护魔法绿篱，在爱鸟者的努力下，公园开辟了一个不修剪的区域，以阻止游憩活动在该区域进行，并增加草原鸟类的栖息地，事实上这促使该区域向荒野景观转变。从这个偶然的“自然实验”（Gross 2010）中得到灵感，公园规划师、民间组织、爱鸟团体和其他自然爱好者开始致力于把林肯公园及其他湖滨公园内的合适地点作为候鸟栖息地，就像蒙特罗斯角一样。作为全公园规划框架下的副产品，20世纪90年代末期发起了该场地的规划，众多利益相关者参与其制定过程。38 虽然许多参与团体同意保持蒙特罗斯角的荒野景观和鸟类栖息地，但其作为季节性淹没的场地、经设计的历史公园、军队基地、城市荒野的一系列曲折历史引发了关于区域未来性质确定的问题。规划的场地性质试图将现有荒野景观（特别是金银花树篱）与其他生态、历史要素相协调。现在该场地由公园管理委员会工作人员和志愿者管理，按最初的设计作为自然区域来管理，但主要使用乡土植物，以营造草原、湿地、林地、稀树草原和沙丘等多种多样的栖息地，并最大限度为鸟类提供食物和筑巢地。该场地当前的管理理念更类似于生态恢复，而且在其中凸显乡土物种的应用、拒绝

图 2.2
（从上至下）“魔法绿篱”，1991；介于生态管理的自然区域和蒙特罗斯角修剪整齐的公园之间的荒野景观缓冲区（摄影：保罗·H·格博斯特，2010）

具有侵入性的外来物种。而近年来，一些无人管理的杂草沿着场地外缘生长，提供了有管理的自然区域与整齐修剪的公园之间的荒野缓冲区（图 2.2）。

管理区域之间的过渡区域正是公园荒野景观潜在的未来。自然区域满足了鸟类栖息地的重要需求，同时，如果能够得到充分的维护，利用本土植物创造栖息地相对更加合适，而这些区域的指定用途和脆弱性也限制了游憩活动在此的发生。例如，林肯公园里没有任何地方可以让孩子们自由无监管地探索大自然——进行采摘鲜花、挖洞、建造基地，以及其他在修剪整齐的公园环境中不合适的创造性游戏活动。而荒野过渡区可以提供这些游憩机会，同时作为栖息地的缓冲带，且维护费用不高，在公园管理者可接受的范围内。即使由于场地条件恶劣、缺乏资金、缺乏志愿者援助而难以实现恢复管理，无人管理或管理不善的荒野景观本身仍然可以作为栖息地，正如蒙特罗斯角修复前的情况。

架起的自然——沿高铁线路的荒野景观

成功、宜居的大城市关键之一在于交通网络。芝加哥在 19 世纪 30 年代初建立时不仅为将来的发展设立了多种多样的交通线路以满足交通需求，而且保存了重要的绿廊，如今向整个大都市地区释放出了重要的生态和游憩价值。上文所述致使市中心滨湖空间变为公共绿地的运河开发项目，亦创造了美国第一个国家遗产廊道——1984 年连同伊利诺伊运河和密歇根运河一起被美国国家公园管理局指定为国家遗产廊道（Harris 1998）。这条运河的使用历史是短暂的，但却为芝加哥变成区域商业中心作出了巨大的贡献。自从 1848 年开始修铁路以来，芝加哥的战略地位大大提高了。在 20 年内，主要的区域线路汇聚在了芝加哥，并于 1869 年完成横贯大陆的铁路线，由此使芝加哥成为大西洋至太平洋贸易路线的中心（Condit 1973）。除了这些串联数个城市的长途线路外，还有各种城市间和区域性的通勤列车线路。一些从废弃的线路发展而来的廊道已成为充满活力的 1600 公里区域休闲步道系统的支柱，包括伊利诺伊州草原小径（Illinois Prairie Path），于 1963 年成为美国第一批铁路小径之一（Chicago Metropolitan Agency for Planning 2010）。虽然该地区平坦的地形很容易开发成密集的住宅和干道街道，但是前卫的公园和城市规划者如德怀特·珀金斯（Dwight Perkins）和丹尼尔·伯纳姆（Daniel Burnham）也规划设计了一个林荫大道体系，为居民提供了重要的绿地和舒适的驾驶环境（Chicago Department of Planning 1989）。

39

在各种交通廊道中，区域线路和都市快速公交铁路线在芝加哥的景观中尤其引人注目，不仅仅是因为它们抬升的高度（高出地面 4 米以上），而且还因为在其狭窄陡峭的护坡上长满了野生草本植被。护坡通常在底部围起来，以最大限度减少人进入的危险，因此这些土地不仅难以维护，而且也对种植植物的环境提出了挑战。

在过去的 25 年里，我一直住在芝加哥一条这样的铁路线附近，因此在我家房子两侧可以随意观察这片绿地。我也曾参与一个社区绿化项目，该项目沿着距离我们住宅街区最近的护坡延伸约 150 米。1855 年芝加哥和密尔沃基建造了湖岸线（*Lakeshore Line*，现称联合太平洋北线，由区域铁路管理局运营），这一客运铁路连接了两个城市，在芝加哥北岸的经济发展中发挥了重要作用——它为一座盛产沙砾的繁忙城市和宁静安详的湖滨天堂提供了快速而便捷的通道（Ebner 1988）。

虽然许多郊区城市已经通过社区绿化项目培育了铁路两侧的绿地，为护坡进行修剪维护、种植观赏性的花木，但在我所熟悉的芝加哥高架和护栏区域，负责管理的仍是铁路局。然而他们关注的问题往往更多地集中在植被清除而不是景观美化上，而且他们会定期在某些区域砍伐植物、喷洒除草剂，以保持铁路廊道视线符合安全标准（Randoll）。这通常导致廊道像是由乡土草本植物群落和野生外来植物群落拼贴而成的（图 2.3）。沿着南部的一段，疏植的东方三角叶杨（*Populus detoides*）的树荫覆盖了以苇状羊

图 2.3
两段快速轨道交通廊道护坡：经轨道交通管理局清理后的（上图）与杂草丛生的（下图）（摄影：保罗 · H · 格博斯特）

茅（*Lolium arundinacea*）和偃麦草（*Elymus repens*）等草为主的护坡。北

40

侧，种类单一的银白槭（*Acer saccharinum*）和梣叶槭（*Acer negundo*）如雨后春笋般涌现，树下的地被中点缀着一些开花植物，如月见草（*Oenothera biennis*）和紫露草（*Tradescantia ohiensis*），以及常见的毛蕊花（*Verbascum thapus*）。再往北，则密植了一片臭椿（*Ailanthus altissima*），遮挡了大部分地被，仅能看见茂密的田旋花（*Convolvulus arvensis*）。路堤斜坡上的不同位置，植被也存在显著差异，原生的木贼属（*Equisetum* sp.）地被生长在最靠近铁轨和树木的岩石边，而种类更多的开花植物则分层生长在坡度较平缓、土壤较深的护坡外侧。

41

虽然这些荒野景观中的一些可能比其他荒野式的景观更美观，但居住在廊道附近的居民大多数并不认为它们有什么引人之处。也许是为了回应官方机构对其管理的普遍忽视，沿廊道的一些个人和社区团体已经将其部分作为社区绿化项目。我自己也参与了所在街区的项目，并在其中顺便观察了居民们的态度：有人觉得禾本科植物太多也太乱了，非禾本科的草本植物就显得更加瘦弱不起眼了。尽管一些社区参与者承认这些野生的先锋植物可以很好地保持陡坡上的土壤并且不需要维护，但他们觉得还是有必要把这些植物大丛除掉，种植一些观赏性的花卉和灌木，包括那些可能需要浇水的花和灌木。因为场地周围没有灌溉水的供应，这是一个很难实现的主张。作为园艺爱好者和草原爱好者，多年来，我和妻子一直试图在现有的城市荒野植物群落的基础上，结合耐寒的观赏植物如萱草（*Hemerocallis* sp.）、蜀葵（*Alcea* sp.）和艳丽的乡土植物如串叶松香草（*Silphium perfoliatum*）和柳叶马利筋（*Asclepias tuberosa*），使群落更加可持续。通过使用这些植物和其他“温馨提示”（如标牌），并显露出原来作为护坡一部分的石灰岩挡土墙（Nassauer 1995），在无维护的荒野景观和有人干预的荒野景观之间形成了一个中间地带。这种干预的目的之一是借助田旋花和臭椿等外来物种保护人工荒野景观中的平衡和多样性，但毫无疑问，主要目的还是园艺活动本身，以及它为个人和社区带来的好处。

夹缝的自然——城市密集街道中的荒野景观斑块

在像芝加哥这样人口密集的城市，邻近的公共绿地往往非常珍贵，即使附近的公园确实存在，但是一些群体（如幼儿和老年人）的进入和使用可能会受到繁忙的街道交通、犯罪行为或其他方面的限制。与此同时，在不同权属或不同用地类型的边界之间可能经常存在大量微小而孤立的斑块，或者说是无人管理的边缘式绿地，这些荒野景观斑块常常被业主视为负担。但如果这些斑块能作为半公共、社区管理的开放空间提供给居民，它们还是有实质性价值的。

我参与的另一个社区绿化项目就是这种情况，项目意图更好地利用位于住区和市政设施用地之间的小块绿地。项目位于芝加哥市远北侧的罗杰斯公园（Rogers Park）社区。这片街区的房屋建于1914—1918年之间，是城市边界向北快速扩张至埃文斯顿（Evanston）郊区的一部分。该街区的南侧小巷对面就是芝加哥铁路有轨电车仓库，1901—1957年，芝加哥公共交通管理局开始使用全公共汽车运输，就将电车封存在该仓库中（Samors et al. 2001）。到20世纪70年代早期，该物业被重新开发为卫生管委会病房和地区警察局，有一条通道和停车场毗邻小巷。为了分隔病房，卫生管委会立了一圈铁丝网围栏，在病房一侧做了一个1米×120米的种植区，里面种满了北美香柏（*Thuja occidentalis*）。警察局只是简单围了一下他们的地块，但在停车场的两端留下了两个小绿地：一个20米×20米，其中放置了一座信号塔；另一个较小的10米×10米，用途不明。

42

这些空间转换的条件正是许多城市荒野景观斑块的典型特征。据我观察，这些城市荒野早在20世纪80年代就已经有了。小巷种植区过于狭窄的宽度、毫无遮挡的阳光和穿堂风都使香柏难以存活，取而代之的是一些先锋植物，如梣叶槭、桑树（*Morus alba*）、榆树（*Ulmus pumila*）。地块不明确的权属也导致了管理责任的暧昧推托，此外，从小区一侧溢出的一堆堆除冰盐、堆积在住宅一侧的机油和建筑残骸等现象都揭示了，这块种植区俨然成为一个小型的“公地悲剧”（Hardin 1968）。警察局停车场后面的两块地也没有好到哪里去。远离场地中心的小绿地本身就容易被忽视，被丢弃的聚苯乙烯泡沫咖啡杯和面包圈袋沿着围栏和角落堆积起来，只会加深人们对警察的刻板印象。

1989年春季的社区的“清洁和绿化”（cleaning and greening）行动有助于提高对这些小型绿地的感知和赏析，有助于公众了解它们对街区和大的社区的价值。1990年的一项开放空间评估证实了罗杰斯公园地区是芝加哥市人均开放空间最少的地区之一，这帮助该项目获得了一小笔捐赠款，以将这些小地块改造为社区管理的开放空间。种植区种上了新的乔木和灌木，以及社区居民出售或捐赠的花卉。项目参与者与警察局的邻里关系办公室合作，重新安装了两片围着小绿地的围栏，以便小型绿地向外开放。信号塔那块较大的地被盖上新的表土，创立了一个社区菜园；较小的地块种植了苹果树（*Malus* sp.）、紫丁香（*Syringa* sp.），以及一些一年生和多年生花卉，作为社区花园。社区和城市层面的后续规划确定了这些小空间在填补城市高密度区域开放空间和游憩需求方面的价值和实用性。1995年，该社区绿化项目被评为城市模型示范项目，体现了“景观管理和规划的公私合作”（City of Chicago 1998：116）（图2.4）。

在过去的15年里，无论是在生态上还是在社会上，可持续发展的意

图 2.4
社区花园，分别摄于 1989 年、1993 年和 2010 年（摄影：保罗·H·格博斯特）

义都在不断演变，并对荒野景观如何最好地融入小型城市空间产生了影响。从生态学角度来看，这些小场地是非常具有挑战性的，即使是选择改良土地的植被也需要花一番工夫。除了菜园外，许多在管理初期投入的植物都不够健壮，特别是花卉，不足以在最小限度的管理下生存，随着时间的推移，选择了耐性更强的乔木和灌木，并选择了一些花卉，如萱草、蜀葵和串叶松香草，这些植物大量生长，能够适应干旱条件。先锋树种和其他自发野生植物也可以适当接受并融入景观中。然而，从社会角度来看，这些物种的社会耐受能力相当有限，尤其是在这些小空间的背景下，对整洁、丰富的色彩和熟悉度的需求仍然普遍存在。这一教训在 2010 年初得到了加强，当时地块已经竖起了一道新的栅栏，挡住了从小巷一侧进入社区花园的道路。在此之前的数年，这个小小的场地上的树木和藤蔓遮蔽了许多开花的地被植物，并且它已经成为一个秘密的花园，作为社区的孩子们攀爬树木、荡秋千和建造秘密基地的游乐园。然而，警察局的邻里关系部门却有着截然不同的审美观念，觉得它太乱了，也不够醒目。具有讽刺意味的是，现在在没有使用和维护的情况下，自发生长的植被迅速重新占领了该地块，除了之前种植的树木，如今的地块看起来很像 20 世纪 90 年代初社区首次介入时的状态。

修复的自然——大片空地上的荒野景观

尽管在诸如芝加哥罗杰斯公园社区等人口密度仍然很高的城市地区，对绿地斑块的需求还未得到满足，但从整体上看，许多城市正在经历城市收缩，而且还得应对大量空置土地的现实。对于经济基于重工业的老城市来说尤其如此。随着国家乃至全球经济将原材料和成品的生产转移到其他地方，工业、商业和住宅用地的大量废弃导致了大面积的用地紊乱，并留下了常常是受到污染的开放空间。棕地是“城市收缩”现象最明显的表现形式，后工业用地的叙事性以及荒野景观在其改造中的作用已经成为城市规划和景观管理的热点话题（Rink and Kabisch 2009）。

芝加哥东南部、印第安纳州西北部的卡柳梅特地区（Calumet Region）提供了一个不错的案例，阐释了荒野景观如何满足广泛的棕地修复的短期和长期需求。在开发之前，密歇根湖南岸的这个区域一度生态条件良好，有湖泊、湿地、草原和沙丘生态系统，其中有 1300 多种植物。虽然其丰富的鱼类资源和其他野生动物受到早期土著印第安人和欧洲殖民者的高度重视，但随着城市的发展，其水道和铁路系统使卡柳梅特成为工业发展的理想地点，而湿地也成为废物处理的便利场所。到 19 世纪 80 年代，卡柳梅特已经获得了钢铁制造中心的地位，随着大型钢铁厂及其附属城镇的繁荣，它们吸引了更多的化工、水泥和其他产品的工业和制造业前来。来自这些工业的废弃物，特别是用于炼钢的铁矿石“矿渣”被倾倒到附近的湿地中，该地区也成为城市垃圾的主要填埋场（National Park Service 1998）。

20 世纪 70 年代后期，美国钢铁业严重衰退，也导致了许多相关工业撤出了卡柳梅特。如今，矿渣覆盖了该地区超过 150 平方公里的土地，深度为 2—20 米，而仅在芝加哥就有超过 300 公顷的垃圾填埋场。幸好还有重要的自然区域苟延残喘，为濒临灭绝的黑冠夜鹭（*Nycticorax nycticorax*）、黄头黑鹂（*Xanthocephalus xanthocephalus*）以及其他乡土植物和动物提供栖息地（图 2.5）。对该地区进行生态修复和经济复兴一直是有关卡柳梅特的两个规划的重点。在卡柳梅特开放空间储备规划（*Calumet Open Space Reserve Plan*）中（Chicago Department of Planning and Development 2005），现有的 600 公顷公共开放空间将成为占地 2000 公顷保护区的核心，规划开辟新的土地用于预留开放空间、游憩、开放利用，以及最后一类，既保留开放空间的特征，又拥有与废物处理或能源有关的功能。第二个规划是卡柳梅特生态管理战略（*Calumet Ecological Management Strategy*）（Chicago Department of Environment 2002），是为具有重要生态价值的地点制定管理目标的战略。

46

图 2.5
美国芝加哥卡柳梅特地区，雪鹭（*Egretta thula*）散布在以垃圾填埋场为背景的湿地中 [来源：美国林业局（US Forest Service），2008]

虽然没有明说，但这些规划确实提供了荒野景观植被在恢复卡柳梅特地区受到严重干扰和破坏的土地方面可以发挥重要作用的例子。与一个重要湿地相邻的垃圾填埋场被列入美国环境保护局“超级基金”支持的场地，因为其有毒物质已经污染了地下水，科学家们正在探索使用快速生长的杨树（*Populus* sp.）和柳树（*Salix* sp.）等植物在“植物修复”（phytoremediation）的过程中去除污染物。沿着另一个重要沼泽的边缘，入侵物种芦苇（*Phragmites australis*）已经成为优势物种，但野生动物生态学家认识到它作为该州最大的黑冠夜鹭群之一的筑巢结构的价值，在确定合适的替代方案之前，他们不建议将其移除。最后，在许多地区，钢渣以熔融的形式浇注成景观构筑。几十年后，唯一能够在近乎难以穿透的表面进行定植的植被，只有那些低矮的野生草类。在每一种情况下，人们都认识到荒野景观的植被可以提供有效的生态服务，而且往往无须花钱维护。对于这种棕地，社会审美的考虑因素已被功能性因素所抵消，大规模的景观允许更多地使用野生植被作为短期甚至长期的管理解决方案（Westphal et al. 2010）。

结论

本章概述了自然史方法如何帮助我们理解城市荒野景观的起源和演变。以芝加哥市为例，介绍了四种主要的人工自然，并讨论了城市荒野植被在其中的作用。当然还存在着其他类型，在某些城市，某些类型亦有可能占主导。但是，作为在其他绿地的背景下思考荒野景观作用的一种方法，这些例子揭示了可能存在的条件范围，并说明了如何更好地理解和欣赏城市荒野景观。

在公园环境中，例如湖滨公园的案例，荒野景观能在低管理的自然区域和修剪区域之间提供有效的过渡区域，并为活跃的自然探索活动提供独特的低维护环境，而在这两种管理区域中都是不可能的。在交通廊道环境中，例如高架护坡的案例，荒野景观可为生态和经济上难以管理的线性场地提供低维护的解决方案，并且可以通过分段改变植被结构以及公众参与来提高审美可接受度，用艳丽的植物和其他管理指标来美化可见的区域。在人口密集的社区环境中，对小型开放空间的利用面临着最大的社会障碍，但机智地引入和管理先锋树种和其他植物，种植耐寒且低维护的乡土种和规划种有助于小空间融入主流环境。在大规模的棕地区域，城市荒野植被的功能和经济效益可能有助于抵消其侵略性和“差异性”所带来的成本，特别是当作为临时解决方案时。

47

通过将城市荒野的植被视为景观对人类创造的开放空间所提供的苛刻条件的回应，并将其作为城市绿地规划和管理的可持续解决方案，可能会获得更好的生态和经济效益。而这些观点的实际应用以及使公众审美上能接受是一项更加艰巨的任务，在像芝加哥这样的城市，杂草条例[1]仍然把无人管理的自发植被视为负面影响，另外还有一些难以克服的技术和政策障碍。但是，通过了解自然史来理解荒野景观，并考虑它们被感知和体验的各种背景，可使其生态、美学等方面的价值为更多人所知。

参考文献

Bradshaw, A. D. (2003) 'Natural ecosystems in cities: a model for ecosystems and cities', in A. R. Berkowitz, C. H. Nilon and K. S. Hollweg (eds) *Understanding Urban Ecosystems : A New Frontier in Science and Education*, New York : Springer.

Chicago Department of Environment (2002) *Calumet Area Ecological Management Strategy*, Chicago : Chicago Department of Environment.

48

Chicago Department of Planning (1989) *Life along the Boulevards : Using Chicago's Historic Boulevards as Catalysts for Neighborhood Revitalization*, Chicago : Chicago Department of Planning.

Chicago Department of Planning and Development (2005) *Calumet Open Space Reserve Plan*, Chicago : Chicago Department of Planning and Development.

Chicago Metropolitan Agency for Planning (2010) *Northeastern Illinois Regional Greenways and Trails Plan : 2009 Update*, Chicago : CMAP.

Chicago Park District (1995) *Lincoln Park Framework Plan : A Plan for Management and Restoration*, Chicago : Chicago Park District.

City of Chicago (1998) *Cityspace : An Open Space Plan for Chicago*, Chicago : City of Chicago.

Condit, C. W. (1973) *Chicago 1910–1929 : Building, Planning, and Urban Technology*, Chicago : University of Chicago Press.

Cronon, W. (1991) *Nature's Metropolis : Chicago and the Great West*, New York : W. W. Norton.

Del Tredici, P. (2010) *Wild Urban Plants of the Northeast : A Field Guide*, Ithaca, NY : Cornell University Press.

Ebner, M. H. (1988) *Creating Chicago's North Shore : A Suburban History*, Chicago : University of Chicago Press.

Gobster, P. H. (2001) 'Visions of nature : compatibility and conflict in urban park restoration', *Landscape and Urban Planning*, 56 : 35–51.

Greenberg, J. (2008) *A Natural History of the Chicago Region*, Chicago : University of Chicago Press.

Gross, M. (2010) *Ignorance and Surprise : Science, Society, and Ecological Design*, Cambridge, MA : MIT Press.

Hardin, G. (1968) 'The tragedy of the commons', *Science*, 162 : 1243–1248.

Harris, E. (1998) *Prairie Passage : The Illinois and Michigan Canal Corridor*, Chicago : University of Illinois Press.

Nassauer, J. I. (1995) 'Messy ecosystems, orderly frames', *Landscape Journal*, 14 : 161–170.

National Park Service (1998) *Calumet Ecological Park Feasibility Study*, Omaha, NE : National Park Service Midwest Region.

Randall, W. (1997) 'Northwest suburbs fear losing beauty along tracks', *Chicago Tribune*, October 9 : B–1.

---

1 与美国许多城市一样，芝加哥也颁布了一项旨在尽量减少无人照料的杂草的法令，并宣布任何高于 25 厘米的杂草都被视为公害，业主可被处以 100—300 美元的罚款。近年来，该市试图明确无管理的杂草和有管理的原生植被之间的区别，但如前所述，指导方针仍将自发的城市野生植被列为公害。

Rink, D. and Kabisch, S. (2009) 'Introduction : the ecology of shrinkage', *Nature+Culture*, 4 : 223-230.

Samors, N., Doyle, M. J., Lewin, M. and Williams, M. (2001) *Chicago's Far North Side : An Illustrated History of Rogers Park and West Ridge*, Chicago : Rogers Park/West Ridge Historical Society.

Westphal, L. M., Gobster, P. H. and Gross, M. (2010) 'Models for renaturing cities : a transatlantic view', in M. Hall (ed.) *Restoration and History: The Search for a Usable Environmental Past*, New York : Routledge.

Wille, L. (1972) *Forever Open, Clear, and Free : The Struggle for Chicago's Lakefront*, Chicago : University of Chicago Press.

第3章

自然中的荒野之地

凯瑟琳·沃德·汤普森

49 纵观城市文明的历史，人们已经有了接触自然世界的需求——漫步于花园或公园带来的疗愈作用；燕语莺啼、百花齐放与绿树成荫给予的多重感官享受；水道的流势、突至的狂风暴雨、变化的云相与日光作为四季更替的标志。对于较大范围的乡村区域、乡村生活以及未被开垦的景观，人们存在一些浪漫的想法，其中包含了对荒野自然的喜爱与恐惧。这些想法的共同点是不受建筑形式或耕作活动的限制，并认为在荒野中自然世界的复杂模式与不可预测性给予了惊喜与愉悦（引自 Alexander Pope 的见解，1731）、风险与可能有的惊险刺激 [引自 Burke 对“崇高”（sublime）景观的说法，2008]，或成为心灵寄托和身体游乐场（Ward Thompson 2011）。随着城市化势头的增强，加上绝大多数西方人口现在居住在城镇中，过上了都市生活，上述话题再次引起热议。

城市规划和景观设计对此的反应是提供城市公园、游乐场或运动场，在这些地方人们可以与某种形式的自然环境接触，并进行体育锻炼。在欧洲与北美，首批公共公园，发展自 19 世纪，被有意识地设计成与城市相对立的形式（Ward Thompson 1998），提供了一种自由与逃离的场所感。这与其植被丰茂的环境有关。这类公园通常都与半自然的林地、草地和水体等相结合，“与城市封闭、喧嚣和单调的街道格局，形成了最令人愉快的对比”（F. L. Olmsted，引自 Schuyler 1986：85）。游乐场或运动场则大多建造于 20 世纪初期，在概念与实践方面都与公园截然不同，它们强调功能设计，而非自然美学。

然而，19 世纪的自然观，在许多方面与 21 世纪的自然观不同，因为现在的自然观来自于生态科学与生物多样性的概念。在规划设计纽约市的中央公园时，奥姆斯特德和沃克斯（Vaux）效仿了约瑟夫·帕克斯顿

50 （Joseph Paxton）的英国伯肯黑德公园（Birkenhead Park）。他们创造了一个理想的自然景观，采用了美国阿迪朗达克和阿巴拉契亚山脉（Adirondack and Appalachian mountains）森林植物群落的景观模式，以及“万能的布

朗”（Capability Brown）在其 18 世纪英国自然风景园设计中应用的开阔园地与田园风光的管理模式（Ward Thompson 1998）。因此，大型城市公园的概念是，提供一个经过改造或驯服的“荒野”，或半自然的景观，而绝非令人联想到荒野的场所。美国景观设计师安德鲁·杰克逊·唐宁（Andrew Jackson Downing）认为，欧洲的公园“促进了社会自由，以及所有阶级之间轻松愉快的交流往来”，这种特性“在我们愈发自称民主的国家中，值得被学习”（Schuyler 1986：65）。公园规划者认为，这种社交优势，在于为人们提供了一个提升道德和行为修养的机会，“劳动阶级”将受益于其上层社会榜样。唐宁和奥姆斯特德都将公园视为道德和智力教化的场所，穷人可从中获得“培养高雅品位和绅士文化的精神资本和道德资本”（Schuyler 1986:66）——希望通过使用公园带来的教育、美学和社会影响，打磨他们性格和行为中的“翘角毛边”（Schuyler 1986：65–66）。

在英国，公园的设置同样关乎于人格形成与公民身份（Worple 2007）。19 世纪 30 年代，维多利亚公园在伦敦东区建立，其后的 10 年里，有人这么评论道：

> “有些人，我曾习惯于看到他们虚度周日，无所事事地穿着衬衫在家门口抽烟，没洗澡也没刮过胡子。现在，他们尽可能地穿着得体、收拾干净，在周日晚上与妻儿一同在公园散步。”
>
> （Alston 1847）

因此，在 19 世纪，城市公园的建立目的是创造一个环境，以促进行为“文明”并鼓励符合预期的活动类型——儿童在设计合理的游乐场玩耍；成年人散步或骑车（有钱的话，也可以开车），（尤其后来特别流行）打网球或板球。然而，早期一些主要的城市公园，尤其是北美的公园，其规模足以容纳林地、野生动植物，还有更多不太常规的功能。比如英国城市市区及其周围的许多公共土地，像是伦敦的汉普斯特德西斯公园（Hampstead Heath）。许多人希望更自由地使用公园，如今却遭到权威人士的反对和限制（例如 Bartlett 1852）。纽约中央公园选址上的原居民（其中许多是非裔美国人，前奴隶）被视为擅自占地者，并在公园开发时被驱逐。早期为规范公园活动而制定的法律对饮酒、野餐、放音乐、跳舞、赌博以及其他娱乐活动施加了严格的限制，成为许多人的文化规范（Rosenzweig and Blackmar 1994）。讽刺的是，正是这些娱乐活动，在 1661 年伦敦屡获殊荣的沃克斯霍尔花园（Vauxhall Gardens）中，受到社会各界（包括皇室成员）的热烈欢迎。不过，当花园在 1859 年关闭时，经营者却抱怨道，地方行政部门不断禁止他们最受欢迎的景点，因为太危险，或者对新搬来的体面的肯宁顿（Kennington）社区干扰太大（Coke 2005）（图 3.1）。

51

图 3.1
《沃克斯霍尔庆祝会》（*Vittoria Fete*），乔治·克鲁克香克（George Cruikshank）绘制的版画，1813 年由英国泰通（Town Talk）发表。这是一幅讽刺画，描绘了在维多利亚花园举行的庆祝威灵顿元帅晋升的宴会上，他的滑稽动作

毫无疑问，人们对公园的其他使用方式也有需求，这些活动通常带着冒险和风险的色彩，但也有社会边缘人士的常规活动，对他们来说，类似荒野或不受管制的地方是他们日常活动唯一可能的地点。虽然，社会总是对潜伏在城市结构空隙中的非法或不良活动忧心忡忡，但这些活动似乎是城市生活的常态。有些人就需要这样的地方，不管是用于露宿、种菜、捡破烂、临时买卖，或只是携友闲逛、远离人流。无论在 21 世纪还是在 19 世纪，这似乎都是一样的。哪些地方可以提供这些活动所需的灵活性和自由度呢？似乎是那些非正规设计的城市公园。在 20 世纪末到 21 世纪初，很多城市公园经历了修复或更新，其中一个反复出现的主题是，管理者需要控制人们的行为和使用方式。

20 世纪 80 年代和 90 年代，许多针对北美大型城市历史公园的保护行动，确定了一系列不可接受的活动。不仅包括非法的、干扰其他使用者的反社会

活动，而且骑山地自行车和草坪散步等活动也因为对植物再生、雨洪管理不利而不被接受。在 19 世纪公园能促进文明开化的言论在今天已经完全不适用了，不过教育科普的原则在许多公园规划和宣传材料中都非常生动（Cramer 1993；Ward Thompson 1998）。英国建筑与建筑环境委员会（CABE Space）在其最近发布的全国范围的导则中强调了“某些行为规范的相对重要性”（CABE Space 2004：87），并发起了题为“得体的公园？得体的行为？公园品质与使用者行为之间的联系”的讨论（CABE Space 2005）。

关于反社会行为、公共场所及其使用者的反社会性等议题，当代已有很多人以不同角度去写了，而其中一个共同点是对青少年与年轻人的偏见。很多成年人不喜欢在休闲场所看到青少年，认为他们可能会“惹麻烦”（Tucker and Matthews 2001）。“在公共场所，青少年群体似乎被认为是对公共秩序的潜在威胁”（Cahill 1990：336）（图 3.2）。不可接受的活动通常反

图 3.2
英国彼得利（Peterlee）新镇，青少年在公共绿地上聚会（摄影：安娜·乔根森，2007）

映了较为年长的青少年，对证明自我的尝试以及拥有个人领域的渴望。然而这却与管理者、其他权威人士或整个社区所表达的所有权、控制权和责任的概念相冲突。这些所谓的反社会活动被其他群体视为安全威胁，而实际上，只不过是生活乏味、物质贫乏、机会缺乏等病症的临床表现罢了（Bell et al. 2003；Natural England 2010）。

53

这是一个复杂的问题，即使是在青少年之间，某个群体的存在或行为，同样可以对另一个群体构成威胁。那么，年轻人能够正当地探索世界极限与成长的地方，究竟在哪里？与年轻人（主要是青少年）交谈后得出的结论是，他们觉得免费冒险活动的机会非常稀少，而且也没有对应可以活动的景观场所。他们希望能有与朋友聚会的场所或长时间独处的场所。这些正是他们从青春期过渡到成年需要的、可供探索和挑战的空间（各种意义上的）（Natural England 2010）。这些青少年需要能测试体能、尽情冒险、观察身体对环境的条件反射、激烈喧闹、乱砸破坏以及冷静思考的场所（Bell et al. 2003；Ward Thomson et al. 2004）（图 3.3）。最重要的是，他们还需要能与朋友互动、结识新朋友、建立自我认同以及参与并回应同龄人的小型社会场所。

54

这些需求是切实存在的，但是，在现实的城市领域中，青少年很难找到这样具有包容性的场所，也很难以这种方式与同龄人、与现实世界互动。尤其免费和不常规的活动根本就不能存在，其他活动要么就是有组织的（例如体育比赛），要么就是收费的、有年龄限制的（如俱乐部活动）。事实上，就连这种想法都已经成了笑话——在规划设计好的公共空间中，所有这一切甚至是它们的代名词都是不被接受的。总的来说，这些活动能被容忍的唯一场所，便只有那些不太常见的、自然重新占领的荒地和城市中被弃置

图 3.3
在设菲尔德庄园地公园玩耍的男孩（公园的更多信息，详见本书第 10 章）（摄影：玛丽安·泰莱科特，2010）

的空地——即书题所言“城市荒野景观”（图 3.4）。正如贝恩斯（Baines 1999）等学者所论证的，特别是对生活在物质贫乏和机遇缺乏的环境中的人们而言，这些城市荒野能够在童年和青春期发挥重要作用（例如 Hart 1979；Halseth and Doddridge 2000）。这种“偶然发现”的空间常常能够满足人们平时在常规设计空间中无法被满足的各类需求（Ward Thompson 2003）。场所的灵活性和“宽松”性，使之成为在传统严格监管的公园里不受欢迎的特定年龄段者、社会群体或“惹麻烦”的年轻人的重要避难所（Ward Thompson 2002；Natural England 2010）。

55

图 3.4
丹麦哥本哈根克里斯蒂安尼亚自由城，孩子们正在主干道上搭建滑板斜坡（关于克里斯蒂安尼亚城的更多信息，详见本书第 8 章）（摄影：安娜·乔根森，2010）

与此主题背道而驰的是大量有关“荒野”体验的作品与文献——将年轻人带到相对偏远的乡村地区，并提倡对其身心具有挑战性的活动。这类有组织的荒野活动，受到了许多年轻人的追捧。然而这却是那些生活在城市贫困区、缺乏机遇的家庭难以触及的，因此他们的孩子就不能享受到这类活动带来的身体发育、精神心理健康以及社会性发展的重要益处了（Barrett and Greena Way 1995；Natural England 2010）。在偏远乡下和荒野中，虽然有序组织的户外活动有诸多好处，但是似乎无人监督的游戏才是儿童和青少年接触大自然、享受户外体验带来的多重益处的主要手段（Cole-Hamilton et al；Natural England 2010）。此外，如果童年时期在自然环境中玩耍，那么所带来的身心健康似乎是长期有效的，而且有助于年轻人在成年后的情绪管理。例如，“林地和森林环境有一定的疗愈性，年轻人可以借以缓解压力和心理健康问题”（Bingley and Milligan 2004：74）。实际上，如果场地管理者能够允许把大型的、可达的林地作为宽广、灵活而优质的场所免费提供给那些探索性、叛逆性和冒险性的活动，那么这些活动就不会被视为反社会活动或对场地的不当使用（Bell et al. 2003）。

那么，在城市环境中，年轻人有多少机会体验那些对健康成长有诸多好处的“荒野”呢？他们是否想要走进城市荒野，如果是，又要怎样才能走进城市荒野？勒夫（Louv 2005）和库珀（Cooper 2005）认为，今天的年轻人患有“自然缺乏症”。据其所述，我们现在生活的社会正罹受着“文化自闭症”，在这样的社会中，与自然世界真实的、物理的、官能性的、直接的身体接触，被间接而扭曲的体验所取代，常常只剩下视觉和听觉两种感官体验，而且还都是单向不能交互的，即源自电视和其他电子媒体的体验。诚然，现在网上确实有很多关于环境的知识，但也只是间接的学习与经验。而即便人们真的身处自然的户外环境中，在数字时代的熏染下，还是更习惯打字、上网、聊天、听音乐等不需要处于户外的娱乐方式，这已经是种生活方式了，尤其对年轻人来说。

亨利前灯视觉中心有限公司（Henley Center HeadlightVision，2005）一份关于英格兰户外娱乐需求的报告，揭示了生活方式的改变：越来越多的城市化，越来越长的久坐不动，越来越多的科技导向。因此，大多数年轻人将寻求与自然接触的场所定位于城市，与自然保护机构感兴趣的荒野相比，年轻人需要的是另一种类型的“自然”。在城市环境中，“荒野景观”指代混乱、危险的环境，并包含一些意想不到的要素和结构。比起传统城市公园的工整有序，荒野景观特有的灵活性对青少年更具吸引力。对较为年幼的孩子来说，容许创造与破坏东西的环境，即建起秘密基地又将其破坏，哪怕只是单纯的挖沙玩水，都是极有吸引力的（Ward Thompson 2007；Natural England 2010）（图 3.5）。科尔 - 汉密尔顿等（Cole-Hamilton et al. 2001）、勒夫（Louv 2001）、吉尔（Gill 2007）等人的研究已经证明这种在荒

图 3.5
伦敦马瑟尔山（Muswell Hill）的树居（摄影：玛丽安·泰莱科特，2007）

野中玩耍的经历，作为儿童成长的一部分是多么重要，但在当今社会中似乎越来越难以获得。我们生活在不愿冒险的文化中，这对儿童和青少年自由地接触城市荒野产生了巨大的影响。

每当拿起报纸或在电视上看新闻报道时，都可能看到有关事故、犯罪等危及我们自己和孩子安全的消息，这些新闻报道详细生动，而且如果是收视高的案例，就经常几天或几周反复重播。毫无疑问，这种通常耸人听闻的信息泛滥，使人们对自己的孩子所能得到的自由更加谨慎。不过，在父母、教育工作者以及儿童发展专家的支持下，儿童和青少年获得了自由以及从经验中学习的机会。尽管如此，人们的恐惧仍然需要克服。

在开放空间会议（OPENspace）对年轻人的野外探险空间的探讨中，发现了各种不同类型的恐惧：对事故的、对种族主义攻击的、对身体暴力的、对精神伤害的、对陌生人的、对其他儿童和青少年的，以及对在发生事故时难以获得帮助的环境的恐惧（Natural England 2010）。所有这些都是真实的恐惧，从统计数据来看，有些恐惧比其他的来得更有道理，不过它们都反映了人们的行为方式。但青少年们也告诉我们，他们喜欢去可以冒险和有危险的地方、他们可以玩得开心的地方，在那儿他们可以兴奋地冒险并敢于结交朋友。其中一个关键问题是：多大的风险可以被容忍与接受，以及有多少是负责任的成年人不（或不需要）知道的？我们采访了一些青少年，他们说，他们喜欢远离成年人的监督，喜欢进入某处并被保安追赶的挑战，喜欢探索废弃的建筑，想要发现里面有什么，以及有什么可以被“砸碎”。即使是年龄更小或个性不那么张扬的青少年，也同样喜欢冒险：“这更有趣，因为不知道会发生什么。”（Natural England 2010：17）但许多年轻人，特别是正值青少年时期和青春期早期的年轻人，也意识到了安全感以及拥有属于自己的安心领域的重要性。成年人的监督往往存在矛盾：成年人的一些帮助与建议是需要的，但成年人的影响与约束又是青少年强烈想要摆脱的。“你可以在那里放松并感到自由……可以做想做的事。”（Natural England 2010：17）

林业委员会（Forestry Commission）试图制定一种方法，使土地管理者采取一些更加有同理心的方法，来处理与年轻人使用的开放空间相关的风险管理问题。他们认为，将机会成本视为风险管理方程的一个平衡条件是很重要的，这样就可以考虑错失发展机会的成本。森林学校和其他举措也是本着对可控的风险和冒险精神的支持，对林地多样化利用的方法（Gill 2006）。与冒险活动许可机构（Adventure Activities Licensing Authority）的合作项目中，拜利（Bailie 2005）写道，通过限制年轻人对冒险的接触，“我们已经迫使了整整一代人接受困境，过着恶劣的生活，生命短暂到令人震惊”。这位负责授权冒险活动的权威人士发表的强有力的声明，强调了社会对风险采取不同态度的重要性。

58

开放空间会议的专题小组，有不少年轻人，也支持了这些观点。许多贫困的年轻人已认识到“摆脱困境”、远离家庭或同伴压力的喘息空间的重要性（Natural England 2010：18）。在欧洲最大的公共住宅区（英国诺桑比亚），一个有年轻人参与的专题小组告诉我们，家庭环境狭窄、嘈杂、令人忧虑、充满艰难，并表示他们想要暂时逃离，找个喘息的机会。他们还想要拥有“冒险和挑战”的自由场所，想要“能激励自己”的场所，想要摆脱外在压力的场所（Natural England 2010：17）。

为什么这些愿望难以实现？如上所述，目前人们对风险的态度，以及对公共场所年轻人的普遍反感态度，是年轻人享受城市荒野与其提供的潜在好处的主要障碍。然而，社会的空间剥夺也是一个关键问题——中产阶级家庭的青少年，通常比生活在城市贫困区的青少年更容易接触到户外冒险空间（Natural England 2010）。正如一个年轻人所说的，“青少年并不是真的想上街，他们只是想和朋友在一起，待在一个没人会对他们指手画脚的地方”（Natural England 2010：18），而对许多弱势年轻群体来说，他们除此以外，无处可去。尽管，人们渴望获得自由，但不止一个专题小组告诉我们，他们同样喜欢青年工作者所组织的活动；显然，一些具备组织与设施的户外空间同样重要，一个原因可能是这些场所的使用是合法的。年轻人知道社会不欢迎他们，也知道反社会行为令（ASBO）往往对他们自由使用户外场所构成威胁。当无处可去，或当没有青年工作者组织活动时，这些年轻人几乎没有其他选择，只能和朋友们在街上闲逛。然而，不管年轻人到底在做什么，公众都觉得不好（图 3.6）。这种社会空间上的排斥，因反社会

图 3.6
维也纳的公共开放空间中的滑板游戏者（摄影：安娜·乔根森，2010）

行为令或类似的法规而进一步加剧了，将年轻人限制在受压与紧张的局势里，并往往让他们兜兜转转又回到问题发源的地方——充满压力的和紧张的家庭环境。所以这就成了一个恶性循环。缺乏足够的社会资源，例如支助工作人员、缺乏高质量的空间和对该空间的管理、缺乏交通工具，特别是缺乏易于步行的地方，都给许多年轻人造成了相当大的障碍。此外，一些社会压力，以及父母和青少年的恐惧和怀疑，进一步加深了对城市荒野及其使用的负面看法（Natural England 2010）。

上文涉及的风险忧虑，包括对其他青少年的恐惧，很多是年轻人自己强加的。青年社会中不同年龄和社会群体彼此存在问题似乎已是老生常谈。也许这在某种程度上是不可避免的，但它也强调了年轻人的需要、愿望和看法，无论是发自个人还是来自他们的社会群体，都处于不断变化的状态。鉴于这一事实，在城市结构内，多样化和具有灵活性的荒野空间能够满足他们的需求并提供替代方案。年轻人们还告知我们，他们因缺乏交通设施、资金、甚至自信，所面临的困难和限制。来自北切尔滕纳姆（North Cheltenham）弱势背景的年轻人专题小组称，即使该小组里有人有驾照，或有别的私人交通工具，他们也没有自行去周围地区玩的信心，更不要说玩

59

得开心了。也许，他们需要更多的钱，但更加根本的是，他们需要更好的解决办法和组织能力。也反映了他们在童年早期，与自然环境接触经历过于有限。于是，他们不得不依赖青年工作者来帮他们组织这些他们很喜欢的活动（Natural England 2010）。

我们对苏格兰中部城市和英格兰东米德兰兹郡的成年人进行的研究证明了童年经历对成年人使用和享受户外野外环境的重要性。有证据表明，童年缺乏对自然环境的体验可能会抑制成年后游览自然环境的愿望（Ward Thompson et al. 2008）。汉森（Hansen 1998）将童年期的经历与成年期的行为或观念联系起来，认为如果儿童在“玩泥巴时期”错过了在自然环境中嬉戏的机会，他们成年后可能会失去与自然的联系。这具有重要的意义，因为户外和自然空间的体验为年轻人的身心健康和社会发展提供了重要的支持（Natural England 2010）。儿童与自然环境的接触也对他们的社会认知发展至关重要，因为自然环境为他们提供了游戏空间，促使他们相互交流和理解外部的世界（Hart 1979；Valentine and Mckendrick 1997；Faber Taylor et al.1998；Louv 2005）。在自然环境中玩耍的好处似乎是长期有效的，不管是对成年早期的情绪稳定，还是对后期亲身参与到户外环境工作（Travlou 2006）。最近的研究还指出了限制这种体验游戏对儿童认知概念发展的严重后果：在英国，11—12 岁的儿童被证明比 15 年前各方面素质落后 2—3 年，可见对下一代产生了重大的影响（Shayer et al 2007）。沙尔（Shayer）及其同事推测，一个原因可能是当代儿童没有在自然和可操纵的环境中自由玩耍的经验，“（至少）对于男孩来说，电脑游戏的虚拟现实可能已经篡夺了他们在户外与朋友一起玩游戏、玩各种器械工具的时间”（Shayer et al. 2007：37）。城市荒野正是这样的地方，在其中的游戏可以使年轻人获得有关现实的、多感官的、心智体验的巨大教育效益。青少年们可以通过在树枝上弹跳，直至树枝断裂，来了解木材的抗拉强度，或是通过在小溪中放置障碍物来了解流体动力学，或是通过建造“房屋”来了解结构是否能够避雨防寒。更重要的是，在城市荒野中，上述这些活动都不会被视为故意破坏行为。

这些道理在历史上已被许多人理解，但也许是由最早的英国景观师之一（以及许多其他人）帕特里克·格迪斯（Patrick Geddes）为现代和后工业时代赋予了其恰当的表达。其座右铭，“vivendo discimus”（学习源于生活），强调了感知教育、在实践中学习的重要地位，这些都属于智力开发之前的感性培养，其目的是通过感知和生活经验来理解现象本质（ward Thompson 2006）。他坚称，所有的孩子都应该通过实践和亲身经历来学习，包括种植蔬菜和水果，也应该带着来自对自然奇迹的喜悦和欣赏来学习。20 世纪初，他与建筑师弗兰克·C·米尔斯（Frank C. Mears）为爱丁堡皇家动物园（Royal Zoological Garden）进行了更新设计，试图将这一点付诸实践。他的理想方案是一个自然主义的动物园（对于其所属时代来说相当激进），在其中不仅让动物欢快地自由活动（或欢快地被驯养），而且让人们重返自然，在森林或草地中自由奔跑，就像亚当在伊甸园看见动物并给它们命名一样（Geddes 1904：81）。虽然他无法在爱丁堡完全实现这一点，但当他随后有机会在印度勒克瑙（Lucknow）设计一个动物园时，他提议允许童子军建造一个“名副其实的人类原始民居博物馆”——一系列居所，包括营房、小木屋、桩屋及独木舟，具体表达了他对享受学习的想法，让儿童在原始的手工劳作中学习与理解人类居所在环境中的演变（Geddes 1920：31–32）。毫无疑问，他希望儿童能参与这种体验——用当地可用的材料自由建造，如今这种教育方式已经挺常见了，而近100年前，确实想都不敢想（图3.7）。但是后来还有研究表明，在过去的50多年中，儿童自己主动去户外，以及在户外环境中他们活动的范围都急剧减少了（Cole–Hamiton et al. 2001；Louv 2005；Travlou 2006）。

61

证据表明，场地荒野的程度，成年人为使城市荒野景观得到良好利用所必需的参与和监督的程度，根据使用城市荒野的青少年的年龄和经验以及青少年的个人背景和性格而异。就像成年人一样，在景观和管理方面没有所谓的“均码”，能满足青少年所有条件的需求。然而，有一点是清楚的，青少年已经意识到了从荒野和其他类型自然冒险空中能获得享受和满足，已有越来越多的研究支持这一点。就算这样的荒野景观，对老年人、幼小孩子及其父母都不够友好，但如果缺乏这样的环境场所，从长远来看，整

62

图3.7
哥本哈根艾姆德鲁普（Emdrup）“垃圾游乐场”，由丹麦景观师卡尔·西奥多·索伦森（Carl Theodor S · renson）设计（1893—1979年），并于1943年开放。在游乐场中孩子们被鼓励寻找并利用可回收材料，来建自己的房子（摄影：安娜·乔根森，2008）

个社会都可能受到影响。此外，如果从小就不能在自然环境中进行自由或有趣的冒险，那么在以后的生活中，就更难发掘它们的潜力并合理利用它们了。

罗杰·哈特（Roger Hart）的开创性著作（1979）写道，儿童需要为自己寻找，或者“创造”与成人的感知完全不符的地方。在荒地或较为荒凉偏僻的城市地区中，经常可以发现各种环境提供了无人管理的、“松散的”空间，可以给年轻人使用，并允许进行一些比设计好的城市空间更具文化包容性的活动（Ward Thompson 2002）。这些空间可以为被边缘化的人提供一个归宿，而不像在常规城市环境中精心设计和管理的空间那样，群体如年轻人的存在就是个挑战。城市荒野为年龄较小的群体，提供了野外和自然环境中的“秘密基地”；为年龄较大的青少年，提供了暂时属于自己的领地（Bell et al. 2003）——即使还是在本地，也不要在成年人眼皮底下。然而，对于城市景观规划者、设计师和管理者而言，了解当地城市荒野空间的不固定的使用方式是一个极大的挑战，因为它们缺乏组织、没有固定形式，而且不在官方的保护伞下。随着时间的推移，城市环境中不断变化的空间和临时场所提供了一种可能性，让年轻人自由探索空间可能是一种值得一试的做法。尽管更持久的空间总是需要的，城市荒野仍欢迎着不断变化的使用者和使用方式，并为许多年轻人提供丰富、前卫、令人兴奋的体验，而这也是他们日常生活中不常体验到的。

参考文献

Alston, G.（1847）Letter to *The Times of London*, September 7, 1847. Online : www.victorianlondon.org/entertainment/victoriapark.htm（accessed 23 August 2010）.

Bailie, M. H.（2005）*'... and by comparison'*. Adventure Activities Licensing Authority. Online : www.aala.org/guidance_details.php/pArticleHeadingID=144（accessed 10 December 2007）.

Baines, C.（1999）'Background on urban open space', in *Scottish Urban Open Space Conference Proceedings*, Dundee : Scottish Natural Heritage/Dundee City Council.

Barrett, J. and Greenaway, R.（1995）*Why Adventure? The Role and Value of Outdoor Adventure in Young People's Personal and Social Development. A Review of Research*, The Foundation for Outdoor Adventure.

Bartlett, D. W.（1852）'London by day and night, Chapter 2–The Parks', in L. Jackson,（ed.）*The Victorian Dictionary : Exploring Victorian London*. Online : www.victorianlondon.org/publications/dayandnight.htm（accessed 13 August 2010）.

Bell, S., Ward Thompson, C. and Travlou, P.（2003）'Contested views of freedom and control : children, teenagers and urban fringe woodlands in Central Scotland', *Urban Forestry and Urban Greening*, 2 : 87–100.

Bingley, A. and Milligan, C.（2004）*'Climbing Trees and Building Dens' : Mental Health and Well-being in Young Adults and the Long-term Effects of Childhood Play Experience*, Research Report, Lancaster : Institute of Health Research, Lancaster University.

63 Burke, E.（1757 [2008]）*A Philosophical Enquiry into the Origin of Our Ideas of the Sublime and Beautiful*, Routledge Classics edition, J. T. Boulton（ed.）, London : Routledge.

CABE Space（2004）*Is the Grass Greener? Learning from International Innovations in Urban*

Green Space Management, London : CABE Space.

——(2005) *Decent Parks? Decent Behaviour? The Link Between the Quality of Parks and User Behaviour*, London : CABE Space. Online : www.cabe.org.uk/publications (accessed 13 August 2010) .

Cahill, S. (1990) 'Childhood in public space : reaffirming biographical divisions', *Social Problems*, 37 (3) : 390–402.

Coke, D. (2005) *Vauxhall Gardens 1661-1859*. Online : www.vauxhallgardens.com/index.html (accessed 13 August 2010) .

Cole–Hamilton, I., Harrop, A. and Street, C. (2001) *The Value of Children's Play and Play Provision : A Systematic Review of Literature*, London : New Policy Institute.

Cooper, G. (2005) 'Disconnected children', *ECOS*, 26 : 26–31.

Cramer, M. (1993) 'Urban renewal : restoring the vision of Olmsted and Vaux in Central Park's woodlands', *Restoration and Management Notes* 11 (2) Madison : University of Wisconsin Arboretum.

Faber Taylor, A., Wiley, A., Kuo, F. and Sullivan, W. C. (1998) 'Growing up in the inner city : green spaces as spaces to grow', *Environment and Behavior*, 30 (1) : 3–27.

Geddes, P. (1904) *City Development : A Study of Parks, Gardens and Culture-Institutes, a Report to the Carnegie Dunfermline Trust*, Geddes and Company, Outlook Tower, Edinburgh ; Bournville, Birmingham : the Saint George Press.

——(c.1920) *Report on Planning for the Lucknow Zoological Garden*, Lucknow : NK Press.

Gill, T. (2006) *Growing Adventure : Final Report to the Forestry Commission*, England : Forestry Commission.

——(2007) *No Fear : Growing Up in a Risk Averse Society*, London : Calouste Gulbenkian Foundation.

Halseth, G. and Doddridge, J. (2000) 'Children's cognitive mapping : a potential tool for neighbourhood planning', *Environment and Planning B : Planning and Design*, 27 : 565–582.

Hansen, L. A. (1998) *Where We Play and Who We Are*. The Illinois Parks & Recreation Website. Online : www.illinois–parks.com (accessed 1 January 2007) .

Hart, R. (1979) *Children's Experience of Place*, Irvington Publishers : New York.

Henley Centre HeadlightVision (2005) *Paper 2 : Demand for Outdoor Recreation. A Report for Natural England's Outdoor Recreation Strategy*, London : Henley Centre HeadlightVision.

Louv, R. (2005) *Last Child in the Woods : Saving our Children from Nature-Deficit Disorder*, North Carolina, Chapel Hill : Algonquin Books of Chapel Hill.

Natural England (2010) *Wild Adventure Space : Its Role in Teenagers' Lives*. Natural England Commissioned Report NECR025, First published 20 May 2010. Online : http : //naturalengland.etraderstores.com/NaturalEnglandShop/NECR025 (accessed 5 September 2010) .

Pope, A. (1731) *Of false taste ; an epistle to the Right Honourable Richard Earl of Burlington. Occasion'd by his publishing Palladio's designs of the baths, arches, theatres, &c. of ancient Rome*, London : L. Gilliver.

Rosenzweig, R. and Blackmar, E. (1994) *The Park and the People*, New York : Henry Holt.

Schuyler, D. (1986) *The New Urban Landscape : The Redefinition of City Form in Nineteenth-Century America*, Baltimore : Johns Hopkins University Press.

64

Shayer, M., Ginsburg, D. and Coe, R. (2007) 'Thirty years on–a large anti–Flynn effect? The Piagetian test volume and heaviness norms 1975–2003', *British Journal of Educational Psychology*, 77 : 25–41.

Travlou, P. (2006) *Wild Adventure Space for Young People : WASYP 1, Literature Review-survey of findings*, Edinburgh : OPENspace. Online : www.openspace.eca.ac.uk/pdf/WASYP1LitRevSurvey220906.pdf (accessed 23 August 2010) .

Tucker, F. and Matthews, H. (2001) '"They don't like girls hanging around there" : conflicts over recreational space in rural Northamptonshire', *Area* 33 (2) : 161–168.

Valentine, G. and McKendrick, J. (1997) 'Children's outdoor play : exploring parental concerns about children's safety and the changing nature of childhood', *Geoforum* 28 (2) : 219–235.

Ward Thompson, C. (1998) 'Historic American parks and contemporary needs', *Landscape Journal*, 17 (1) : 1–25.

—— (2002) 'Urban open space in the 21st century', *Landscape and Urban Planning*, 60 (2): 59–72.

—— (2006) 'Patrick Geddes and the Edinburgh Zoological Garden : expressing universal processes through local place', *Landscape Journal*, 25 (1) : 80–93.

—— (2007) Playful nature : what makes the difference between some people going outside and others not? In C. Ward Thompson and P. Travlou (eds) *Open Space : People Space*, London : Taylor & Francis.

—— (2011) 'Linking landscape and health : the recurring theme', *Landscape and Urban Planning*, 99 (3–4) : 187–195.

Ward Thompson, C., Aspinall, P., Bell, S., Findlay, C., Wherrett, J. and Travlou, P. (2004) *Open Space and Social Inclusion : Local Woodland Use in Central Scotland*, Edinburgh : Forestry Commission.

Ward Thompson, C., Aspinall, P. and Montarzino, A. (2008) 'The childhood factor : adult visits to green places and the significance of childhood experience', *Environment and Behavior*, 40 (1) : 111–143.

Worpole, Ken (2007) ' "The health of the people is the highest law" : public health, public policy and green space', in C. Ward Thompson and P. Travlou (eds) *Open Space : People Space*, London : Taylor & Francis.

第4章

在工业废墟中玩耍——探寻材质多样化和低监管空间中游憩活动的目的

蒂姆·伊登索，贝森·埃文斯，朱利安·霍洛韦，史蒂夫·米林顿，乔恩·宾尼

引言

65

工业废墟，以及其他类型的荒地、粗野的公园、小巷、桥洞、边缘地带和零碎场地组成的非常规空间正陆续出现在大多数城市中。老旧的磨坊、厂房和作坊正处于不同的衰败阶段；它们起源于不同的时期，见证了英国工业的历史以及资本主义周期性扩张和收缩的恶性循环，也描绘了20世纪及其之后城市结构的变幻无常。20世纪80年代，撒切尔的经济政策使工业生产领域骤然过气。随后的城市更新清除了诸多废弃场地，其建筑要么被完全抹去，要么被改造成住宅、办公楼和商铺，为新时代的工业美学所用（Muller and Carr 2009）。不过，在吸引外来资金不那么成功的地区，这种工业废墟只能保持原状。此外，严重的经济衰退又预示着一个新的废弃阶段的来临。

本章将探讨废墟作为活动场所的具体用途。首先，对废墟有形的物质和无形的特质进行评估，作为之后研究一些游憩活动的基础。然后，着重分析有关游戏活动的理论，将游戏活动和废墟进行类比，并讨论两者共同的特质。最后，重点分析废墟为何又如何成为典型的活动场所，通过探讨废墟的应用，发现相应的活动在其他城市空间中的限制与潜力。

尽管工业废墟会使人产生消极的联想，但它们仍然能承载广泛的社会实践以及许多休闲活动。虽然由于城市更新的步伐加快和愈加严格的分区管理政策，使得这样的场地不如20世纪80年代那样遍地都是了，但是它们依旧是非官方的、即兴活动的发生地，并为人们提供在已更新的士绅化的城市空间之外的活动空间。

66

近年来，学术界对这类场地有各种各样的说法，重点关注于政治和社会进步中的讹传（Trigg 2006）、揭露“当代社会的阴暗面和其中的破坏性行为”（Gonzalezalez-Ruibal 2008:262）、挖掘当地记忆中的主导观念（Desilvey 2006）、分析当下的遗产保护工作（Edensor 2005a；2005b；High and Lewis 2007）、研究废墟材料的重要性（Edensor 2005c）、评估城市开发潜力（Romany

2010；Ninjalicious 2005），例证人们对“自然”的矛盾定义（Jorgensen and Tylecote 2007；Qviström 2007），以及发现在废墟中置入多种活动的可能性（Shoard 2003；Doron 2000）。

下文将进一步探讨活动与工业废墟的相关性，并考虑在何种程度上，工业废墟可以为日常活动提供相应的空间。

在废墟中玩耍

在解析发生在工业废墟中的游憩活动之前，首先要认识到，废墟经常被人们作为诸多功利活动的发生地。其中包括寻欢作乐、临时居住、种植蔬菜、乱扔垃圾、停车、遛狗等行为；也包括将废墟资源用作建筑材料、木柴和家具原料；此外废墟还有着生态潜力，建筑物腐朽衰败后，因为被动植物群落所占据，反而丰富了城市的体验维度。废墟内的活动方式，既具休闲娱乐的趣味性，又包含一定意义上的“工作”属性；因此，它们究竟是休憩活动还是工作；是“有生产性的”还是“无生产性的”；是“非法的”还是“合法的”；确实异常难以分辨。此类废墟中的活动得益于直接监管的缺失，但是也许它们有着自己的非常规的监管模式。

废墟的一个重要属性是缺乏公开的监控与管理。这对在其中发生的活动是很重要的，因为这意味着空间不受“安全与健康”、监控系统和设施维护需要的约束。规划师、企业家、民众、市政当局和居民普遍认为，废墟是工业的遗存，当工厂倒闭并被遗弃时，废墟不再归属于任何“物质层面的安全保障系统”（Edensor 2005a 313）。尽管潜在的游客会因为高高的栅栏、关于安全措施的告示和可能被起诉的标识而忌惮访问废墟，但是这些措施大多数情况下是不起作用的。总有人能找到穿过防护围栏的办法，而且也很少有人雇佣保安来保护这些破败程度不一的废墟和遗址。在人为和非人为的常规监管缺失下，动植物迅速占领了这些它们先前被驱逐出境的空间。常规城市的体验在进入废墟的一瞬间急剧变化，由此废墟模糊了野生与驯化、城市与乡村之间的差异。这种缺乏秩序和监管的情况使得在其他城市公共空间中被禁止或不受欢迎的活动有了可发生的区域，同时也认可了那些在其他地方受到严密监控和排斥的活动。

67 废墟的另一个重要属性是它的材料多样性和自给性，使人在这个陌生而凌乱的环境中，与其空间和材料发生诸多有趣的互动。与其他城市空间相比，废墟在触觉、嗅觉、听觉和视觉上非常与众不同（Edensor 2007）。人们寻求这样的空间可能正是因为它们打破了熟悉的舒适形式和世俗的感官体验。工业废墟中变形的结构，其破损锈蚀的外表、散乱的分布及其难以辨明的部件，使人仿佛邂逅未知事物，并在其中扮演全新的角色、获得新奇的感官体验，因此激发了有趣且富有表现力的行为。废墟的特点既不是天鹅绒地毯般柔软的纹理，也不是一尘不染的地面般光洁的表面。相反，废墟充满了朽木粗糙碎裂的纹理、玻璃碎片踩上去嘎吱作响的声音、发霉纸张的覆盖、苔藓和幼苗、分解中的衣物、锈蚀的钢铁以及工厂的油腻残渣。这样的情景仿佛在等待着人们对废弃工厂和仓库里原有的和现在残留的物料进行探索。工业废墟提供了可奔跑的空旷走廊、可登上的楼梯、可攀爬的窗户、需绕开的带锁门窗、可进入的入口、要跃过的碎石、多种不同触感和气味的材料、为创意涂鸦而留的空白门墙、各种尺度和材质不一可供声景（Soundscapes）探索的空间、可进行猎奇行为艺术的大片废弃空间。这种与物质的交互，无论艺术性的、实验性的、享乐性的还是创造性的，因为场地及其内容物都已被正式认定为毫无价值或老旧过时，所以不作为财产、商品或其他有价值物而不可侵犯。即便处理物质或空间的方式违反了此惯例，后果也不是很严重；而且由于缺乏监控，进一步提高了这类行为不被逮捕的可能性。由此可以断定，废墟的这些属性为趣味性活动的发生创造了机会。

破坏性活动：偷车兜风、纵火和打砸

在废墟中，由于缺乏监控或场地不具备价值，常常会出现一些骇人听闻的行为，我们称之为“破坏性活动”。许多废墟和被遗弃的景观有一个共同特征：场地中留有曾经被盗的老旧汽车和摩托车。这些交通工具在被盗之后，因为没有遵循谨慎负责的驾驶规范，在废墟内诸多具有挑战性的斜坡、轨道和空地上行驶，最后被烧毁或以其他方式毁坏（图 4.1）。

诸如此类的“破坏性活动”，被统称为“破坏公物”。但是，与毁坏他人车辆以及对其他地方的公共和私人财产造成损害不同，打砸废墟里的建筑或其他固定结构几乎没有什么惩罚。废墟是搜集潜存物品和散装材料的宝库，这里可进行自由玩耍、发明创造、即兴表演等活动，这是在研究活动与空间的关系中得到认可的（Ward 1978）。大多数废墟中，玻璃窗被打破，瓷质水槽被沉重的石块、铁棒等工具砸碎；木箱被从高楼或电梯井上扔下，摔得粉碎；甚至砖墙都可以被类似爆破的手段摧毁，更不用说轻质的木骨石膏板隔墙了，非常轻易就能撕成碎片。看着被扔到楼下的东西碰撞叮当作响，朝指定方向的杂物堆翻滚过去，打翻托架，浓厚的机油从破罐子里溢出并渗过地板，似乎能萌生出一种快感。在其他空间里，与物体和空间的互动是受限制的，而在废墟中则放开了公共场所对空间自身惯有的控制与约束，这是一种越轨的恶趣味。这些过于激进的活动，为体会身体性能和相对不受阻碍地与物质世界接触提供了机会。正因如此，破坏性活动挑战了“可接受的”活动尺度，模糊了有用、有教育意义的活动和具有破坏性、故意而为、无纪律、莽撞的行为之间的差异（图 4.2）。

68

图 4.1
莱斯特的工业废墟中翻倒的汽车（摄影：蒂姆·伊登索，2003）（左）
图 4.2
废弃的奥尔德姆棉纺厂中被打碎的隔墙（摄影：蒂姆·伊登索，2007）（右）

享乐性活动：酗酒、嗑药和聚众狂欢

另外一类与工业废墟的互动可以被广泛地认为是享乐性追求。在早期的“迷幻浩室”和“锐舞文化”[1]盛行期间，仓库、工厂等废弃的工业场所提供了广阔的建筑空间，成为非法狂欢和聚会的热门场所。除了作为大规模社交活动的场地，废墟也是酗酒、嗑药的去处——在大多数废墟中都发现了易拉罐、针头以及其他非法用药的工具。工业废墟里的这些享乐活动，是为了满足纯粹的愉悦，还是所谓的“必需”，两者间的界限难以辨别。因为废墟既为一些不成瘾的聚会爱好者提供了尽情玩乐的场所，又为一些酗酒者和瘾君子提供了隐蔽的空间。另外，废墟内随处可见安全套，揭示这是个寻欢场地，废墟可能被用于接客和其他类似的行为。戴维·贝尔（David Bell 2006）和加文·布朗（Gavin Brown 2008）讨论了新媒体对找地方约会的作用，甚至有网站提供这类废墟空间的信息，包括其位置及进入方式等。因此，发生在废墟里的冒险，可能是自发的，也可能是有预谋的（Chanen and Brown 2007）。废墟内发生的此类活动表明这些传播不良信息的网站（Walby 2009）应受到有关部门的监管，责其整改或清除（Johnson 2007）。可见，与其他有序的城市空间相比，废墟尽管没有直接的监管，但实际上也会有一定程度的管制。

69

艺术性活动：涂鸦和装置艺术

第三种形式的活动，可能被贴上艺术或创意的标签。在废墟中，常常有许多物体和物质的形式不能被清晰地辨别或分类，一方面是因为它们已经锈蚀或腐朽，另一方面是参观者对工业流程不熟悉所致的。废墟中遍布着由不常见的材料、生产边角料和残留物制成的物品、未组装的

1　“锐舞文化”（rave culture）是一种盛行于 20 世纪 80 年代的青年夜场文化，通常是多人聚集举行通宵达旦的舞会，一般有熟练的 DJ，舞曲以电音为主。举办的地点除了舞厅，还有废弃的仓库、工厂或一些户外场地。通常有一定比例的人使用如 Acid 等药物。“浩室舞曲”（House）是一种广泛流行的舞曲，特征是持续的 4/4 节奏。

零件、其他无法归类的人工制品。这样的效果，违背了常规空间井井有条的视觉秩序，使得一种持续变化、无法被日常维护定型的新型美学映入眼帘。因此，金属的碎片、扭曲成奇特形状的物件、动物的尸体以及解开各种固定装置的物品，都被“艺术家们”收集并混合起来。取景框是倒塌的建筑结构，过时的装饰物模仿如今商业空间里时尚的摆放方式而置于其间。这些场景包含了人工制品的随机混合方式，将以前破碎的物体融合、并置，从而变得奇异新颖、动人心弦。除了这些不同寻常的组合之外，大型机器、结构实体和其他物体都以雕塑的形式再度呈现，让人似乎能够理解它们的美学、造型和质感。于是，这种与许多城市空间的审美秩序形成对比的废墟美学与艺术正在兴起。在此背景下，废墟为艺术和创造性的活动提供了条件。

参观者可以随意移动物体，进行即兴组合。废墟因其提供了正规艺术空间以外能够创作的区域而吸引着艺术家。近年来，出现了更多把废墟作为展览场所的尝试。例如，2003 年，英国伯明翰斯梅西克的一家废弃 X 光机工厂被艺术团体暂时接管，建筑经过一段时间的修复，成为展览空间；随后，房间和之中的材料被利用起来，创作出一系列艺术品（Webb 2003）。

70

同时，废墟作为涂鸦艺术场地的用途是显而易见的。创作范围，小至与亚文化群体相关的标签和口号，大至经验丰富的艺术家描绘的精细设计

图 4.3
“Faunagraphic”创作的虎皮鹦鹉涂鸦，绘于设菲尔德洛克斯利山谷废弃的赫普沃斯耐火材料厂淋浴间［摄影：伊恩 · 比斯科（Ian Biscoe），2009］

（图 4.3）。由于在废墟中涂鸦并不犯法，艺术家十分乐意在那些被遗弃的、摇摇欲坠的墙垣上布满自己的作品。

冒险性和表现性活动：极限运动和城市探险

第四种活动依托了废墟的特殊场景和材质多样性。如上所述，废墟提供了一系列身体与空间、物质交互的可能性（图 4.4）。

进入工业废墟，通常要钻入栅栏缝隙或窗口里，或是穿过瓦砾堆。等到了这里，无论是充满物体和碎片的杂乱堆积，还是广阔的开放空间，都成了不断吸引游客的物质环境；让人忍不住分散开来，探寻或避开特定的路线、房间或固定装置，或者去触摸不常见的材质、特殊的形状，又或者进行极限运动，以蹲伏、屈膝、跳跃等不寻常的方式移动，在物体的上下左右或内部探索可通过的路径（Edensor 2008）。水泥地面、沟槽、路牙、大木板和坡道的扩展空间为溜冰、滑板、摩托车和山地自行车提供了尽情娱乐的运动场所。这种混乱的空间也为有危险性的活动提供了一个场所，与摇摇欲坠的结构接触十分锻炼人们的平衡感、敏捷性以及勇气。这些品质，在城市其他有序空间中，难以被充分开发。城市游憩空间和活动，例如攀岩、绳降，通常由于安全规范而被限制在一定的风险水平内。与下文讨论的儿童发展理论类似，可以认为这些形式的活动有助于锻炼有用的技能、识别和规避危险，以及了解个人综合体能水平。此外，跑酷、城市探险的倡导者认为这种与危险的亲密接触的、“极致化”、“冒险式”或“作为生活方式”的运动，有助于自我表达、身心愉悦和达到更高级的身体感知境界（Wheaton 2004），并可促进有特定价值的景观的生成（Cloke and Perkins 1998）。

图 4.4
奔跑的男孩，摄于奥尔德姆一处废弃的棉纺厂（摄影：蒂姆·伊登索，2007）

一些危险暴力的动作片将废墟用作某些奇特分镜的拍摄场景，由此启发了废墟中冒险性活动的特殊审美（Edensor 2005a）。喜欢废墟和禁区的城市探险者，常在夜晚探索这些空间。他们将亲身经历、拍摄记录和感想推荐分享在网站和博客上。危险元素与极限运动相得益彰，攀爬以及其他专用设备，使人们对废墟的探索步步深入。废墟虽然具有一定非法性，进入其中又需要避开安全监控，但作为摄影的绝佳场地，探险家仍对制定攻略进入废墟跃跃欲试、趋之若鹜（Garrett 2010；Romany 2010；High and Lewis 2007；Ninjalicious 2005）。

71

除了满足上述极限运动的消遣，许多废墟与遗址中还散落着"幸福感"满满的空间（Bachelard 1969），阁楼、橱柜、办公室、酒窖和其他小尺度空间，吸引孩子甚至是大人徘徊其间，将其作为秘密基地。在废墟中，这些充满感染力的、有特定氛围的小领域反复出现，证实了人们希望拥有不受限制空间的欲望。这些秘密基地常以各种障碍物为界，以办公室和工业装置为基底，以小物件、照片和涂鸦为装饰，再次证明废墟的材料零散分布及多样性能给予人们用于创意活动与自由停留的空间（Bingley and Milligan 2004）（图 4.5）。

废墟中游憩活动的理论研究

72

综上所述，因其材料自给性以及低监管程度，工业废墟等城市荒野已成为重要的游憩空间。下文将进一步延伸本章的关注点至已确定的活动类型，以便从学术视角审视关于此类活动的意义和目的。

游憩活动相关的主流理论强调了它与童年的紧密联系。如贝特森（Bateson）的研究表明，人们提到游憩活动时，一般会从游戏的角度想到它

图 4.5
纽卡斯尔一处工厂废墟中的秘密基地（摄影：蒂姆·伊登索，2003）

的害处——游戏是“不真实”或“不认真”的；但他们随即又想起玩物丧志，即游戏状态同样可以是认真的，因此游戏活动无法被准确定义（Bateson 1956：145）。借此可以推断出游戏活动理论的主流观点，即把游戏与工作、成年、生产和生活的“真实事物”在时间或空间上分离开来，并将其视为儿童成长、为未来成年生活做准备、为“角色扮演”进行试水的一种过程（Katz 2004）。根据联合国儿童基金会《儿童权利公约》（Convention on the Rights of the Child）第31条，儿童玩耍的权利在国际法中是得到承认的（UNICEF 2008）。值得关注的是，联合国儿童基金会将游戏的权利归于“生存权和发展权”，可见童年游戏作为帮助成长的工具，被认为是“锻炼儿童身体、精神和创造力的方式”（Valentine and Mckendrick 1997：219）。

与此形成鲜明对比的是，在回顾成人的游戏活动理论时，史蒂文斯（Stevens 2007:32）认为游戏是“完全无用的”、“无目的的”、“虚幻的”、“不加思考的”，只是“浪费时间”罢了；他进一步将游戏定义为享乐性的、毫无缘由的，“仅使所有参与者心情愉快”（Stevens 2007：36），并让人“完全做自己……暂时摆脱为工作和家庭生活所扮演的角色”（Stevens 2007：46）。一如其他主流观点（Evans 2008），史蒂文斯的定义还是基于将游戏与工作和生产、成人日常生活的活动分离，并天真地以为游戏是超脱权力关系之外的。这种观念广泛根植于新自由主义的理想中，即高效负责的优秀公民和“有目的地迈向理性”（Katz 2004：98）；这表现了“西方对童年和成年的主导构建，前者的特点是游戏、轻率、自由、天真、依赖和缺乏责任心，后者的特点是工作、认真、独立和有责任心”（Evans 2008：1663）。

73

在这一点上，赫伊津哈（Huizinga 1950：7）同样坚持游戏与工作无关，认为游憩活动都是“自发行为”，而且“游戏若是有序的，便不再是游戏——顶多算强行模仿”。然而如此定义的游憩，如果应用到成人和儿童的日常生活中，就会带来诸多问题。比如商场儿童活动空间、电子竞技和单身派对，揭示了休闲与工作时段根本不能严格分离。又比如，团建活动的白水漂流、真人CS、角色扮演，将工作与精神建设融为一体。凡此种种，都是新的、理想化的工作与娱乐的节奏的完美例证。因此，定义游戏与工作“无关”是不准确的。

认为游憩活动是生产、秩序和责任的对立面的主张，就类似于把工业废墟等不常规的空间等同于边缘化、无意义和浪费（Edensor 2005a）。规划与地方政府的文书通常将废墟与遗址判定为必须提高效益的闲置空间。作为“大煞风景的地方”，这些不太雅观的空间成为经济萧条和活力缺失的标志，甚至被视为危险、异常和犯罪行为的发生场所。而且虽然被媒体报道为犯罪活动的密集地、追捕和打斗的现场以及卑鄙恶毒的歹徒的巢穴，这些废墟并没有借此得以整改。上述例子对于废墟和游戏的理解，实在过于肤浅。废墟早已是被频繁、合理使用的空间，是娱乐和休闲的场所，也是生产和城市更新实践的空间。通过各种各样游憩活动的案例，表明了游戏和工作不是完全对立，而是在有效率与无意义、创造性与破坏性、合法与非法以及体面与落魄之间游移。同时也证明此类废弃的空间，一如其他种类的荒地和缝隙空间，为成人和儿童提供了玩耍游憩的场所；由此强调“游戏不仅仅是孩子的权利”（Harker 2005：59）。

如同克拉克（Cloke）和琼斯（Cloke and Jones 2005：312）主张的，游戏和童年之间有很多共同特点，例如无序、不负责任和自由；它们被视为在“成人世界的井然有序之外，并常使成人社会的基本结构和流程秩序陷入混乱。”关于儿童缺乏多样且富有挑战性的游戏环境的问题，废墟和城市荒野已引发了更广泛的争议（Jenkins 2006）。此类叙述隐含着一个假设，即认为不接触荒野景观对儿童的长期发展不利。废墟的确是无人监控的户外自由冒险天地，但在人们根深蒂固的观念中，它们依旧是儿童和青少年的禁区。废墟和荒野作为游戏空间，既适合儿童玩耍又存在危险，具有自相矛盾的特点。儿童的顽皮、天真和脆弱，使人们对在荒野环境中玩耍产生一种矛盾的理解。“有假设认为，儿童如果在混乱的空间中迷了路，那么他们实际上重新找回自己——成为‘真正的’孩子，即摆脱了大人有条不紊的看管和‘孩子应该怎样’的行为准则”（Cloke and Jones 2005：312）。荒野的混乱和无监管，令它们看起来格外可怕和危险，因此儿童在其中的活动方式可能受到限制。最近的研究已认识到荒野对儿童成长的重要性，英国皇家事故预防协会（RoSPA）也称：“孩子们需要在更荒野的地方玩耍……通过在自然环境中游戏，孩子们可以学到终生有益的经验教训，特别是危险的概念以及如何应对危险的经验”（RoSPA 2007）。此外，这种评价与绝对区分童年和成年的目的论观点形成了鲜明对比，否认了儿童游戏需要成熟判断力的可能，亦驳斥了成人游戏拥有幼稚倾向的可能。

74

近年来，人们开始对儿童在荒野自由活动持积极态度。对年轻人和成年人来说，情况却正好相反——游憩活动并不是其日常生活和人格发展的重要成分。某种程度上，这也是“以达成目的为终结”（Aitken et al. 2007：5）理论的产物，关于“成长”的主流观点认为成长并非是一个持续的过程，成年是成长的终点。冒险和承担风险，也不再是玩耍的核心价值（童年时期的表现）。成年人和年轻人的游憩活动，常常被视为对其他负责高效的公共空间造成侵权的危险行为，进一步稳固了城市空间“野生”和“受监管”的严格区分。被年轻人和成人视为“游戏”的活动，如闲逛、喝酒、滑板和狂欢，多年来，尤其是在许多当代西方高度监管的公共空间中，愈加受限[详情参考，对年轻人在公共场所闲逛的限制的加强（Collins and Kearns 2001；Skelton 2000；Thomas 2005）和对饮酒的规定（Jayne et al. 2006）]。而工业废墟的特殊材料和低监控的特质，为上述活动提供了可用的场所。

75 然而，必须意识到，将废墟形象理想化，或是有意忽视那些会遇到的安全威胁和权力问题，是非常危险的。废墟可能是将人拒之门外的领域，被围墙和栅栏团团包围，阻碍那些体能不佳者的探访。因此，身体素质不达标的年轻人、老年人和那些畏惧这种空间的人，就能被有效地隔离在废墟之外。虽然有些人可能去参观工业废墟，以探索多种有趣的、更高级的体验形式，但还有些人进入废墟仅仅是因为除此之外无处可去。废墟作为低监管的空间，流浪汉、性工作者和瘾君子在其中进行着明令禁止的活动。因此，必须严加注意在废墟中发生的活动以及与更广泛的权力关系有牵连的使用人群。如果没有监控和管理的保护，孩子之间的游戏往往会演变成情绪失控的混乱，那些开玩笑的拳打脚踢，最终也将变成难以接受的恃强凌弱的暴力。在这一背景下，我们务必要避免将在废墟中的游戏定义为纯粹的享乐，或认为其与权力关系无关。既然是不同形式的游戏，就不可能没有任何紧张、竞争、摩擦或伤害。哈根（Gagen 2000）曾做过关于游戏中性别、表现性和权力的研究，哈克（Harker 2005：52）据此进一步指出“游戏（比赛）往往可以用于强化现有的时空关系，积淀现有的权力关系”。

过分强调工业废墟的趣味优点无益于辩证看待荒野空间，不能因为其好的一面而忘记其作为与“工整”、受监管的城市空间相反的“另类”的一面。切记不可因发生在工业废墟的特定活动的“真实性”和勇敢性，与高度监管的商业空间中“不真实”、“主流”的活动形成对比，而颂扬废墟；尤其不可因其是对秩序的“违背”和“反抗”，而颂扬废墟。虽然以上提到了诸多在工业废墟中进行游戏的限制，但我们更想要据理力争的是废墟的游憩空间潜力。活动在工业废墟中越是缺少监管、越是依赖于废墟材料的特殊性，在其他空间中就越有可能会扰乱和破坏监管。我们既不希望破坏此前对废墟中富有表现力的、冒险的、无人监督的、注重感官体验的活动刻画，也不希望因为其他大多数受严格监管、材质简单的游憩空间的存在而完全否决废墟的游憩潜力。

结论

综上所述，通过思考工业废墟与游憩活动的相关性，研究对将游戏与工作、成年人、有序城市空间、权力和管控完全分离的观点提出了质疑。76 与其维持这种无效的区分，不如主张鼓励在工业废墟中进行游憩活动，由此不仅可促使城市荒野和有监管的城市空间的游憩潜力得到清晰的认识，还揭示出挑战治理和监管结构的可能性，即对“城市荒野”与“工整的”

城市空间、游戏与工作、童年与成年之间的严格区分提出异议。即使是在监管最严格的空间中，若只是维护其物质秩序和监管条件，总不可避免出现疏漏。正如克拉克和琼斯所主张的，游戏可以是一种手段，让那些原本可以维持“工整”的空间变得狂野，暴露出它们未经完善的缺点，并且挑战和重塑社会秩序和管理制度：

> “无论街道空间是有序的、还是凌乱的，当儿童（以及进行游憩活动的成年人）跨越空间或时间的界限而进入阈限状态时，就会扰乱井然的秩序而使其成为错综复杂的成年人的空间。”
>
> （Cloke and Jones 2005：312）

值得注意的是，在规划实践中，使用多种材质和肌理和一定程度的“荒野”，是具有影响力的，这为在城市空间中进行趣味性、实验性、表现性和注重感官体验的互动创造了机会。但即使不是这种情况，追求感官刺激也总能轻易突破无趣的城市格局。因为城市荒野和更有序的城市空间之间的区分并没有如此清晰，所以这为在废墟及其之外的区域发生更多种类的游憩活动提供了可能性。空间固定不变的假设忽略了有序空间可因游戏而不断被颠覆的情况。显而易见，当比较废墟中特定的游戏形式和城市探索的其他游戏形式如跑酷、滑板、涂鸦、酒会、闲逛以及其他上文提到的活动的共性时，会发现这些活动虽然受到严格监管但仍在城市空间中不断发生。

重要的是要认识到，严格控制之下的自由对于工业废墟中的游戏来说是必不可少的，因为这突出了废墟中游戏的情感性、体验性和感官刺激。例如，废墟物体原有位置和功能的变化允许了各种重构以及游憩活动的发生，为天马行空的即兴创作和探索提供了素材。因此，废墟作为潜在的游憩空间，使人在脑海中浮现诸多以前不能实现的可能性。废墟也创造了更高的感官、情感和心智体验，使潜在的空间、社会、政治和物质秩序被游戏内在的官能性和即时性特质打乱。如果认识到游戏与工作、生产、日常生活及权力关系息息相关，也将看见游戏不仅能巩固、更能更新现有权力关系的潜力。如同卡茨（Katz）所坚称的，就像儿童游戏不仅仅是对成年人的学习或模仿，更是与他们一起玩耍、讨论和转变他们作为主宰者话语权的过程；游戏是潜在的、对权力进行的变革或颠覆的因素。卡茨亦主张，与其认为游戏和“童心”是“对有目的地迈向理性的背弃”，不如认为它们对成年人也有积极的影响，是“时刻准备着的改革信念”以及“既是一种意识状态又是一种转换角色的方式”（2004：98）。

77

哈克（Harker 2005）认为，游戏应当被定义为永远潜在的突发行为，能以不可预见的方式改变当前的现实，从而使人们获得始料不及的际遇。

由此推断，理性地分析并严格地区分看似显而易见的工作与娱乐之间的空间和时间也不是那么重要。因此，这提供了不带（创造价值）目的去看待工业废墟的方式，即工业废墟不再是“奄奄一息的”废弃空间，而是通过游憩活动、资本主义生产方式、更广泛的权力关系和当代城市治理形式不断变革而形成的空间。此外，上文中已明确叙述的废墟中的游戏类型，引发了不带目的地看待排外、支配和管理的行为，这更容易显现其他游憩空间的价值。即便在其中进行游戏伴随着许多迅即的后果，游憩活动依然在发生。因此，通过对工业废墟中游憩活动的关注，为当代城市中“荒野”的定位提供了一个思考的新维度，进一步探讨了潜在的“荒野特质”在高监管的城市中对于游憩使用转型的意义。

参考文献

Aitken, S., Lund, R. and Kjørholt, A.（2007）'Why children? Why now?' *Children's Geographies*, 5（1）: 3–14.

Bachelard, G.（1969）*The Poetics of Space*, Boston：Beacon Press.

Bateson, G.（1956）'The message "this is play"', in B. Schaffer（ed.）*Processes：Transactions of the Second Conference*, New York：Josiah Macy Jr Foundation.

Bell, D.（2006）'Bodies, technologies, spaces：on "dogging"', *Sexualities*, 9：387–407.

Bingley, A. and Milligan, C.（2004）*Climbing Trees and Building Dens：A Report on Mental Health and Well-Being of Young Adults and the Long-Term Effects of Childhood Play Experience*, Lancaster：Institute for Health Research, Lancaster University, Forestry Commission.

Brown, G.（2008）'Ceramics, clothing and other bodies：affective geographies of homoerotic cruising encounters', *Social and Cultural Geography*, 9：915–932.

Chanen, D. and Brown, C.（2007）'Public-sex crackdown takes place to Internet', *Star Tribune*, Minneapolis–St. Paul, MN. Online：www.startribune.com/local/11593986.html（accessed 22 June 2010）.

Cloke, P. and Perkins, H.（1998）'"Cracking the canyon with the awesome foursome"：representations of adventure tourism in New Zealand', *Environment and Planning D：Society and Space*, 16（2）: 185–218.

Cloke, P. and Jones, O.（2005）'"Unclaimed territory"：childhood and disordered spaces（s）', *Social and Cultural Geography*, 6（3）: 311–323.

Collins, D. and Kearns, R.（2001）'Under curfew and under siege? Legal geographies of young people', *Geoforum*, 32：389–403.

DeSilvey, C.（2006）'Observed decay：telling stories with mutable things', *Journal of Material Culture*, 11（3）: 318–338.

Doron, G.（2000）'The dead zone and the architecture of transgression', *CITY：Analysis of Urban Trends, Culture, Theory, Policy, Action*, 4：247–263.

Edensor, T.（2005a）*Industrial Ruins：Space, Aesthetics and Materiality*, Oxford：Berg.

——（2005b）'The ghosts of industrial ruins：ordering and disordering memory in excessive space', *Environment and Planning D：Society and Space*, 23（6）: 829–849.

——（2005c）'Waste matter – the debris of industrial ruins and the disordering of the material world：the materialities of industrial ruins', *Journal of Material Culture*, 10（3）: 311–332.

——（2007）'Sensing the ruin', *The Senses and Society*, 2（2）: 217–232.

——（2008）'Walking through ruins' in T. Ingold and J. Vergunst（eds）*Ways of Walking：Ethnography and Practice on Foot*, Aldershot：Ashgate.

Evans, B. (2008) 'Geographies of youth/young people', *Geography Compass*, 2 (5) : 1659–1680.

78

Gagen, E. (2000) 'An example to us all : child development and identity construction in early 20th-century playgrounds', *Environment and Planning A*, 32 (4) : 599–616.

Garrett, B. (2010) 'Urban explorers : quests of myth, mystery and meaning', *Geography Compass*, 5 (video article, forthcoming) .

Gonzalez-Ruibal, A. (2008) 'Time to destroy : an anthropology of supermodernity', *Current Anthropology*, 49 (2) : 247–263.

Harker, C. (2005) 'Playing and affective time-spaces', *Children's Geographies*, 3 (1) : 47–62.

High, S. and Lewis, D. (2007) *Corporate Wasteland : Version 2 : The Landscape and Memory of Deindustrialization*, Ithaca : Cornell University Press.

Huizinga, J. (1950) *Homo Ludens : A Study of the Play Element in Culture*, Boston : The Beacon Press.

Jayne, M., Holloway, S. and Valentine, G. (2006) 'Drunk and disorderly : alcohol, urban life and public space', *Progress in Human Geography*, 30 (4) : 451–468.

Jenkins, N. E. (2006) ' "You can't wrap them up in cotton wool!" Constructing risk in young people's access to outdoor play', *Health, Risk and Society*, 8 (4) : 379–393.

Johnson, P. (2007) 'Ordinary folk and cottaging : law, morality, and public sex', *Journal of Law and Society*, 34 (4) : 520–543.

Jorgensen, A. and Tylecote, M. (2007) 'Ambivalent landscapes : wilderness in the urban interstices', *Landscape Research*, 32 (4) : 443–462.

Katz, C. (2004) . *Growing up Global : Economic Restructuring and Children's Everyday Lives*, Minneapolis, MN : University of Minnesota Press.

Muller, S. and Carr, C. (2009) 'Image politics and stagnation in the Ruhr Valley', in L. Porter and K. Shaw (eds) *Whose Urban Renaissance? An International Comparison of Urban Regeneration Strategies*, London : Routledge, 84–92.

Ninjalicious (2005) *Access all Areas : A User's Guide to the Art of Urban Exploration*, Toronto : Infilpress.

Qviström, M. (2007) 'Landscapes out of order : studying the inner urban fringe beyond the rural–urban divide', *Geografiska Annaler, Series B, Human Geography*, 89 (3) : 269–282.

Romany, W. (2010) *Beauty in Decay : The Art of Urban Exploration*, Berkeley : Ginkgo Press.

RoSPA (2007) 'Children must play in the wild says RoSPA', Press release, 11/6/2007. Online : www.rospa.com/news/releases/detail/default.aspx?id=595 (accessed 12 July 2010) .

Shoard, M. (2003) 'The edgelands', *Town and Country Planning*, 4 (72) .

Skelton, T. (2000) ' "Nothing to do, nowhere to go?" : teenage girls and "public space" in the Rhondda Valleys, South Wales', in S. Holloway, and G. Valentine (eds) *Children's Geographies : Playing, Living, Learning*, London : Routledge, 80–99.

Stevens, Q. (2007) *The Ludic City : Exploring the Potential of Public Spaces*, London : Routledge.

Thomas, M. (2005) 'Girls, consumption space and the contradictions of hanging out in the city', *Social and Cultural Geography*, 6 (4) : 587–605.

Trigg, D. (2006) *The Aesthetics of Decay : Nothingness, Nostalgia, and the Absence of Reason*, London : Peter Lang.

UNICEF (2008) *The Convention on the Rights of the Child : Survival and Development Rights*. Online : www.unicef.org/crc/files/Survival_Development.pdf (accessed 15 June 2010) .

Valentine, G. and McKendrick, J. (1997) 'Children's outdoor play : exploring parental concerns about children's safety and the changing nature of childhood', *Geoforum*, 28 (2) : 219–235.

79

Walby, K. (2009) ' "He asked me if I was looking for fags" : Ottawa's National Capital

Commission conservation officers and the policing of public park sex', *Surveillance and Society*, 6 (4): 367–379. Online: www.surveillance-and-society.org/ojs/index.php/journal/index (accessed 26 July 2010).

Ward, C. (1978) *The Child in the City*, Princeton: Pantheon.

Webb, S. (2003) 'Review: Re: location', *Interface*. Online: www.a-n.co.uk/interface/reviews/single/124147 (accessed 18 August 2011).

Wheaton, B. (2004) (ed.) *Understanding Lifestyle Sports: Consumption, Identity and Difference*, London: Routledge.

第5章

放养还是教养；危险还是冒险；垃圾场还是天堂？——儿童文学中的荒野景观

凯蒂·马格福德

> “致家长：为什么当儿童文学中的景观符合冒险、实验和发展的原则时，儿童在现实世界中参与冒险游戏却被限制？”

80

本章的目的是研究面向儿童和青少年的作家如何找到方法克服限制儿童接触城市荒野或其他书中所述的具有挑战性和冒险性的环境的障碍、讨论儿童文学的共同主题、思考这些虚构的世界是否可以提供一些方法来解决现实世界中的问题，以及探索儿童探险空间的可能性和局限性。这些书中是否有文字阐述了对未来可能遇到的困难的考虑，例如风险规避、森林和水中会遇到的危险、已察觉到的儿童判断力的缺乏以及对看管作为儿童和青少年的“保护”方式的过度依赖？

本章将探讨目前畅销的一些以特定背景烘托人物的书籍，这些书籍推荐的阅读年龄是7—16岁。在回顾现有的出版物以遴选待研究的书籍时发现，似乎许多现有的童书都是旧书再版，这表明限制儿童接触城市荒野的障碍或许由上一代作者巧妙避开了。

儿童文学中的荒野景观

本章探讨的书籍基本都是描绘在所谓的“荒野”中发生的故事。划定的范围从容易识别的城市荒野——如垃圾堆、废弃的教堂和小树林，到具有一些荒野特质的地方——包括街道、屋顶、城市郊野和幻想中的景观。这些空间的共同点是能够为主人公提供一个促使他们独立行动的环境。在每个故事中，主人公角色的发展都与他们对自己所处环境的理解同步推进。

克莱夫·金（Clive King）的《垃圾大王》（*Stig of the Dump*）（1963）说明了无人监管的空间的重要性和它失落的游憩价值。夏天，小男孩巴尼（Barney）独自一人在当地的白垩纪陨石坑里玩耍，陨石坑塌了，他掉进一个洞穴，在那里他遇到了一个不寻常的野人伙伴并了解了他所处的环境。巴尼拥有一个被遗忘的空间——“没有什么可做的，没有什么可玩的，也没有哪里可去，除了这个废弃的陨石坑。”

81

图 5.1 树林中的儿童
[摄影：詹姆斯·锡伯莱特（James Sebright），2011]

82 罗尔德·达尔（Roald Dahl）的《世界冠军丹尼》（*Danny, the Champion of the World*）（1975）讲述了丹尼（9 岁）的故事，他了解到他父亲不可告人的秘密——是一个偷猎者，还认识了一些村里的人们。林场是故事发生的舞台：在偷猎这项非法活动上丹尼和他的父亲是同谋。

菲利普·普尔曼（Philip Pullman）的《黑暗物质》（*His Dark Materials*）（1995—2000）三部曲，讲述了一个关于宗教、科学、精神和人性的史诗故事，主人公是一个12岁的女孩，名叫莱拉（Lyra），在第二部和第三部中还有一个叫威尔（Will）的同龄男孩。在莱拉和威尔的旅程中，景观环境不断变化，将他们带到了天涯海角甚至是平行世界。这两个人周围的世界一直在变化，象征着他们经历从童年到青春期的挣扎，只有在他们找到成人化的自己时内心才会安顿下来。这个故事中至关重要的是莱拉的自由意志——"尽管不知道自己在做什么，也不得不完成救世主的使命……这意味着她有犯错误的自由。"

迈克尔·莫波格（Michael Morpurgo）的《幸运的小狐狸》（*Little Foxes*）（1984）讲述了关于一个名叫比利·邦奇的10岁男孩的故事。他在出生时就被遗弃，也被许多家庭领养过。他有口吃，也很孤独。在一个废弃的墓教堂里他结交了一只小狐狸朋友，此后开始踏上了去"乡下"（始终被称为"荒野"）的旅程，最终到达了他的新家。

德里克·兰迪（Derek Landy）的《怪侠S.P.先生》（*Skulduggery Pleasant*）（2007）讲述了一个不寻常的12岁女孩斯蒂芬妮（Stephanie）的故事。她继承了她叔叔的房子和他的死亡之谜。她的叔叔是一个小说作家，他的小说中充满了奇异的人物。斯蒂芬妮发现这些人物是真实的、并具有神奇的力量，而且比陪伴她长大的冷清小镇中的任何人都要危险得多。其故事中的荒野景观是具有魔法的世界，隐藏在城市之中，一般人看不见。她对叔叔死因的探索引领她走过了这个世界。她觉得原来小镇中的种种都很无聊——"主街、司空见惯的东西、孩子们在踢足球、骑自行车和大笑……就是她一直以为的那样子。"她对未知事物感到兴奋——"城市的灯光正在逼近。"

阿里·斯巴克斯（Ali Sparkes）的《冷冻时光》（*Frozen in Time*）（2009）（适合9岁或以上儿童阅读）讲述了本（Ben）和瑞秋（Rachel）在学校放假时候的故事。恶劣的天气使他们只有电视的陪伴，直到它爆炸。他们在花园底部的地下室发现了两个被冷冻起来的孩子。他们唤醒了这对从20世纪50年代沉睡至今的兄妹，并帮助他们揭开父亲的失踪之谜。其旅程带领他们探索了花园、城镇和周边区域，使他们以不同的视角去观察这些曾经熟悉的环境。

83

贝拉（Bella），一个16岁的女孩，是斯蒂芬妮·梅尔（Stephanie Meyer）《暮光之城》（*Twilight*）（2005—2008）系列的主人公。这个系列在青少年和年轻读者中很受欢迎。故事发生在贝拉从凤凰城搬到小镇福克斯，与父亲一同生活的时候。福克斯镇是一个终年阴雨，薄雾弥漫的地方。她爱上了一个吸血鬼，这个吸血鬼及其家族坚持不吸人类血液，只靠动物维持生存。

这个名叫爱德华的吸血鬼很爱贝拉，但同时也渴望着她的血液。随着故事的展开，贝拉深入森林，进入她的情感世界。这个故事是贝拉从青春期到成年的转变过程，探讨了有关爱与责任的问题。

儿童文学对进入和探索具有挑战性和冒险性的环境的思考，也清晰反映出儿童在现实世界中进行冒险游戏所面临的挑战。上述作品的共同主题能否被提炼出来并转入关于城市荒野的讨论中？

无人看管的游戏

看管的缺席是上述所有书籍中的主人公锻炼体力、强大心智、完善性格和学习智谋的关键。它与在发展性游戏中减少限制这一举措共同发挥作用。

在《黑暗物质》三部曲的第一部《黄金罗盘》（*Northern Lights*，英国出版名）中，莱拉是一个在牛津边缘的、被遗忘的空间中玩耍的孩子——"大教堂下的地下墓穴让莱拉和罗杰忙活了好几天。"她在那些别人看不见的地方玩耍——"她最喜欢的是爬上约旦学院的屋顶……或在狭窄的街道上狂奔，或从市场上偷苹果。"

在三部曲的第二部《魔法神刀》中，我们瞥见了一个被成年人遗弃的、美丽城市的废墟，在那里：

> "有一群男孩在打架，还有一个红发女孩在给他们加油，一个小男孩扔石头打碎了附近一栋建筑的所有窗户。宛如一个城市大小的、没有老师的游乐场。"

在《冷冻时光》中，描述了一个"平凡的夏天"——"花园非常适合玩耍……大多数时候，它就按自己的方式存在着，就像小溪边枝叶繁茂的树林。"这是一个完美的荒野景观，在这里"狐狸会轻快地掠过"，"松鸦会叽叽喳喳地叫"。本和瑞秋的父母不在，这让他们能够自由探索这片景观，也就是他们发现地下室的背景。而弗雷迪（Freddy）和波莉（Polly）兄妹从20世纪50年代开始就被冷冻在这个地下室中，后来与他们一起探索21世纪。这段错位的时间让作者得以探索这两个时代的童年之间的许多代际差异。对于本和瑞秋来说，取代缺席的父母的是他们心不在焉的叔叔，一个科学天才。然而，叔叔大多数时候也不在他们的身边。

这意味着应该让儿童独自学习必要的生活技能来应对各种无法预知的情况，而不是通过持续的看顾来保护他们免受风险和挑战的威胁。

缺席的父母

由于父母的缺席，儿童文学中的父母角色被删减了。他们被描写为无知或无能的家长形象，自己就像孩子一样，甚至在故事开始之前就去世了。他们的缺席使这些故事的儿童主角能够做出自己的选择，进入他们通常无法到达的新领域，这往往带来惊险的后果。

在《幸运的小狐狸》中，比利的父母就被从故事中移除了，他们把自己的儿子遗弃在警察局门前的台阶上——“在10年前的一个寒冷的夜晚，比利·邦奇被放在一个盒子里。这是一个大盒子，上面印着‘小心轻放’。”由于缺乏培养教育，比利的成长受到了影响——“他在本该走路的时候没有学会走路，因为他认为没有必要，而且口吃使他更不愿意与人交流。”比利不断地被从一个家庭带到另一个家庭，这“证实了他确实是孤独的、在这个世界上不受欢迎的”。然而，比利“在运河边拥有自己的荒野”。他的“荒野”（拼写总是大写首字母）是他不由自主地学习的地方，并且使他感觉到关怀其他事物的责任感，这在他的生命中一直是缺失的——“他是自己荒野的主人，是管理者和守护者。”他对一只获救的天鹅说的“你一点都不像丑小鸭，你绝不是的……你现在当然不像将来那么漂亮，但我想你是知道的”，折射出了他自己的成长道路。在这片荒野风景中，“比利终于找到了内心的宁静”。

在《怪侠S.P.先生》中，斯蒂芬妮的母亲是一个平面的象征性人物，被描述为关心他人、但仍不谙世故。她的父亲被描绘成一个充满爱心而带点傻气的人——“我今天下午有个重要的会议，但我离开家时落下了什么重要的东西……我忘了穿内裤。”就凭这句简单的话，他作为一个父亲的威严就被瓦解了。他在年轻时被冒险所诱惑，但随后在父亲和丈夫的身份中找到了安全感，他变得厌恶冒险：

> “在我更年轻的时候，我相信（魔法是存在的）。我甚至比戈登（Gordon）还更加相信。但我停了下来。我决定生活在现实世界中，不再继续沉溺于此——这个诅咒（指魔法）。戈登把我介绍给你的母亲，之后我就坠入了爱河。我把这一切都抛在身后了。”

作者用5页的对话解释清楚情节，并将父母的形象牢牢植入“真实”的世界中，然后他们就消失在书中。

在《暮光之城》系列中，像《怪侠S.P.先生》那样的父母和孩子之间的角色颠倒被进一步被夸张了。贝拉的父母被设定成了孩子的角色——不能自理、不负责任、总是感到害怕、需要做饭给他们吃、需要被照顾和保护。而关于他们的情节只占了微不足道的小部分，与主角独立、机智、果断和勇敢的形象形成了鲜明的对比。她的母亲“充满爱心，但难以捉摸（且）粗心大意”，有着“大大的、孩童般纯真的眼睛”。单亲家庭中的父亲查理（Charlie）有着孩子气的需求——“除了煎蛋和培根之外，查理不会做什么其他菜”。在《新月》（*New Moon*）中，贝拉说：“一想到我给母亲本来安宁、

85

图 5.2　河边的儿童
[摄影：詹姆斯·锡伯莱特（James Sebright），2011]

充满阳光的世界带来了致命的威胁，我害怕得直发抖。我永远不会让她遭受那样的危险。”

在《世界冠军丹尼》中，丹尼的父亲威廉（William）是一个在儿童文学中少见的、与儿子一起冒险的成年人。他是成年人中的一个“异类”，有着一种另类的观念。这种观念来源于住在吉普赛大篷车中的那些旅行者——丹尼也“喜欢住在”这种吉普赛大篷车中。丹尼形容他的父亲是“任何一

86

个男孩都希望拥有的最棒的父亲”；他的眼睛总是带着微笑——“我的父亲是个用眼睛微笑的人。他的笑总是很真诚”；也许正因为这样，他也是一个“绝佳的故事讲述者”。虽然斯蒂芬妮的父亲将魔法视为诅咒，但丹尼的父亲却欣然接受它。他不惮忽略成年人与孩子之间明显的界限（这种界限原本将成年人限定为不会去玩耍的，将孩子限定为没有能力和责任感的形象）。在《世界冠军丹尼》中，这两种人物性格是共享的。

其他小说的年轻主角只能在没有父母监督的情况下做的一切事情，丹尼都做到了。丹尼的父亲，虽然并不完美，但“没有父亲是完美的”。他接受了一个小男孩在成长过程中会面临的风险。在该书中，父母的角色并不是限制约束的代名词。

代理父母和旅行伙伴

代替缺席的父母，孩子们拥有的常是作者虚构的叔叔、监护人和旅行伙伴——有时是助力，有时是反派。孩子们得到倾听和关心，并与他们旅途中遇到的伙伴相互依赖。这类角色往往有着动物外表，或者是成年人中的“异类”，不按日常生活中的规则循规蹈矩。他们不符合孩子一般公认的成年人形象。

在《幸运的小狐狸》中，比利在逃离“梅阿姨”（Aunt May）后来到了乡村，这里既让人感到解放、生活条件却很艰苦。到了河边，一个名叫乔（Joe）的好心男子在一艘驳船上救了比利。男子与他的妻子一起教比利适应这里与自然环境融为一体的生活以及怎么保持自己本性与自然的平衡，并以友善、接纳、尊重的态度来对待他。乔还教导比利要学会放手和尊重“野性”。对比利的同伴小狐狸，他解释说：

> “比利，它把你当成妈妈一样爱你。但是狐狸也会离开自己的妈妈，我的好孩子。如果它开始依赖你，那它就再也无法成为一只真正的狐狸……那是一件很可怕的事情，同夺走它的灵魂几乎没什么两样。”

要想让小狐狸变得独立，在情感上遇到的困难肯定是与在孩子和父母之间遇到的相类似——“它年纪越小，在外面生存下来的机会就越大。”比利的朋友是一只天鹅和一只小狐狸，他们都是获救者和施救者。比利和这些动物之间有一种他从未经历过的相互尊重。这让他变得勇敢，而且他从小狐狸那里学会了如何建立友谊和信任他人。

斯蒂芬妮的伙伴是“怪侠 S.P. 先生”——一个来自里世界的成年人，最终她也成为那个世界的一分子。他们相互尊重，并以合作伙伴的身份互相支持，但怪侠 S.P. 先生并没有阻止她做出自己的选择：

87　“你到现在应该意识到了，外表往往具有欺骗性。一个像这样有着涂鸦、到处都是垃圾的脏兮兮的街区，是你能见到的最安全的街区了。打开我们周围任何一个房子的大门，你走进一个名副其实的宫殿。表面上看到的东西并不能代表什么，斯蒂芬妮。”

怪侠 S.P. 先生的描述引出了日常生活中存在的“差异性”。正如所有城市荒野一样，不可预见性亦带来了多种可能性。

对于斯蒂芬妮来说，这给了她选择的自由，可以选择承担风险而非继续留在舒适区。亦即跨过安宁的田园牧歌才能抵达非凡的城市景观。“斯蒂芬妮觉得眼前正好有一个机会……她突然想到，她从未离开父母自己度过一整夜。这一丝自由的味道，几乎刺痛了她的舌头。”斯蒂芬妮的确是一个孩子，但她在学习着成人化的行为。这是贯穿全书的一个关键主题。每个冒险故事的主人公都承担着被公认是成年人的责任，不过是在冒险的历程中。在这些历险的景观空间中，作者模糊了成人和儿童之间的界限，从而提供了一种技能和能力水平之间合理搭配的可能性。伙伴关系也使探索荒野和故事中的旅程圆满达成成为可能。这些故事中的成年人或监护人具有孩子般爱玩闹、有创造力的特点，而“成年人”的责任往往都留给了主角。

在《暮光之城》中，贝拉有吸血鬼和狼人朋友，而在《黑暗物质》三部曲中，莱拉有许多同伴，包括吉普赛人（引领河岸居民“另类”的生活方式）和一只披甲熊。吉普赛之王，约翰·法阿（John Faa）的冷静力量与《幸运的小狐狸》中的乔有着惊人的相似之处。莱拉也有潘（Pan）一直陪着她，那是她的“精灵”（灵魂具现的动物），这意味着她永远不会孤单。虽然在三部曲中，她父母并不是那种传统的父母形象，因为当她还是个孩子的时候，他们就把她留在了约旦学院，然后自己就可以去追求权力。这对父母在后来的故事中出镜不多。

在《垃圾大王》中，扮演陪伴者角色的斯蒂格是一个穴居野人，因此与当代的“有智慧”的权威人物相去甚远。巴尼会对自己感到厌烦。他需要一些帮助和指导才能发现陨石坑中所蕴含的情感，学习新的技能，学会超越正常情况的思考。他更需要一些保护，一个缓冲，让他不再害怕交朋友，并在遇到麻烦时懂得寻求帮助。

这些代理人物在主角的野外探险过程中给予他们帮助，允许他们跟随自己的判断，行使选择的自由，但在这些故事所描写的正常成人世界中，这是不被允许的。

是敌是友？

这些故事的作者解决了儿童在荒野景观中无人看管时可能面临的来自

成年人的威胁问题。那些弱势的儿童主角会遭遇危险的“陌生人”。每个案例中的主角都会识别危险并对其进行评估。孩子总是表现得很足智多谋。歹徒则一次又一次暴露自己。因此，这种未知的危险受到了挑战，并被赋予了身份，这个身份在每一个故事中是不同的：有图书管理员、政府官员、教会、小偷、绑匪、偷猎者与看守人以及吸血鬼。对危险这一主题的积极思考被反复提及。 88

在整个《黑暗物质》三部曲中，莱拉曾多次遭遇捕猎者。捕猎者的形象是一个有魅力的“穿着精美亚麻西装”的男人，他的手帕上“散发着浓浓的古龙水的味道，就像那些暖房里的植物，味道浓郁到你能从根部闻到腐烂的味道”。这个男人像对猎物一样盯上了莱拉——“他表现得善良友好……她没闻到什么实际的气味，而是意念中的气味，就像粪便的味道，或是腐败的味道。”莱拉被他哄骗，以为自己很安全，就上了他的车。这个人偷走了莱拉的东西，但她最终拿回了属于她的东西。莱拉必须在她的整个旅途中对不同人的人品做出判断，当她错了的时候，她不会害怕去纠正错误。久而久之，她学会了相信自己的直觉。

比利和小狐狸被偷猎者追赶，“他们每个人都拿着枪”——“他们听到在他们身后，猎人也踏进了森林。”随着剧情的展开，这一切都映射在了景观之中——“现在是另一片森林了，高大的橡树危险地攀附在山坡上。许多树都倒下了，它们的根被拔了出来，留下了巨大的坑，小树苗又在那里发芽了。”与此形成鲜明对比的是，丹尼和他的父亲都是偷猎者，被拿着枪的看守人追捕。

经过深思熟虑之后，贝拉选择了承担风险，与爱德华相恋。作为一个吸血鬼，他解释道：“我渴望的不仅仅是你的陪伴！……永远不要忘记我对你比对别人更加危险。”她能设身处地理解别人，使这个危险的陌生人变成了她的朋友和爱人。

判断是一种后天习得的技能，而不能直接打包递给孩子。它包括误判和历经选择后的成长。孩子们犯错误、选择同伴并识别坏人是很自然的。成年人不能总是干预孩子们的选择。孩子们需要练习如何做出选择和判断。

沉没还是游泳？

除了将儿童引入判断和责任无处不在的成人世界，荒野景观也被证明是锻炼身体力量和肢体灵活性、从而能应对危险的竞技场。在每一个故事中，玩游戏、不熟悉的环境和不寻常的情况都促进了这些技能的学习与发展。

上述所有的书都探讨了世界的物质性。莱拉接触了一些平行宇宙；贝拉修理摩托车，沿着轨道兜风以增加冒险的经历；巴尼爬上一棵树——“当他爬得更高时，他能感受到这棵树的摇曳。不是那种大树有弹性的、令人兴奋的摆动。”通过探索荒野来了解环境，教给人一种本能的风险管理能力。

图 5.3　户外的儿童
[摄影：詹姆斯·锡伯莱特（James Sebright），2011]

90 在《垃圾大王》中，"巴尼有一种感觉……地面塌陷可能是真的。但是，听说和亲眼看见是有差别的。"

莱拉同样从与其他孩子争斗的经历中汲取了教训，在突袭"黏土床"（Claybeds）时，"用重黏土块扔向烧砖工的孩子……让他们在赖以生存的物质中滚来滚去。"这是一种本能的、粗俗的、带有攻击性的游戏。这样学到的经验在北方冰冻荒地的自卫中得到了很好的利用：

“她记得她狠狠地朝一个烧砖工男孩的大饼脸上扔了一把黏土……她之前一直站在泥里。现在她站在雪地里。就像那天下午那样，但现在她非常认真，一下子舀了几把雪，然后向最近的敌人扔了过去。”

这不仅仅是习得的侵略性，还包括判断、目标锁定、平衡和风险评估。在《冷冻时光》中，时间错位使得人们可以对比现在和20世纪50年代的儿童风险管理水平。两个男孩就过河的问题进行了讨论：

“本：‘游过去？……你疯了吗？我们游不过去的！’

弗雷迪：‘为什么不呢？1956年的时候我们就游过这条河了。’

人们有时会在河边戏水，但孩子们总是被警告不要在河里游泳。这里有许多大警示牌禁止游泳。他（本）不知道这是为什么。可能是因为这样的话，就算有人在水里踩到碎瓶子，地方议会也不用担心被起诉。

弗雷迪：‘你们没在这游过泳吗？’

本：‘议会不允许。’

弗雷迪：‘你讲的议会成员在我听来就是一群胆小的怪老头！你到底是从哪里知道的？’

本：‘好吧……呃……他们中的大多数人可能曾经和你一起在这里游泳。’

弗雷迪：‘哦，那他们中的许多人可是出洋相了！’”

在这里斯巴克斯用了一些笔墨去证明，上一代人经历过自由的人，把风险规避强加给了现在的孩子们。她还叙述了冒险能够带来的巨大自豪感和满足感——“弗雷迪把他从另一边的水里弄上了岸。有好一会儿本就只是站着，兴奋得直发抖。”

自然环境的多样性和不可预测性被视为儿童生活经历的重要组成部分，而非潜在的威胁。河流也象征了儿童的人生旅程，这条线索串联了莱拉和吉普赛人，带着他们穿过那些河道，一直到沼泽地里去，并一直贯穿《黑暗物质》三部曲。水代表了自由和日益增长的自我意识，就像比利和丹尼——前者通过沿河的旅程，找到了表达自己的方式；后者则在故事的结尾离开森林，去偷猎鳟鱼。

91

在这些故事中，没出现过有附加条件的、预判过风险的游戏。风险、未知的结果和体力的消耗唤起了冒险意识的增强。

垃圾场还是天堂？

适合玩耍的空间不一定是专门设计好的。“成人”和“儿童”的空间通常是相同的，只是要从不同的角度去看待。

《冷冻时光》还对游乐场的游乐设施进行了一番颇有创意的讨论——“现在的一切都很丰富多彩”。现在的游乐设施与20世纪50年代的游乐设施形成了鲜明的对比：

> “弗雷迪：‘海盗船是最好玩的……有一次它猛地撞上了格斯·布莱恩（Gus Blaine）的后脑勺，把他打昏了！这太搞笑了！……我想知道他们为什么把它拆了。它比现在这些好太多了。这些都是小孩子玩的东西！’
>
> 本：‘呃……我觉得有了这些东西，人们不会总被砸晕。’
>
> 弗雷迪：‘安全……但是无聊。’”

斯蒂格教巴尼用捡到的物品来做游戏——“斯蒂格似乎感到非常高兴，因为他可以用这把伞做很多事情。”利用物品与儿童的发明创造能力有关。丹尼的玩具是“油腻腻的齿轮、弹簧和活塞。并且这些，我可以向你保证，玩起来比现在孩子们得到的大多数塑料玩具都要有趣得多。”

丹尼的父亲违反了规定，在丹尼5岁时没有送他上学，而是教他机械类的技术。莱拉没有接受过常规课程的教学，而是在她住的约旦学院的学者那里学到了一些稀奇古怪的知识。丹尼的世界“只有加油站、车间、大篷车、学校，当然还有周围乡村的树林、田野和小溪”。他的荒野景观融合了大自然和垃圾场。丹尼和他的父亲一起玩火、建造树屋、制作弓箭，和巴尼与斯蒂格一起做的事情一样。

发现的物体和空间通常可以引发一些意想不到的富有想象力的游戏。孩子们用演绎的技能将找到的物体和场所转化成可以用来游戏的工具。

92

泥巴、泥浆、光荣的泥土？

有些书提到了洗衣服与冒险之间的矛盾问题。污渍被视为游戏、冒险、生存和生活的副产品，而不是父母额外的清洗工作。

在《幸运的小狐狸》中，梅阿姨（比利的前养母）非常不喜欢泥巴——“我不可能永远花额外的时间洗衣服，也不明白为什么你不和其他孩子一起去游乐场玩。那里都是水泥地，对你更好。”

在《冷冻时光》中，本和瑞秋“身上变得很脏，但他们并不担心。杰罗姆叔叔（Uncle Jerome）不会注意到的……当他们晚些时候拖着沉重的脚步回到房子里时，没人会发出刺耳的叹气声，也没人会恼怒地交叉双臂。”

《世界冠军丹尼》中的丹尼总是全身沾满了泥土。这个事实将他与其他有专制的父母的角色区分开来。“你看，我现在是个邋遢的小男孩，全身上下都是油”，这是劳动的标志，也是成年人该思考的事情，“因为我整天都在车间里帮我父亲修那些汽车。”代替洗澡，他父亲让他站起来，把他从头到脚擦了一遍——“我想这能够让我像洗过澡一样干净——甚至可能更干净，因为没有坐在我自己洗下来的脏水里洗完。”在这里，创造性的工作与清洁一起进行，污垢是普遍的事实而不是不好的事情。“我运动鞋的颜色也变了。它们本来是白色的，但上面也有很多泥土，就不白了。”

在整个《黑暗物质》三部曲中，莱拉在一身污垢的遮盖下是安全的——“莱拉身上的毛皮衣服看上去破旧不堪，而且发臭，但却能保持温暖。”

即提出了这样一个问题：对儿童的冒险性游戏所设的障碍有多少不是为了保护儿童，不是基于真正的健康和安全方面的考虑，而纯粹是为了成年人的方便呢?

结论

虽然这些故事都是虚构的，但它们巧妙地展示了荒野景观为儿童的成长所提供的机会，并且一些关键的问题有助于阐明关于危险还是冒险的争辩。

在这些书中，荒野风景是经历冒险和获取经验的载体。关于小说虚构世界的安全性方面，儿童经常到达一些无人监管和危险的空间，因此城市荒野的特质也逐渐被认可。在这些故事中，儿童想进入荒野和进行冒险时遇到的阻碍也显示了出来，而且得到正面解决。水被用来象征旅途和独立，独立的选择正是获得力量的关键。污垢的释放、歹徒的暴露、黑暗的呈现、无人看护的玩耍与找到的物品一起见证了每个角色学习技能和成长的过程。这些主人公们在各自的“荒野”中成长。媒体所宣称的现实世界的恐怖，即儿童作为弱势群体，受到带着童真好奇心、后天习得的判断力和对世界的理解所反驳。与荒野环境的接触是个人成长的代名词。在故事较为平静的情节中，主角利用他们的孤独特质和“差异性”来反思自身及所处的环境。这种独立思考是自我反省的宝贵经验。书中的风景也代表着与自我和与世界的接触。

这些书的一个共同点是主角的历险和父母的陪伴这两种成长方式之间是完全分离的。最常见的是父母被直接从故事情节中删除，以便让主角有机会参与冒险、获得“成长”。很明显，在这些文学作品中，“父母”的角色构成了儿童去到具有挑战性的地方和获得挑战性经历的障碍。“寻常的”、“成人世界秩序下有条不紊的空间”和通过儿童的眼睛偶然发现的“特别之地”之间的界限是绝对清晰的（Cloke and Jones 2005）。因此避免了父母的角色交叉影响到那些富有想象力的空间。这些书提出了一个问题，即对具有挑战性的地方和冒险的经历的理解和享受是否已被“良好教养”的道德准则所抵消。克拉克和琼斯认为，成年世界和童年世界之间严格的界限为“不适当的童年恶作剧和可能不适当的成年人的干预”创造了“空间条件”。父母，

93

图 5.4 车库里的儿童
[摄影：詹姆斯·锡伯莱特（James Sebright），2011]

以及更普遍的成年人，是否也失去了体验孩子气恶作剧的能力呢？

从儿童文学中找到的证据以及这些文学作品的普及性中可以看出，需要采取一种更加平衡的方法来保护儿童和促进儿童的成长。《黑暗物质》三部曲[1]和《暮光之城》的电影版在成年人和儿童中都广受欢迎，这说明这种费解的自由——可以享受具有挑战性的地方和冒险的经历——在成年人和儿童的文化中都是十分珍贵的。成年人把这些书给儿童看，这些书本身也是

1 《黑暗物质》三部曲中仅《黄金罗盘》被改编成了电影。

成年人写的。这样看来，当代父母似乎正运用自己真实的自由体验，为自己的孩子虚构了一个可冒险的世界。

罗尔德·达尔（Roald Dohl）是为数不多的几位真正探讨了淘气父母的可能性的作家之一。他对传统父母榜样角色的不屑态度令人耳目一新，这可能也是他那么受欢迎的原因。在他的书中，父母有可能承担一些不好的后果。如果他们是很沉闷无聊或者不好的父母，他们就会失去自己的孩子。在《玛蒂尔达》(*Matilda*)(Dahl 1988)中，父母被他们的女儿强迫着签下了孩子由别人收养的同意书。最重要的是，淘气的行为是被鼓励和奖励的。在这样的故事中，“成人”和“孩子”的角色被有意识地相互融合。

如果给孩子们学习的空间，他们可以发展自给自足的技能。儿童通过冒险学习，培养了一种责任感，而这种责任感并不总是为成年人预留的。成年人也可以参与一些有创意的和有趣的探索。爬上屋顶和扔泥土并不是只有小说里才会出现的事情。创造性的学习不仅仅是通过学校的课程，也可以通过现实世界中的冒险。孩子们应该学会随机应变，将发现的物品用作游戏和做实验的工具。那些经常被视为反社会的行为往往是有建设性的，并不是学“坏”的预兆，反而是健康的游戏。

95

也可以认为，现实与虚构故事之间的区别已变得过于绝对，这是年轻人接触城市荒野的主要障碍之一。在本章所提到的文学作品中，这条界限并不是那么清晰，而且这种模糊对于读者来说是可信的，是被渴望的和引人入胜的。这些书与“真实”世界之间的明显区别在于，危险的威胁无法避免，而先发制人的行动也无法减少危险，必须理解危险并与之周旋。正如丹尼所说的：“我们生活中大多数令人兴奋的事情，也让我们害怕得要死；但是如果不可怕，就不会那么令人激动了。”

参考文献

Cloke, P. and Jones, O. (2005) ‘Unclaimed territory: childhood and disordered space(s)’, *Social and Cultural Geography*, 6(3): 311-333.

Dahl, R. (1975 [2010]) *Danny, the Champion of the World*, London: Penguin Books Ltd.

Dahl, R. (1988 [2010]) *Matilda*, London: Penguin Books Ltd.

King, C. (1963) *Stig of the Dump*, London: Puffin Books.

Landy, D. (2007) *Skulduggery Pleasant*, London: HarperCollins Children’s Books.

Meyer, S. (2005 [2007]) *Twilight*, London: Atom.

Meyer, S. (2006 [2007]) *New Moon*, London: Atom.

Meyer, S. (2007 [2008]) *Eclipse*, London: Atom.

Meyer, S. (2008) *Breaking Dawn*, London: Atom.

Morpurgo, M. (1984 [2008]) *Little Foxes*, London: Egmont UK Ltd.

Pullman, P. (1995 [1998]) *Northern Lights*, London: Scholastic Ltd.

Pullman, P. (1997 [1998]) *The Subtle Knife*, London: Scholastic Ltd.

Pullman, P. (2000 [2001]) *The Amber Spyglass*, London: Scholastic Ltd.

Sparkes, A. (2009) *Frozen in Time*, Oxford: Oxford University Press.

第二部分
荒野景观案例研究

第6章

棕色煤炭，蓝色天堂——德国卢萨蒂亚露天煤矿修复

蕾妮·德瓦尔，阿尔金·德威特

99　如果你乘坐从柏林到森夫腾贝格（Senftenberg）的列车，然后在格罗布拉申（Großräschen）小镇下车，你会发现自己站在一个荒凉的站台上。另外五条铁轨的存在暗示着，它过去一定很繁荣，但现在，桦树和松树在生锈的钢轨之间接连长出。通往市中心的新柏油路引领你继续前行。如果你沿着这条路走到尽头，呈现的风景就能解释这个有点夸张的名字“Seestraße”，或者说，“湖街”。你看到的是一个曾经的露天褐煤矿场，如今它已灌满了水，成为欧洲最大的人工湖泊链——卢萨蒂亚湖区（Lusatian Lakeland）的一部分。

以前的一份报告恰当地总结了该地区的情况——正从数十年的繁重的煤炭开采活动中恢复过来。格罗布拉申所在的卢萨蒂亚地区，在这方面并不是独一无二的。欧洲各地都有废弃的矿区，例如英国的康沃尔（Cornwall）、法国的北帕斯加来（Nord-Pas de Calais）、捷克俄斯特拉发（Ostrava）周围的地区以及葡萄牙的黄铁矿带。在重工业活动之后，这些地区经济落后，失业率高，景观遭到破坏。尽管都需要根本性的经济、社会和环境变革，但它们处理矿业遗产的方式却截然不同（IBA 2010a）。

从定义上讲，前矿区是荒野景观，即矿采完后形成的荒野景观。建筑物、采矿机械和基础设施要么被拆除，要么被遗弃在一片广阔却荒芜的棕地中（图 6.1）。许多人欣赏这片迷人的后工业荒野，但这片荒芜的土地却让当地人痛苦地回忆起曾经的繁荣。此地该如何处理这种矛盾？能否在不阻碍新的经济发展的情况下保护这些荒地的荒野特征，甚至将其作为该区域崭新未来的基础？这一章将详细分析在卢萨蒂亚矿业衰落后的区域结构变化中，荒野景观所扮演的角色。

能源中心卢萨蒂亚

卢萨蒂亚位于德国的东部。在该地区成为一个矿区之前，它是相当孤立的。那时农业是主要的土地使用方式。1789 年，在劳赫哈默镇（Lauchhammer）周围偶然发现了褐煤，由此开启了采矿的历史。但很快，地表上的褐煤耗尽；

100

图 6.1
卢萨蒂亚废弃矿坑荒野景观中废弃的运输桥[摄影：亨宁·赛德勒（Henning Seidler），2004]

于是就转为竖井开采，然后在 19 世纪末又转为露天开采（GroBer 1998）。褐煤被用于卢萨蒂亚新兴的玻璃、砖和铁工业，取代了泥炭、木炭和木材等燃料（Steinhuber 2005）。后来褐煤在发电厂转化为电力，这也是它当今的主要用途。

第二次世界大战后，德意志民主共和国（GDR）的共产党政权努力使该国能源供应自给自足，因为它无法与资本主义国家进行贸易，而从苏联进口石油的成本又很高。由于褐煤是德意志民主共和国唯一的化石燃料，所有的一切都是为了增加产量，而其产量在 20 世纪 80 年代末稳步增长到顶峰（Wittig 1998）。当时，共 17 个露天煤矿同时作业（Pflug 1998），每年生产近 2 亿吨褐煤（Wittig 1998）。卢萨蒂亚已经成为共和国的能源中心（Steinhubet 2005；Wittig 1998）。大规模露天采矿对环境的影响直到后来才成为一个问题，显然是因为矿场恢复远远落后于挖掘活动（Pflug 1998；Steinhuber 2005）。

卢萨蒂亚大部分地区都有煤矿。大范围的农业、林业和自然区域被挖掘一空（Drebenstedt 1998；Steinhubet 2005）。而且随着采矿业的扩张，住房面积也被牺牲了。格罗布拉申，卢萨蒂亚的城镇之一，作为矿业兴起后迅速发展起来的一个采矿小镇，就是一个典型的例子。1888 年，艾尔西矿业股份公司在比克根（Bückgen）附近的村庄成立。该公司在格罗布拉申以南建立了总部，还建了几个工厂、工人小区。格罗布拉申正是梅若（Meuro）露天矿场的所在地。然而，一百年后的 1989 年，矿业公司开始挖掘这个城镇的新镇区，因为这里也发现了褐煤。于是约 4000 人不得不被重新安置，而且城镇的一部分建

101

设被拆除了（IBA 2010b）。湖街沿路只剩下三幢特色建筑。这毫不奇怪，卢萨蒂亚有句谚语是“Die Kohle hat’s gegeben, die Kohle hat’s genommen”，即“煤炭带来了繁荣，煤炭也带走了繁荣”（IBA 2010c）。

1990 年德国的统一直接导致了卢萨蒂亚工业的崩溃（Hunger et al. 2005）。丰富而廉价的能源，如天然气和石油，现在可以从其他国家进口。这导致褐煤产量急剧下降。最重要的是，原联邦德国的公司接管了卢萨蒂亚的许多矿业相关企业，仅仅是为了避免竞争而关闭了它们。如此导致了人口的锐减和失业率的激增，因为许多人迁到原联邦德国以寻求更好的机会。以霍耶斯韦达市（Hoyerswerda）为例，它也是一个矿业城镇，自 20 世纪 50 年代以来，居民从 7000 人增加到 70000 人（Baxmann 2004），但在统一后，人口缩减到目前的 38000 人（Stadt Hoyerwerda 2010）。

原卢萨蒂亚矿区是德国经济和社会最薄弱的地区之一（IW Consult 2009）。那些（表面上）怀念曾经的人，仍然怀疑统一后经济的转变是否真的变得更好。

如今，褐煤发电还占德国总发电量的 24%—26%（Schiffer and Maaßen 2009；OECD/IEA 2009），尽管露天采矿会破坏自然景观，而且二氧化碳排放量过高的问题必须通过新的二氧化碳捕获和储存（CCS）技术来解决（OECD/IEA 2010；Vattenfall Europe AG 2010）。目前，卢萨蒂亚还有三座大型露天煤矿，每年生产近 6000 万吨褐煤（Schiffer and Maaßen 2009）。

后矿业的荒野景观

在卢萨蒂亚，褐煤的储存深度为 40—120 米（Pflug 1998）。在露天开采过程中，大型运输机桥先将覆盖层沉积物挖走，开采结束后又运输回原来的地方（图 6.2）。开采作业中，更小的机器会挖掘坑底的褐煤，然后用传送带将其运送到附近的发电厂。这种机械装置在景观中缓慢移动，完全改变了土地的状态，影响了土地的动植物、地下水位和土壤。

新覆盖的土壤非常不稳定，是因为没有时间通过自然过程来稳定，因此潜在严重的滑坡风险（Steinhuber 2005）。被翻到地表的土壤沉积物导致表层土壤和地下水酸化。大型排水系统是保证深坑在开挖过程中免受地下水浸没的必要条件，它在卢萨蒂亚的大部分地区造成严重的水土流失（Drebenstedt and Möckel 1998）。土壤固结、酸化和土壤结构不良问题严重，土壤生物活性很低甚至没有，使新覆盖的土壤非常贫瘠。如果没有人为干预，它们可能会裸露几十年（Katzur and Haubold-Rosar 1996）。采矿机在倾倒区留下隆起的土坡以待铲平。土坡旁边，是个巨大的坑，体积与挖出的褐煤相同。

如前所述，德国统一前，矿山恢复与挖掘作业并不同步，这扩大了露天采矿对其周围环境的影响。在德国统一导致的矿业崩溃后，昔日的发电厂、

102

图 6.2
作业中的卢萨蒂亚露天矿场，其背景是发电厂[摄影:瑞安妮·努特(Rianne Knoot)，2008]

焦炉和型煤厂变成了荒凉的废墟。遗留下来的机器和旧工业建筑还反映着采矿和工业的鼎盛时期。

20 世纪 90 年代卢萨蒂亚后矿业的景观,甚至可以与月球或火星相媲美。如果最终新生的松树得以生长，那么这里的风景看起来就会像一片大草原。这种奇异的画面与卢萨蒂亚原本平坦、潮湿、半开放的乡村景观形成了强烈的对比（Baxmann 2004）。

103

来自外地的人们被这片陌生的风景所吸引。他们在粗糙、荒凉、死寂和不祥的气氛中看到了景观隐藏的特质。他们体验了一次冒险、刺激的与众不同的废弃矿坑之旅。这个地区曾经是一个重要的工业中心，但现在正处于严重的衰退和经济发展的边缘之中。

然而，如果没有人为干预，后矿业景观需要几百年才能从地形、水文和生态上自我恢复。在此之前，它几乎不能用于农业或其他经济活动。虽然这些场地对外来游客而言可能是令人兴奋的，但许多当地人认为它们是没有价值的荒地，必须加以恢复。

尽管工业崩溃后卢萨蒂亚经济疲软，但也必须解决采矿恢复的赤字问题。由于国家取得了前德意志民主共和国已废弃的矿场，根据法律，它也有责任创造一个安全健康、土地能正常使用的景观系统（Steinhuber 2005）。尽管采矿后土壤贫瘠，但农业、林业和自然发育是最常见的土地新用途（Drebenstedt 1998），因为许多其他用途，例如居住或工业，已从安全角度排除在外。由于财政资源有限，基本上就只考虑以快速和高性价比的方式将土地利用恢复到采矿前的状态。

处理后矿业荒野景观的新方法

德国统一后，越来越多的景观专业人士承认，采矿对卢萨蒂亚的影响如此之深，以至于回到采矿前的状态并不是一个可取的策略。1994 年，卢萨蒂亚建筑师沃尔夫冈·若瑟威格（Wolfgang Joswig）等人对该地区未来的想法成功地说服了地区行政长官（IBA 2010c）。他们认为，为克服工业衰退带来的经济影响，卢萨蒂亚的经济需要变得更多样化。历经了几十年的景观破坏，人们理应得到一个适应高品质生活的环境；然而，通过快速有效的景观恢复完全抹去采矿历史，只会让人觉得过于严苛，也没必要。相反，独特的后矿业荒野景观的存在应该被视为一个机会。因此，利用后矿业荒野景观的潜力进行景观恢复成为区域发展的新战略。

为了执行这一战略，5 个区域的管理部门在勃兰登堡州的支持下，设立了普鲁斯勒州国际建筑展（IBA）。自 2000 年以来，IBA 发起了关于后矿业的新对话。卢萨蒂亚的参与者受到了 IBA 在鲁尔地区的埃姆舍公园（1989—1999 年）的启发，该公园成功地引导了后工业地区的改造，利用了工业的遗留物，而不是将其消灭。

104

IBA 认为卢萨蒂亚是“欧洲最大的工地景观”。在其愿景、规划概念和 30 个具体项目中，IBA 整体考虑区域转变的环境、社会和经济方面。其出发点始终是后矿业荒野景观，但处理这种荒野景观的方法因地而异。下面是三个例子。

卢萨蒂亚湖区

早在 20 世纪 60 年代，德国景观设计师奥托·林德（Otto Rindt）就曾设想将矿坑改造成湖泊，并通过可通航的运河将它们连接起来（Reitsam 1999）——为当地人和游客打造一个“蓝色天堂”，让曾经不适宜居住、不可进入的矿区变得更加安全。在联邦政府和州政府的资助下，卢萨蒂亚和德国中部矿业管理公司（LMBV）目前正在为十个湖泊注水，这些湖泊之后将由十几条运河相连。

沿着湖岸，旅游业的基础设施正在从无到有地发展。一个广阔的骑行道网络正在建设中。湖滩和公园提供了躺下放松、游泳和运动的机会。吸引投资者新开咖啡馆、餐馆、酒店、露营地、度假村、游艇租赁处和潜水培训中心。湖区的一些区域仍将受到限制，一部分原因是可能发生山体滑坡，但主要还是因为这些区域都是自然保护区。不出十年，这个原本干燥的地区将成为欧洲最大的人工湖区（Von Bismarch 2010）。IBA 旨在通过整合的规划理念、新颖的建筑设计和壮阔的景观设计，使该地区有别于其他湖区。除了主张通过通航运河将十个湖泊连接起来，IBA 还规划了几处沿湖的地标建筑，并发起了土地艺术项目，努力提高卢萨蒂亚不可或缺的重建活动的空间和建筑质量。

将矿坑改造成湖泊是矿区恢复的一种有效途径，省去了填坑的大量地面工作。采矿引起的地形变化是开发土地新用途的基础，而注水为湖是对采矿历史的独特借鉴。20 世纪 60 年代，霍耶斯沃达和赞弗腾山附近湖泊的形成，也都遵循了奥托·林德（Otto Rindt）的理念，表明了露天矿坑注水为湖可以形成地质上安全而且有吸引力的休闲景观（图 6.3）。重建安全、稳定、可持续的土壤和水系统的职责亦因此成为新兴旅游业发展的踏脚石（Mülier 1998），并作为卢萨蒂亚经济多样化的一种途径。

图 6.3
卢萨蒂亚湖区旅游业的发展：赞弗腾山湖的湖滩（摄影：蕾妮·德瓦尔，2007）

塞尔曼的自然景观——Wanninchen

在卢考（Luckau）附近，一个占地 3000 公顷的废弃矿场则采用了另一种开发方法。该废弃矿场被海因茨·塞尔曼·施蒂夫通（Heinz Sielmann Stiftung）收购，这是一个自然保护的私人基金会。在塞尔曼的一处自然景观——以这个被采矿摧毁的村庄命名的 Wanninchen 中，LMBV 只采取了最低限度的措施来保障地质安全。与别的矿坑相比，这个矿坑没有人为注水。虽然已经建造了一些小岛和斜坡驳岸，但由于地下水缓慢的浸没，就没有人为采取防止侵蚀和滑坡的措施（图 6.4）。

图 6.4
塞尔曼的自然景观 Wanninchen［摄影：弗兰克·多林（Frank Doring），2010］

因此，部分地区不对公众开放。这对游客来说是一个缺点，但却让自然在不受干扰的情况下重新支配了这个地方。通过这样的方式，森林、水、沼泽和沙丘的动态景观得以不断发展。亦证明了酸性水和裸露、干燥、贫瘠的土壤可为先锋物种提供栖息地，紧随其后还会有鸟类和两栖动物。在 IBA 的支持下，教育和旅游项目的开发过程与一个信息心中心联合，使其过程可见，也展示了处理后矿业景观的另一种方法（IBA 2010c；Heinz Sielmann Stiftung 2010）。

106

韦尔措景观项目

IBA 最具争议的想法是一个最初命名为“韦尔措沙漠 / 绿洲”（Desert/Oasis Welzow）的项目。作为南韦尔措矿场采矿过程的一部分，场地中的机械装置也会帮助塑造矿坑的未来。多年后，该矿坑的沙漠特征并不像传统方法那样抹去，而是强调成为一个沙丘高耸、中间是一片“绿洲”的沙漠（图 6.5）。如果实现，这将是一个独特的土地艺术项目，且作为一个休闲景观吸引国际关注并提升该地区的经济效益。

“韦尔措沙漠 / 绿洲”只是昙花一现。虽然矿业公司对该项目很感兴趣，但由于技术问题无法实现。不过，更大的问题是来自韦尔措市及其周围村庄大部分居民的抵制。人们不相信该项目作为旅游景点能带来什么经济效益，也更害怕沙尘暴袭击他们的房子。最重要的是，与矿坑朝夕相对数十年的生活使人们更加渴望采矿时代之前的绿色田园风光。对他们来说，创造这样一个毫无价值的景观是没有意义的。在第一批图纸提交 6 年后，这个项目被取消了。

图 6.5
“韦尔措沙漠 / 绿洲”效果图——从想象中的酒店窗口看去（来源：Archiscape/bgmr，2002）

不过，将经营中的矿场用于旅游的想法并没有完全丧失。由韦尔措市和采矿公司资助的一个协会成功地组织了参观，向游客展示了令人印象深刻的采矿过程和奇异的矿坑景观（IBA 2010c）。

后矿业的荒野景观会成为一处天堂吗？

在卢萨蒂亚湖区，后矿业荒野景观的物理特质被利用起来，创造了一个可供休闲和旅游的人工湖区。随着经济和环境的发展，荒野景观的冒险性逐渐消失了。在这种情况下，后矿业的荒野景观更像是一种“中间景观”，一种短暂的景观，将逐渐让位给另一种结构更加严谨的湖泊景观——“蓝色天堂”。

在 Wanninchen，从自然演替的第一阶段起，就有针对性地利用后矿业荒野景观的特定自然条件进行自然发展。由一个私人基金会提供资金当然是一个关键条件，表明了这片土地受到一些人的重视，但这并不适用于卢萨蒂亚所有的采矿后地区。在这种情况下，后矿业荒野景观也是介于两者之间的景观，但自然的演替过程将比卢萨蒂亚湖的人为注水要漫长得多。107 越来越多的人有兴趣参观这个地区，来观察在这片奇异的、光秃秃的土地上的演替过程。

在最后一个项目，“韦尔措沙漠 / 绿洲”中，如前所述的后矿业荒野景观特征激发了设计一个用于休闲目的的、安全可控的荒野景观的想法，即作为一处精致的荒野景观。事实上，这到底是不是荒野景观还是个问题，因为它不是以前土地利用的副产品，而是一种故意营造的景观。

这三个不同的案例都说明了，规划和设计概念该如何处理后矿业的荒野景观，令其为开发提供机会。是否有可能在不阻碍经济发展的情况下保护这些荒地的荒野特征，甚至将其作为该区域新未来的基础，这个问题仍然难以明确回答。但这些案例确实引发了一些有趣的想法。

108 前两个案例表明，后矿业荒野景观的独特性可以为休闲、旅游和自然开发提供良好的物质基础。然而，那种危险的或具有冒险氛围的，典型的荒野景观很难保留，因为后矿业的荒野景观确实威胁到人们的安全。这使得大规模保留荒野景观是不可行的。此外，与更整洁、更安全和更有条理的环境形成鲜明对比，才是荒野景观是最有价值的。城市荒野景观是密集的文明开化网络中的一丝安慰，这使得它们被人接纳且令人振奋——虽然，仅限小尺度内。然而，一旦扩展到区域尺度，正如卢萨蒂亚的案例表明的，区域景观若不安全且没有使用或经济价值，那就是不可接受的。

尤其是第三个案例，说明很难将后矿业荒野景观的冒险氛围作为景观设计的基础。当地人和外地人对后矿业荒野景观的感知和评价似乎存在差异。虽然远道而来的游客对卢萨蒂亚非凡的风景和历史很感兴趣，但当地人渴望看到本地崭新而繁荣的景象。以一种可控的、安全的，但人为的、不真实的方式来精炼荒野景观，就像在韦尔措的案例中，不过是一种空想罢了，因为精炼的荒野景观在本质上就是一种矛盾（术语上的矛盾）。

也许唯一能利用后矿业荒野景观的冒险性和令人兴奋的特性的方法就是珍惜并使其成为可达的真实遗迹。例如，采取像 Wanninchen 这样的自然景观的形式，或者把使用中的矿场作为旅游景点，正如韦尔措现在那样。废弃矿坑的一小片荒野，在健康、合理利用、经济价值和不断进步的环境中，就像昙花一现般短暂。这种景观的短暂是不可避免的，甚至促成了它们非凡的品质。也正是这种短暂性使后矿业的荒野景观成为天堂。

参考文献

Baxmann, M. (2004) *Zeitmaschine Lausitz, Vom 'Pfützenland' zum Energiebezirk, Die Geschichte der Industrialisierung in der Lausitz*, Dresden: Verlag der Kunst.

Drebenstedt, C. (1998) 'Planungsgrundlagen der Wiedernutzbarmachung', in W. Pflug (ed.) *Braunkohlentagebau und Rekultivierung*, Berlin: Springer.

Drebenstedt, C. and Möckel, R. (1998) 'Gewässer in der Bergbaufolgelandschaft', in W. Pflug (ed.) *Braunkohlentagebau und Rekultivierung*, Berlin: Springer.

Großer, K. (1998) 'Der Naturraum und seine Umgestaltung', in W. Pflug (ed.) *Braunkohlentagebau und Rekultivierung*, Berlin: Springer.

Heinz Sielmann Stiftung (2010). Online: www.sielmann-stiftung.de (accessed 5 August 2010).

Hunger, B., Weidemüller, D. and Westermann, S. (eds) (2005) *Transforming Landscapes: Recommendations Based on Three Industrially Disturbed Landscapes in Europe*, Großräschen: International Building Exhibition (IBA) Fürst-Pückler-Land.

IBA Fürst-Pückler-Land (ed.) (2010a) *Bergbau Folge Landschaft/Post-mining Landscape*, Berlin: Jovis-Verlag.

—— (2010b) *Project 1: IBA-Start Site at Grossräschen-Süd* (updated 29 April 2010). Online: www.iba-see2010.de/en/projekte/projekt1.html (accessed 21 April 2010).

—— (2010c) Neue Landschaft Lausitz/New Landscape Lusatia, Berlin: Jovis-Verlag.

IW Consult (2009) *Regionalranking 2009, Untersuchung von 409 Kreisen und kreisfreie Städten*, Köln: Institut der deutschen Wirtschaft Köln Consult GmbH.

Katzur, J. and Haubold-Rosar, M. (1996) 'Amelioration and reforestation of sulfurous mine soils in Lusatia (Eastern Germany)', *Water, Air, and Soil Pollution*, 91: 1-2. Online: www.springerlink.com/content/p7164132783pk08l (accessed 30 April 2010).

Müller, L. (1998) 'Freizeit und Erholung', in W. Pflug (ed.) *Braunkohlentagebau und Rekultivierung*, Berlin: Springer.

OECD/IEA (2009) Share of total primary energy supply in 2007. Online: www.iea.org/stats/pdf_graphs/DETPESPI.pdf (accessed 30 April 2010).

—— (2010) *Carbon Dioxide (CO2) Capture and Storage (CCS)*. Online: www.iea.org/subjectqueries/cdcs.asp (accessed 30 April 2010).

Pflug, W. (ed.) (1998) *Braunkohlentagebau und Rekultivierung*, Berlin: Springer.

Reitsam, C. (1999) 'Otto Rindt', *Garten + Landschaft*, 5: 37-40.

Schiffer, H. W. and Maaßen, U. (2009) *Braunkohle in Deutschland 2009: Profil eines Industriezweiges*, Köln: DEBRIV Bundesverband Braunkohle.

Stadt Hoyerswerda (2010) *Stadtporträt.* Online: www.hoyerswerda.de/index.php?language=de&m=1&z=236.65#content (accessed 10 April 2010).

Steinhuber, U. (2005) 'Einhundert Jahre bergbauliche Rekultivierung in der Lausitz: Ein historischer Abriss der Rekultivierung, Wiederurbarmachung und Sanierung im Lausitzer Braunkohlenrevier', unpublished doctoral thesis, Olomouc: Palacký Universität.

Vattenfall Europe AG (2010) *CCS: eine Technologie für den Klimaschutz.* Online: www.vattenfall.de/de/das-ccs-projekt-von-vattenfall.htm (accessed 9 January 2011).

Von Bismarck, F. (2010) 'Land in motion: opencast restoration and recultivation in Lusatia', in IBA Fürst-Pückler-Land (ed.) *Bergbau Folge Landschaft/Post-mining Landscape*, Berlin: Jovis-Verlag.

Wittig, H. (1998) 'Braunkohlen-und Sanierungsplanung im Land Brandenburg' in W. Pflug (ed.) *Braunkohlentagebau und Rekultivierung*, Berlin: Springer.

109

第7章

上海的荒野景观——以2010年上海世博会后滩湿地公园为例

李一晨

111

引言

上海是中国最大的工业城市，占地面积约6340平方公里，其中工业用地约1100平方公里，包括920平方公里的工业开发区（多在市郊）和180平方公里的传统制造业区（多在中心城区）（He 2005）。2000年起，为创造一个可持续的城市环境，上海政府开始将高污染工业（多为传统制造业，如钢铁工业和船舶工业）从中心城区迁往郊外。到2006年底，约90%的高污染的工业已从市中心迁至近郊农村（Office of Shanghai Government 2009）。这些后工业用地的改造修复工作随即展开了。在这些改造项目中，2010年上海世博会是上海乃至中国最大、最重要的一个。

世博会是世界各国人民展示历史文化、交流信息、加强合作、展望未来的重要舞台。2010年，已有150年开办历史的世博会在中国举行。

2010年世博会的目标是吸引200个国家和国际组织、7000万游客、25个合作伙伴和赞助商以及广大公众参与。为实现这一目标，世博园区不仅是供世博展会使用的，更是作为一个功能复合的高效空间而开发。

2010年上海世博会会址位于市中心南浦大桥和卢浦大桥之间。场地选址是基于该处优越的交通条件——与地铁、桥梁、隧道、高速公路和交通枢纽有着良好的交通联系。世博园占地5.28平方公里，其中3.93平方公里在浦东，1.35平方公里在浦西。封闭区域（凭票入场）3.28平方公里，周边服务区域2平方公里。白莲泾在场地的浦东段与黄浦江相接，创造了一个宜人的滨水区域（图7.1）。

2010上海世博会会址

历史上，2010年世博会场地最初是在19世纪与英国的第一次鸦片战争后开发的。战争结束于1842年，当时签订的《南京条约》规定上海等通商口岸必须对外开放。黄浦江与白莲泾的交汇处成为工业和航运贸易的理想地点。后来，江南造船厂的前身江南制造局于1865年在浦西建立。江南制

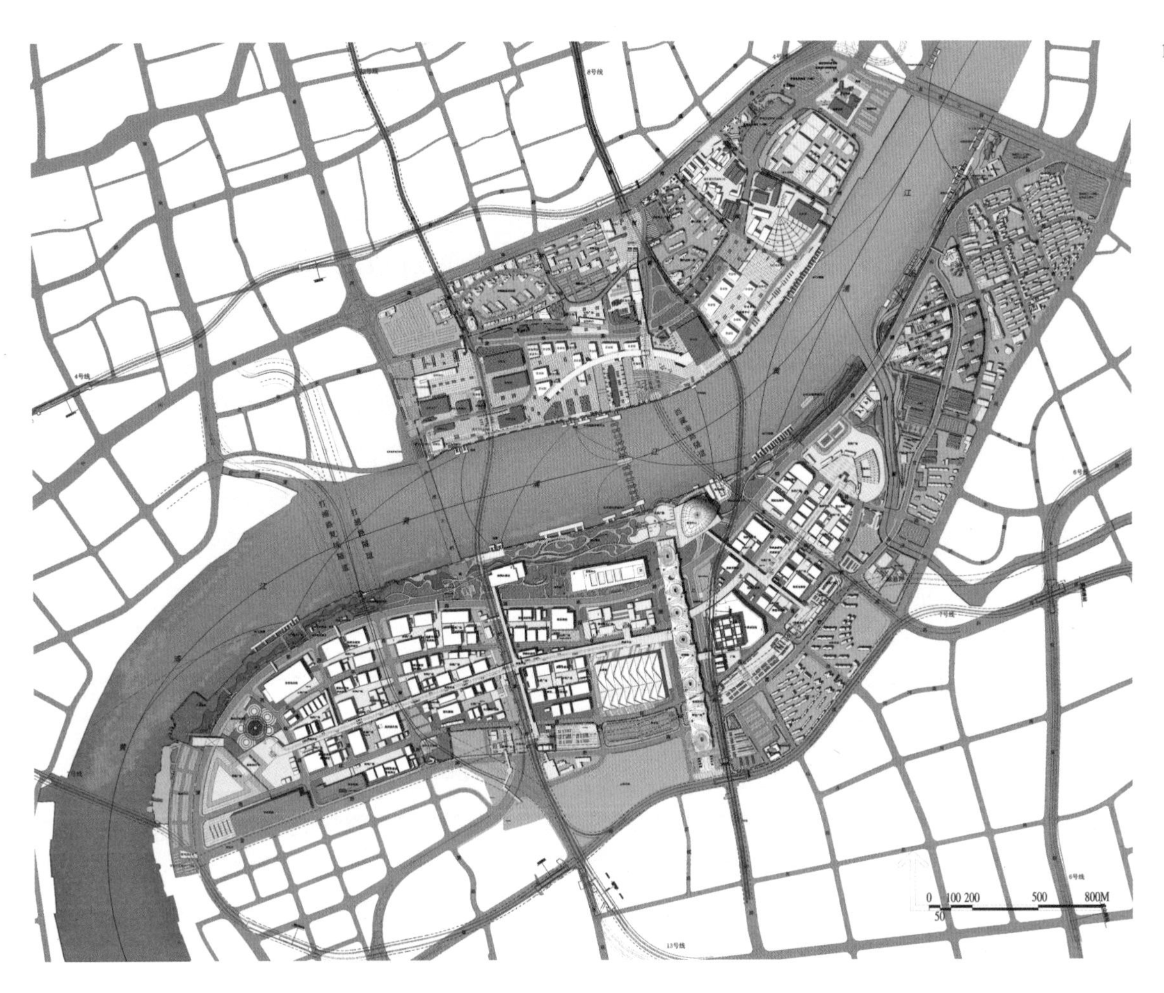

图 7.1
2010 年上海世博会总体规划（绘制：上海城市规划设计院）

造局的巨大成功奠定了中国现代工业的基础。其他的民族造船商、化工厂、商贾纷纷效仿江南制造局，民族工业在随后的几十年里发展迅速（图 7.2）。随着工业发展，本地工厂和码头工人在此建立了几个定居点。

图 7.2
世博园区场地在其工业鼎盛期的景象（摄影：佚名，推测为 20 世纪 40 年代）

第二个发展阶段则在 1949 年后。新成立的中华人民共和国中央政府立即制定了明确的上海发展战略。新规规范并加强了航运和重工业市场。这种稳定的经济环境促使了新的物流中心和工厂落户浦西。为了提高本地居民的生活水平，政府在原有的居民点中建设了新的住宅区。与此同时，浦东仍然被第二次世界大战遗留的废弃用地和农业用地所占据。

113

第三个发展阶段始于 1991 年，在改革开放后。在这一阶段，新的开发主要集中在浦东。轻工业、高新技术产业和船舶工业取代了原来的农田和荒地。在这些产业的周围，新的社区不断涌现。

后来，随着大部分重工业迁出上海市区，该区域逐渐空置。2002 年把这里确定为上海世博会举办地址。

场地过去、现在和未来的用途

浦西和浦东的后工业用地面积分别约为 1.1 平方公里和 3.5 平方公里。场地的其余部分是住区，其中大部分建于 1970—1980 年间。场地原有的自然环境比预期的要差：经过 100 年的工业生产，土壤重金属污染严重，影响植被生长、限制人类活动。不过，一个占地 2.25 公顷的自然湿地“后滩”仍然存在于浦东新区西部的棕地区域内。黄浦江沿岸数百年来泥沙淤积形成了潮滩。世博会顺应“城市，让生活更美好”的口号，采取了一种可效仿的、可持续的方式，保留了后滩湿地并将它扩建为一个城市湿地公园。关于后滩湿地公园的详细介绍将在下一节中给出。

上海世博会的规划考虑了适当的步行距离和游客感知等因素。战略规划将世博会场地划分为一个主园区和多个副园区，其中两个在浦东，一个在浦西。主园区位于黄浦江滨江绿地旁（图 7.1）。世博园区分为五个区域。在每个区域内，都有一组包含公共设施的亭子，涵盖了小型餐厅、商店、电信、厕所和医疗服务等设施。

114

场地的主要用途由以前的工业功能转变为世博会的展览、会议和文化用途。很多工业建筑被保留下来，并根据其条件、位置和历史价值进行了翻新，以供展览和会议使用，或改为公共设施。还有一些作为城市不可移动文物保护起来。其余的被拆除，取而代之的是城市公园绿地和广场。

现在世博会已经结束，场地被改造成一个多功能区域，置入不同的业态（展览、活动中心、商务、娱乐、教育和上海工业历史的纪念地）（Wu 2010a）。

后工业景观之途：世博园区后滩湿地

后滩湿地公园是世博园区西侧的一个生态公园，由黄浦江沿岸原有的天然湿地发展而来，全长 1.7 公里。整个公园占地约 13.43 公顷，包括 2.25

公顷的天然湿地（图 7.3）。后滩场地比较平坦，海拔 4—7 米。场地西南侧有 100 米长的滩涂，缓坡倾斜至黄浦江（Yu et al. 2007）。

场地中自然生长的植被与原工业构筑并存。2004 年，上海第三钢铁厂迁出，留下了几座大型工业厂房和生产设施，如龙门吊、浮船坞、轨道、高架管道和储罐，这些都反映了已不复存在的工业特质。

天然湿地的潮差为 3 米，位于河岸和防汛墙外。因此，这一区域几乎没有人类活动，减轻了重工业造成的污染。防汛墙建成后，河滩覆盖上了植被，因而保护了后滩湿地。未受干扰的环境为多种动植物提供了栖息地，包括禾本科和菊科草本植物 50 种、木本植物 12 种、浮游植物 45 种、原生动物和缓步动物 25 种和底栖动物 18 种（Zhang 2007）。

项目从一开始就面临两项主要挑战：

1. 现有湿地在保护过程中是否应该直接进行人为干预？如果不，这片湿地将如何恢复和维护？

2. 如何保存和利用该地的遗产和文化？

根据实地调查和分析，现有的天然湿地面临着两大威胁。一个来自以前的钢铁厂。钢铁厂的工业废料长时间沉积了重金属（铁、铜和锌）。由于感潮作用，这些元素已经渗透到地下，对此处的野生动物造成了严重的污染，破坏了湿地生态系统。另一个威胁来自被列为“重度污染”的黄浦江，其有害物质含量超过环境质量标准（EQS）规定的十倍以上，动物群缺失或严重受限（Shanghaiwater 1998；Office of Scottish Environment Protection Agency 1974）。不过由于天然湿地的净化功能，尽管生态系统被判定为“受影响”，湿地内的水质“尚可”，符合 EQS 标准，可维持低级鱼种群，甚至有可能出现鲑鱼。

115

图 7.3
后滩湿地公园总平面图
（绘制：土人设计）

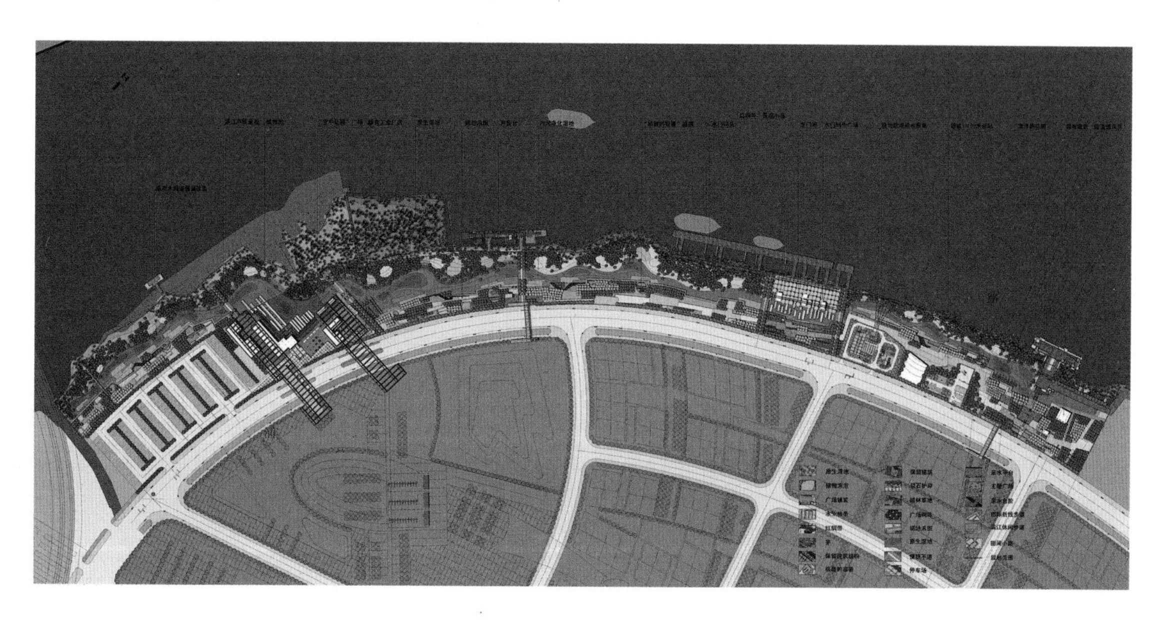

天然湿地在吸收二氧化碳方面起着非常重要的作用，如本案中，有助于缓解城市的热岛效应。因此，后滩湿地对上海的生态系统十分珍贵。为了治理污染、恢复湿地，必须进行人为干预。这就引出了另一个问题，即城市湿地公园的功能需要的干预程度，以及如何在湿地生态系统中找到良好的生态平衡。经有关专家长期讨论和方案比选，确定了最终方案，即在天然湿地南侧建设人工湿地，自西向东贯穿整个场地，与黄浦江相连（图 7.3 和图 7.4）。中间的河道平均宽度约 10 米。在天然湿地和人工湿地之间的滨 116 水步道，在高度城市化的环境中，为游客创造了一个富有荒野特质的湿地的游憩机会。除了增强和补充原生生态系统外，人工湿地还具有净水功能，并且本身就是一个景点。新的水处理技术，加上天然湿地动植物的引种和增强，建立并维持了一个健康的湿地生态系统。虽然两个湿地的水文没有联系（为了尽量减少人工湿地的受到的污染），但是仍有相互作用通过江潮波动发生，因此外部湿地环境得到了改善。

除了重塑湿地生态系统，人工湿地在世博园区中还发挥着另一个重要作用：净化用于浦东园区绿地灌溉的水源。据称将生态水处理技术与湿地动力相结合，能够打造高效净化系统（Wu 2010b）。117 水从黄浦江分流到人工

图 7.4
后滩湿地公园：（左上起）由黄浦江沿岸现有的天然湿地发展而来，全长 1.7 公里；在天然湿地和人工湿地之间的滨水步道，在高度城市化的环境中，为游客创造了一个富有荒野特质的湿地的游憩机会；场地中自然生长的植被与原工业构筑并存；一条平均宽度为 10 米的水道穿过人工湿地的中部（摄影：李一晨，2010）

湿地西端的河道中，然后经过净化系统，最后水质应该达到与天然湿地相同的标准，适用于灌溉。

场地与文化遗产

为表达场地的文化背景，后滩湿地公园依时间轴进行设计。场地经历了三个不同的发展时期，即完全自然、农耕和工业时代（Yu et al. 2007）。方案最终将这种文化背景表现在三种不同的景观中。

在唐朝（618—917年）之前，这片土地没有人类活动。当时的上海只是一个小渔村，整个场地都是湿地——一个未受干扰的生态系统，动植物丰富。农耕始于唐代，延续了1000多年。而随着19世纪现代制造业的发展，重工业很快开始取代农田，土地的产出从谷物变成了工业产品。这种急剧的变化标志着上海和中国近代工业的诞生。与此同时，也带来了严重的环境污染。

天然湿地、人工湿地与滨江景观的结合，旨在唤起游客对原有景观要素的追忆。通过城市生产的理念，回溯了农耕时代的特征。不同种类的农作物，如水稻、小麦、向日葵和玉米等被种植在场地南部的梯田中。设计团队希望这一富有生产力的景象能够提高景观多样性，而且能作为一个实验性城市生产基地开放给大学生和研究人员。最后，还选出一些文物遗迹，作为现代工业时代的象征修复，包括龙门吊、浮船坞、轨道、高架管道和厂房建筑。根据场地规划将这些遗存进行改造，作为景点置于公共开放空间中，使其成为新景观的一部分。例如，“空中花园”广场位于场地南部，靠近后滩湿地公园主入口之一。广场的核心部分是一个只保留了钢桁架的工业建筑（图7.5）。广场包含了多种设施，包括一个游客中心、一个科普中心和其他公共设施诸如咖啡馆和厕所等。建筑周围的环境已经改造为与人工湿地的过渡，将这片“死寂之地”变成了一处引人入胜的核心景点。

上海后工业时代土地开发的途径

虽然大多数西方国家完成了第二产业的原始资本积累，并在20世纪末开始将其第三产业发展为国民经济的主要部分，但农业仍然是中国大多数人口的主要经济活动。据1990年人口普查，约79%的人口是农民（He 2005）。当时，东部沿海城市的第二产业是中国的经济支柱。为发展经济，中国必须缩小与发达国家的发展差距。但如果继续遵循传统的经济发展模式，从第一产业逐步发展到第三产业，那么发达国家工业城市所面临的问题，如城市收缩和人口减少，也会出现在中国。因此，中央政府2003年的“十一五”规划中，在第一、第二产业转型的同时，提出了基于创意产业的“城市产业”这一新概念（Office Shanghai Government 2009）。

118

图 7.5
广场的核心部分是一个只保留了钢桁架的工业建筑（摄影：上海城市规划设计院，2009）

根据“十一五”规划，上海后工业用地再开发的思路是非常清晰的。119 在过去的 10 年里，大多数后工业用地已经改造以容纳创意产业。上海第一个创意产业企业于 1998 年落户于一栋 2000 平方米的工业建筑内（Office Shanghai Government 2009）。这栋建筑经过改造翻新，摇身一变为设计工作室。到 2008 年底，上海的创意产业园区约有 100 个。6000 多家艺术、设计、广告、音乐等不同领域的创意企业落户于此，这个行业也产生了可观的收入（China News 2010）。2008 年创意产业产值超 3410 亿英镑，占上海 GDP 的 7% 以上。截至 2008 年年底，至少有 30 万人从事创意产业，这已成为上海市经济增长的新领域（Office of Shanghai Government 2009）。

如今判断一个城市是否适宜居住，已不再取决于这个城市的经济增长有多快，以及这个城市能提供多少就业岗位。作为中国最大的工业城市，上海在中心城区具有深厚的后工业开发的潜力。而引入创意产业正是复兴这些后工业用地的最佳方法。不过这种做法政府收益远高于城市居民。因此，理应探索处理这些工业遗址的新方法，不仅要有助于地方政府发展城市经济，而且还要提高城市居民的生活水平。将世博园区改造为多功能园区，是实现后工业园区改造效能最大化的一次有益尝试。

参考文献

China News（2010）*The Initiation of Shanghai's Largest Creative Industrial Project.* Online：www.chinanews.com.cn/cj/cj–cyzh/news/2010/04–01/2204159.shtml（accessed 1 April 2010）.

He，Z.（2005）*Creative City and Creative Industry：The Exploration and Practice of Shanghai Creative Industry.* Online：www.soufun.com/news/2009–05–26/2596427.htm（accessed 16 November 2010）.

Office of Scottish Environment Protection Agency（1974）*River Classifications Scheme*，*Annex 1.* Online：www.sepa.org.uk/science_and_research/classification_schemes/river_classifications_scheme.aspx（accessed 16 November 2010）.

Office of Shanghai Government（2009）*The Connection between Creative and Industry.* Online：www.shanghai.gov.cn/shanghai/node2314/node2315/node4411/userobject21ai366940.html）（accessed 14 October 2009）.

Shanghaiwater（1998）*The Water Source Bulletin.* Online：www.shanghaiwater.gov.cn/web/sw/98_5.jsp（accessed 16 November 2010）.

Wu，Z.（2010a）*2010 Shanghai EXPO Construction Series：Landscape Section*，Beijing：China Building Industry Press.

——（2010b）*Sustainable Planning and Design for the World Expo 2010 Shanghai China*，Beijing：China Building Industry Press.

Yu，K.，Ling，S.，and Jin Y.（2007）'Back to riparian wetland：the Houtan park of Shanghai 2010 Expo'，*Urban Environment Design*，5：54–59.

第8章

哥本哈根克里斯蒂安尼亚自由城——不寻常的公地[1]

玛丽亚·赫尔斯特伦·赖默尔

120

引言

瑞典和丹麦之间厄勒海峡（Øresund）两岸多年来的繁荣发展，造就了一幅令人惊叹的城市景观画卷。在瑞典一侧的马尔默（Malmö），新的地标性建筑圣地亚哥·卡拉特拉瓦（Santiago Calatrava）旋转高楼，耸立在旧渔港和码头后面。这栋由劳工运动住房协会[2]建造的大厦，其新方式的呈现标志着个体与群体空间关系的新时代的到来。兼具舒适性和可达性的螺旋式大厦不仅与周围环境融为一体，而且已经成为一个与时俱进的福利社会的象征。

与此同时，在丹麦一侧的大都会哥本哈根也在日益扩张。它的最新衍生物——欧瑞斯塔（Ørestad），为新兴创业阶层的社会活动提供了一个新的舞台。在让·努韦尔（Jean Nouvel）的哥本哈根音乐厅耀眼光芒的映衬下，亨宁·拉森（Henning Larsen）的新 IT 大学建筑向人们展示了自身的独特魅力，而沿着无人驾驶基础设施的路线往下走[3]，BIG 的梯田状住宅建筑的高低起伏与丹麦的平原形成了鲜明的对比。丹尼尔·里伯斯金（Daniel Libeskind）也响应了新城区的号召，在一个时髦的营销视频中展示了一系列欧瑞斯塔新城的公共空间。“对我来说”，里伯斯金一口饮尽浓缩咖啡，说道，“建筑完全是为人服务的——没有人享受的建筑是毫无意义的。”[4]

但在当前的城市发展中，人们却很难认识到这一点。目前展现在我们周围的城市景观在多大程度上是为“人”设计的？它们能提供什么样的“享受”感觉？又有什么“意义”？

---

1 这篇文章的瑞典文版标题为“Den avvikande allmänningen”（异常的公地）。曾与罗斯基勒大学（Roskilde Universitetscenter）合作发表于 Pløger，J. and Juul，H.（eds）（2009）Byens Rum 1.5. Juul and Frost Arkitekter。

2 “扭动躯干”（Turning Torso）为瑞典租住合作住房协会（HSB Swedish Tenant-Owner Cooperative Housing Association）所有，并由其管理，该协会是一个拥有 35 万家租户的非政府组织。HSB 成立于 1923 年，是现代瑞典发展的主要参与者之一。

3 连接欧瑞斯塔及其周围环境的地铁系统由无人驾驶列车提供服务。

4 网址：www.orestaddowntown.dk（2010 年 4 月 26 日访问）。

"城市景观"以不同的形式出现，有着不同的内涵。作为一种现代概念，城市景观展现了一种包容的、持续的合理性，并作为一块有序、轻盈且栩栩如生的背景板，正如勒·柯布西耶（Le Corbusier）谈及居住与生活的区别时所说的，它将有助于"从我们的内心和头脑中清除所有已死的概念"（Le Corbusier 1927/2008：210）。[1] 今天的城市景观已经拥有更广义的内涵，它意味着机会和期望，也意味着休闲和奇迹。如果它曾经与社交上的烦扰和苦恼联系在一起，那么它现在更像一个能够提供亲切交往机会的弥漫着咖啡香味且丰富多彩的环境。或者，正如哥本哈根开发商的广告"随心而至欧瑞斯塔（或者随地铁而至）"（图 8.1）。

时至今日的开发商，不但把城市景观推广为科技创新和经济发展的温床，也把它推广为新生活方式的温床。他们看似真诚地说出了一套实际激进的辞令，即"城市转型"和"更替"。然而，就在新兴的大量城市景观之外，所谓的多样性仍然有其他畸变。

克里斯蒂安尼亚自由城就是这样一个例子。在其他区域的新建筑玻璃幕墙折射光芒的映衬下，哥本哈根市中心这个已有 40 年历史的破旧自治区，看

图 8.1
上图："随心而至欧瑞斯塔（或者随地铁而至）"截自城市和港口发展协会 2008 年的主页；下图：截自纪录片《克里斯蒂安尼亚——存于我心》[来源：尼尔斯·维斯特（Nils Vest），1991]

1　勒·柯布西耶的《走向新建筑》（Vers une architecture），发表于 1923 年，在这个意义上，可以理解为一场有意的运动，将建筑视为景观机器—— 一种产生单一的、视觉上连贯的环境的装置（Le Corbusier 1927/2008：210）。

起来更罪恶了。然而，它的赞歌《克里斯蒂安尼亚——存于我心》(*Christiania——You Have My Heart*) 仍萦绕在空气中（图 8.1）。如果哥本哈根有心脏，那最有可能是在克里斯蒂安尼亚 Bådsmansstrædc 的原军营遗址附近（图 8.2）。

122

图 8.2
上图：克里斯蒂安尼亚一处庭院；下图：布告板左边的历史照片，描绘的是军事要塞时期的同一个庭院（摄影：安娜·乔根森，2010）

去到这个中心地不难："只需乘 8 号公共汽车到公主街（Princess Street）。成本：1 元"（Ludvigsen 2003：22；Hellström 2006：34）。

围墙之外

克里斯蒂安尼亚自由城，这个诞生于 1971 年的城市混合体，如今还幸存着。自由城位于丹麦历史首都的中心，占地 49 公顷，包括现存历史城墙的一半，以及丹麦主要历史地标和遗产景观之一的 Christianshavns Vold[1]（图 8.3）。1916 年时，军事要塞的南部已经被废弃，后被改造成一个公园。1967—1971 年，尽管对该地区没有明确的规划，军方也逐步停止了在其余部分的活动。由于这样的历史背景，加上严重的住房短缺和青年运动的爆发，使得重新开放此区域势在必行。1971 年夏天，附近人口过剩的贫民窟的一些居民来到这里，享受充满绿意的开放空间，甚至开始把一些废弃的建筑用作避暑别墅。与此同时，一个新兴的占地运动看到了机会，开始对禁区进行"征服远征"。这件事发生在 1971 年 9 月 26 日，通常被认为是自由城"正式"建立的时间。在当时的政治环境中，接管计划是明确的："这是从零开

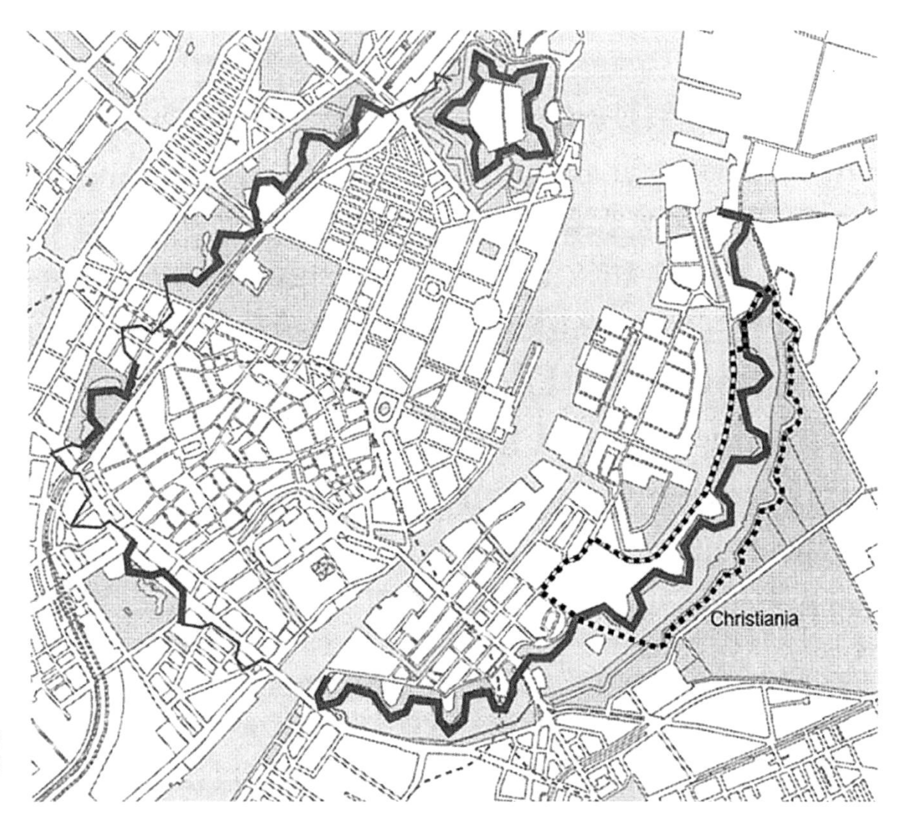

图 8.3
反映克里斯蒂安尼亚与哥本哈根历史上的军事要塞关系的平面图（2004）

1　Christianshavns Vold，防御工事和护城河，可以追溯到 12 世纪，现存连续的堡垒形成的海陆防御工事约建于 17 世纪后半期（Hellström 2006：33）。

始建设一个城市的最佳机会，但在一定程度上仍然是建立在过去的基础上”（Ludvigsen 2003：28）。总之克里斯蒂安尼亚当时有多种可能性。到 11 月，新的城市形式已吸引了数百名居民定居于此。虽然实际上是非法的，但当时这种定居的行为在公众看来似乎就是合法的，在 1972 年，这终于被官方承认为一项社会试验。[1]

124

尽管距离首都的政治中心只有一步之遥，自由城的实际存在仍然非常明显。此外，作为一个非规划形成的社区，它所代表的仅是城市人口的一个截面。它的社会纠纷一直难以忽视。社区更替最新的口号之一也是“你不能根除我们——我们是你们的一部分。”[2] 这口号明确反映了克里斯蒂安尼亚与哥本哈根的关系。作为一个口号，这句话针对的不仅是政治家和开发商，也许主要还是建筑师和规划师等负责制定社区改造规划的人。

迄今为止，市场的力量和总体规划都没有能够抹去自由城。自由城现在约有 900 人口，其中许多人从一开始就住在这里。[3] 即使在过去的 10 年里，它的脉搏已有些衰弱，热度和美丽亦有些褪却；但无论是一部电视纪录片、一场街头戏剧活动、一场合作策划的研讨会，还是一场艺术展，都足以让它恢复过来。

克里斯蒂安尼亚能够避免被根除的原因之一是它采取了一种具有空间意识和美学意识的城市策略。不仅关注空间的物理使用，同时还关注它的语义再造，克里斯蒂安尼亚的居民带起了一股审美意识的激流，亦是充满乐趣的城市策略，从而促进了城市意向的多元化。然而，最近发生的政治事件可能使之被动采取一种更合乎法律的做法。尽管克里斯蒂安尼亚有时会被视为一个美学上富有表现力但极端“疯狂的垃圾箱”（Løvehjerte 1980：27；Hellström 2006：230），它现在已经承担了城市辩护者这一更为严肃的角色，特别是为集体使用 / 占用城市空间而辩护。

2001 年历史性的大选是丹麦自 1920 年以来第一次有一个右翼政党获得了比社会民主党更多的选票，由此围绕克里斯蒂安尼亚的法律之争愈演愈烈；特别是自 2004 年以来，丹麦单方面取消了与克里斯蒂安尼亚社区的特别协定，并命令其在 18 个月之内自行解散。然而，这并不是第一次将自由城与国家之间的关系诉至法律。在捍卫自己的权利时，克里斯蒂安尼亚居民通常认为社区是政府批准的“社会实验”。然而，这种批准一再被质疑

---

1 “社会实验”的概念首次出现于 1972 年春文化部与克里斯蒂安尼亚谈判小组会晤的会议纪要中，以及一年后国防部长对同一次会议的报告中（Hellström 2006：44）。

2 “I kanikkelosåosihjel”（“你不能根除我们”）是由 TomLundén 创作的歌曲的标题，收录于 Bifrost 乐队的 Christianiapladen（“克里斯蒂安尼亚专辑”）中。发行于 1976 年，为支持当时形势严峻的自由城。从那时起，这首歌一直是自由城的“国歌”。

3 有关克里斯蒂安尼亚现状的更多信息可以通过自由城的官方网站获得。网址：www.christiania.org.

和禁止，尤其是在1978年最高法院的一项裁决中，“社会实验”的主张被驳回，而且有一项附带条件，即该判决严格合法，没有考虑任何政治、社会和个人的问题。最终，这导致了1989年特殊的“克里斯蒂安尼亚法”[1]的通过，由此规定了场地所有者、国防部、自由城之间的关系。基于土地和建筑物的集体使用权的概念，该协定在取消前还被延长了几次。在2004年通过的新克里斯蒂安尼亚法即“克里斯蒂安尼亚地区使用变更法”中，协定被取消了（Hellström 2006：81）。根据常规的法定规划和城市组织形式，对于逾期加长集体使用权的要求被驳回。2008年，克里斯蒂安尼亚申请对该法的有效性进行审查，地方法院再次裁决驳回社区诉求，并支持当局对其常态化的要求——将自由城交还给正规的法定规划、建造规范。

125

但是什么、哪里才是所谓的“常态”呢？在城市景观中，所谓的标准或常规既模棱两可，又势在必行——空间既有特定规则又特例频发；既强调个人隐私又监控完备；既有刺激的街头活动又有无人驾驶的列车；既有无限的商品供应又只配给有限的消费能力。如果常态一方面构成分散式权力结构中不可或缺的制约力量，另一方面它也不过是一种理想化的抽象，不属于任何空间实体。城市景观总在尽己所能地提升刺激性和谋求变革，与之相比，常态究竟算什么？

在斯堪的纳维亚，“自由城”的概念同时具有不受管制和安全这两层含义。[2]克里斯蒂安尼亚自称为“避难所”，因此故意把自己表现得像一个允许偏离规范的空间，同时还为那些偏离正道的人提供庇护。在对克里斯蒂安尼亚的早期诉求中，丹麦建筑师斯蒂恩·埃勒·拉斯穆森（Steen Eiler Rasmussen）提到了现代化以前的中世纪城市风格，那时的避难所被认为是一个重要但不可或缺的特例（Rasmussen 1976）。根据拉斯穆森的说法，克里斯蒂安尼亚的功能是“公地”——一种城市边缘化现象或规范管理的城市产生的副产品，类似于中世纪伦敦萨瑟克区内泰晤士河以南无人认领的土地。这类区域既不受王室统治，也不受市民的尊重，却是重要的聚居地——聚集了所有那些离开温馨小村的人、没有属于自己土地的人、放弃了自己的归属却无以为继的人、被逐出城市的人和不能适应城市日常体系的人。在中世纪的地理环境中，公地首先作为一种社会的失常而出现，代表了一种临时而分散的公共性，其唯一必要的特征就是它的广泛性——它包含了所有被排除在城市常态之外的东西。

1　Lov om anvendelseafChristianiaområdet（克里斯蒂安尼亚地区使用法），法律第399号，1989年6月7日颁布。该法律的目标是结束自由蒂安尼亚存在头二十年所出现的治安混乱的状况，从而使人们能够根据尚待制定的规划的指示继续使用自由城。此外，其目的是使国防部对与自由城的谈判和监督负有唯一责任。

2　“Fristad”一词主要指代圣殿；然而，分开的单词（fri stad）则指代一个自由的城市或城镇。

公地之内

在当代城市争论中，公地观念再次受到关注。公地已经成为一种非专有的、集体的空间组织形式，其基础是定位并占有土地、资源和理念（Holder and Flessas 2008）。从这个意义上说，“公地”通过社会关系和对空间的应用表达了一种相对的位置关系。正如埃莉诺·奥斯特罗姆（Elinor Ostrom）在其开创性研究中所述的，它是一个概念，指非正式但有规则的情况，通常是指对牧场或渔场等自然资源的集体使用（Ostrom 1990）。在这方面，公地的概念可以与罗马法律中所称的“无主地”（*res nullius*）相比较，即不属于任何人但可能被任何人获得，比如海中的鱼；或与“公有地”（*res communis*）相比较，即所有人都可以使用但不属于任何人，比如大海本身（Holder and Flessas 2008：301-302）。由于公地概念的模糊多变，它也被称为“悲剧”（tragedy）——由于个人对共同资源的无限制使用而造成的贫困宛如一把悬在公地上的利剑；这种剥削当然能带来最大的回报，但同时也会迅速吸干公地，因此也会对整个集体造成同样的打击（Hardin 1968）。

无论如何，公地已经成为一个日益重要的地缘政治概念。公地作为一种谈判的替代形式，不仅可达，而且保证了个人的权利，解决了资源分配和空间正义的难题。与此同时，它也产生了新的不可预测的发展方向，因而也形成了新的社会模式，这并不是因为它有什么内在逻辑，仅仅是因为它的出现——不断强调着“我们是你们的一部分”这一事实。

在城市公共场所，这种突现的特质可能更加显著。在城市房地产逻辑的框架内，就对如何满足“公有”这一条件具有直接的干扰。从这个意义上来说，城市公地确实描绘了一个更广阔但也令人紧张的空间愿景——共享空间的政治职能可以明确地定位，而且从个人持续发展的角度来说，空间的规则是可被感知且利用的。

在克里斯蒂安尼亚，这种与公地有关的定义已被多次试用——克里斯蒂安尼亚作为公地地位的法律案件仍然悬而未决。在2008年夏天，社区决定拒绝政府提出的谈判解决方案。虽然克里斯蒂安尼亚社区已经放弃了获得合法集体租赁权的想法，但它也不接受协定给出的所有权结构。其中最成问题的部分是，当局不愿意区分公共所有权和社交性。政府（现由宫殿和地产局代表）[1]不承认集体所有制下社会的特质和可能的动态，而是坚持在“合理”的基础上再去发展多样性，由此把发展详细规划的规范化程序当作工具，为克里斯蒂安尼亚的不同寻常指定一个特殊或适当的位置。

然而，使公地如此政治化的原因并不是它的特质，而是它的矛盾性。

---

1 新的克里斯蒂安尼亚法通过后不久，该地区的所有权从国防部转交至司法部，由宫殿和地产局（由 Slots-og Ejendomsstyrelsen）负责管理。该局专门负责管理历史地标。

一方面，公地是一种土地索要的结果，或者来自于当地社区的煽动；另一方面，公地又与更大、更规范、更普遍的地方性有关，公地正是这种地方性的偏离。就其本身而言，它同样代表着对区域常态化的一种背离或一种 [127] 流浪式的逃避。因此，公地中人与空间的联系充满了对诸如流浪和避世等受传统社会制约的欲望（Papadopoulos et al. 2008），促进了空间体验和社会生活。

理想之外

相对于普通的空间，克里斯蒂安尼亚不仅提供了物质的避难所，而且提供了避世空间和一定的漏洞，从而实现了其根深蒂固的城市体制和控制机制。社区采用了政治和美学的手段将人与空间的联系放大，打破了所有基于城市适当性的政策“催眠”（Vaneigem 1967），这种政策是今天城市常有的特征。

一个挥之不去的问题是，对于一群形形色色的流浪汉、城市叛徒、流浪儿童和被排斥的移民来说，这个支离破碎的地方能给当代城市景观增添什么色彩（图 8.4）。作为一个自由区，它不是已经被城市体验经济劫持了吗？作为一项社会实验，它不是早就失去了创新能力吗？ 作为背离常规者的庇 [128]

图 8.4
克里斯蒂安尼亚城，梅克尔道（摄影：Maria Hellström Reimer，2008）

护所，它不是已经僵化成一个专为越来越少的空想主义者所保留的地方吗？就新兴的创意公地而言，这些并不是不重要的问题。与克里斯蒂安尼亚相反，新公地的地理界限往往更小，且与它们偏离的系统之间的联系更紧密。例如互联网中的非正式网站、变革中的虚拟机、快闪族[1]、自发的社交平台、临时擅自占地的行为——这些未定型和分散的公地，正设法改变城市的运作系统。

这些普遍存在且易于修改的新公地，可能会使残余的旧公地如克里斯蒂安尼亚显得更加多余。同时，它们补充并维持了具有社会动机的地方生产力，进一步实现了工作中的空间原则。传统上，空间的规范秩序被看作是社会生活可行的首要条件，而公地却在朝另一个方向发展。公地强化了社会和物质的相互作用，同时也催生出偏离基于常态而生的稳定制度的地方。

从这个意义上说，克里斯蒂安尼亚自由城并不是一个理想的城市，而是城市辐射领域中的一个重要的关系因素。克里斯蒂安尼亚令人激动却不够典型，但它不仅可以帮助我们理解城市共性的运作原理，还能帮助我们理解新出现的公地对城市的影响，这些公地根植于强有力的社会参与，产生了新的城市空间、新的住宅社区和新的公共领域；这些空间不以私人所有为基础，而是依赖于局部的共同利益。

虽然这种离群的空间形态管理或规划可能看起来是异常的，但它们也涉及空间的动机和常识的意义。根据关系代理的逻辑，公地迫使我们发展一种空间思维，这种思维不仅能够帮助划定领土、划分区域和确定边界，而且能够针对开放性的情况随机应变。这需要学习和认知空间的新形式、新的沟通及谈判方式。如果对于市场的想象曾经使我们能够对仅有片段感知的现代商业城市有一个连贯的理解，那么如上所述的公地将使我们能够把世界理解为一个矛盾的、不断变化的、但又有共同关注点的现实空间。[2]

在最近关于克里斯蒂安尼亚法律地位的谈判中，地方法院费了些工夫才解开了自由之城的一些“未解之谜”（Dahlin 2008）。其中之一是关于社区的未来管理和寻找私人所有制结构替代方案的可能性。也许有可能更接近于 1971 年克里斯蒂安尼亚宣言所表达的雄心——共同的、充满活力的城市发展形势，包括个人和集体之间更具弹性的关系。因此，作为一处非比寻常的公地，克里斯蒂安尼亚自由城就像一处被低估的社会革新试验田、

1　Flashmob（或快闪族），一种最近流行的社会空间现象，依赖于使用通信技术或社交媒体来快速聚集公共空间中的一大群人，这通常是为了“美学上”表现出奇怪或异常的行为。

2　乔纳森·罗（Jonathan Rowe）（2001）提醒我们亚当·斯密（Adam Smith）如何在 200 年前引入“市场”的概念，从而成功地更广泛地理解了各种不同的、或多或少的蔓延和偏离现象是如何相互影响的。根据罗（Rowe）的说法，“公地”概念可以以类似的方式帮助我们理解和处理一种情况，即未来的生存取决于想象一个像公地一样资源有限的世界的能力。

一段对现代政治具有挑衅性的锐评。“克里斯蒂安尼亚既提供了一种自由的感觉，也提供了一种社区的感觉”，这是在法庭审理过程中说的（Dahlin 2008）。我们只能希望它会被写入法庭记录中。 129

参考文献 130

Dahlin, U. (2008) 'Landsdommere så lysbilder fra Christiania' ('Judges watched slides from Christiania'), *Information*, 11 November 2008.

Hardin, G. (1968) 'The tragedy of the commons', *Science*, 162 (3859): 1243–1248.

Hellström, M. (2006) 'Steal this place: the aesthetics of tactical formlessness and the free town of Christiania', unpublished thesis, Alnarp: Acta Universitatis Agriculturae.

Holder, J. B., and Flessas, T. (2008) 'Emerging commons', *Social and Legal Studies*, 17 (3): 299–310.

Le Corbusier (1927) *Vers un architecture*, trans. Fredrick Etchells (2008) *Towards a New Architecture*, New York: Dover Publications.

Ludvigsen, J. (2003) *Christiania: Fristad i Fare* (*Christiania: The Free Town Threatened*), København: Extrabladets Forlag.

Løvehjerte, R. (1980) 'Christiania ... et socialt eksperiment og mere og andet end det' ('Christiania ... a social experiment and more and other than that'), in M. Bakke, B. S. Østergaard, and O. Østergaard (eds) *Christiania – Danmarks grimme ælling? Et exempel på et alternativt samfund* (*Christiania – Denmark's Ugly Duckling? An Example of an Alternative Community*), København: Munksgaard.

Ostrom, E. (1990) *Governing the Commons: The Evolution of Institutions for Collective Action*, Cambridge: Cambridge University Press.

Papadoupoulos, D., Stephenson, N. and Tsianis, V. (2008) *Escape Routes: Control and Subversion in the 21st Century*, London: Pluto Press.

Rasmussen, S. E. (1976) *Omkring Christiania* (*Around Christiania*), København: Gyldendals.

Rowe, J. (2001) 'The hidden commons'. *Yes! Magazine*, Summer 2001. Online: www.yesmagazine.org/article.asp?ID=443 (accessed 9 December 2010).

Vaneigem, R. (1967) *Traité de savoir-vivre à l'usage des jeunes generations* (*The Revolution of Everyday Life*), Paris: Gallimard.

第9章

作为线性荒野景观的唐河

伊恩·D·罗瑟拉姆

131 ### 引言

英国南约克郡的唐河（River Don），发于奔宁山脉，流经设菲尔德市，汇入亨伯河（River Humber），最终通过欧洲最大河口之一涌入北海。在这过程中，它冲刷过诸多英国东密德兰兹境内河流的流域。该河本是一条纯净的弱酸性溪流，从石楠属植被密布的泥炭沼泽荒野涌出，而后流经设菲尔德的城市汇水区；然后，东流穿过唐峡谷（Don Gorge），倾泻入曾经的南约克郡沼泽湿地（图9.1）。在这旅程中，唐河穿越了西欧早年极度工业化和生态恶化的地区（Walton 1948），与其曾形成的野生动植物丰富的蜿蜒河道与洪泛区景观的历史渊源形成鲜明对比（Bownes et al. 1991）。两百年的城市化、制造业与农用工业的发展，阻碍了唐河的细水长流，也破坏了河流的核心生态。到20世纪70年代，我目睹了唐河及其许多支流的死亡生物，洗涤剂泡沫和未经处理的污水拍打过它们污秽的河岸。曾经自然蜿蜒的城市河流被困在砖混结构的渠化河岸中，农村的河道也被黏土和碎石筑成的堤坝阉割成运河。而今，经过生态修复，唐河终于重新成为该地区的城市生态核心，甚至是城市居民的新生活方式（Firth 1997；Gilbert 1992a）。

作为该地区的主要河流，唐河对野生动物和人类来说宛如一条新生而充满活力的动脉，然而它却陷入与自然、与当地居民之间关系的窘境。2007年，一向宁静的唐河突然化作洪流席卷而来，造成该地区80—90公里的严重破坏（图9.2）。如此恶性的突发事件发人深省——唐河洪水泛滥，正是源于过去几十年里汇水区在土地使用方面的重大变化（Rotherham 2008a；2008b）。虽然现在唐河是干净的，但它曾被严重污染；我们该如何祝颂唐河，并鼓励公众共同参与到唐河的规划和未来培育之中？为实现该目标，2010年，唐河流域信托基金正式启动了。唐河是设菲尔德后工业复兴的象征，但它受到两方面阻碍：一是先入为主的政治上正确的生态论与132 实际充满外来植物的自然特质格格不入；二是工业运河肮脏污秽、污染严重的传统形象导致的偏见。过去的两个世纪，由于工厂主试图隐瞒排放的

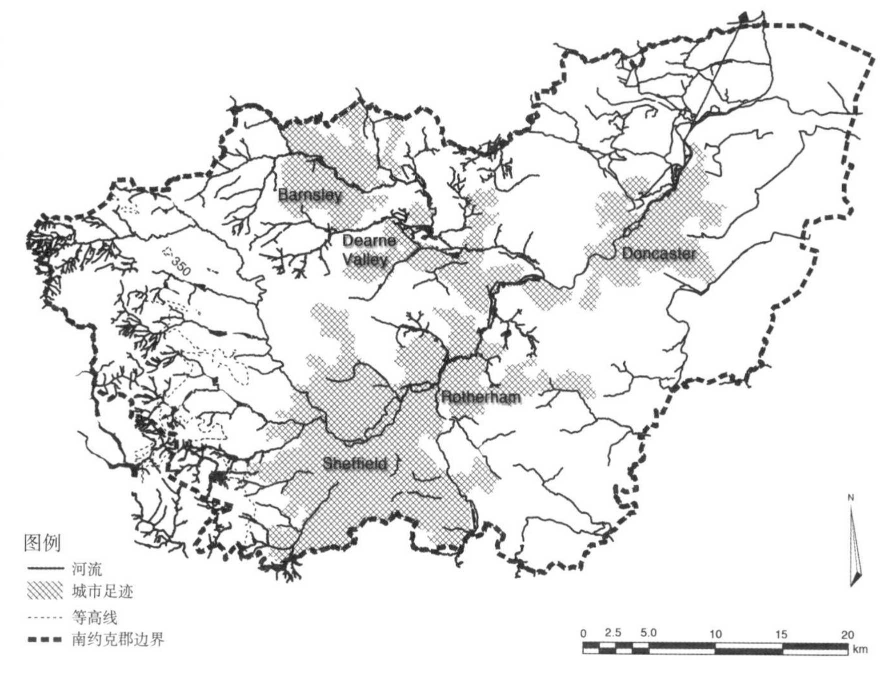

图 9.1
南约克郡唐河汇水区平面图[绘制：劳拉·席尔瓦·阿尔瓦拉多(Laura Silva Alvarado)，基于 OS 和 UKBORDERS 2001 年边界普查数据，英国地形测量局版权所有]

废气，并保护工厂免受小偷的侵害，唐河滨水区被刻意地对公众关闭。唐河复兴的催化剂是 20 世纪 80 年代起五大古河坝步道（The Five Weirs Walk）的开发，该区域因此对公众重新开放。这个项目提高了人们对唐河的认识，促进了河道管理和保护（Firth 1997）。

图 9.2
2007 年洪泛之后的设菲尔德——植被被连根拔起、浅滩布满来自破损房屋的瓦砾（摄影：理查德·基南，2007）

设菲尔德、南约克郡和唐河的历史背景

设菲尔德是一个非凡的城市，从 18 世纪的 1 万人口发展至 20 世纪的 30 万（Walton 1948；Warman 1969）。这座充满溪流与山谷的城市从西部的高地一直延伸到东部的低地，其 300 平方公里覆盖范围内有各种各样的地形。众多河谷如辐条般在城市中心汇聚，形成绿色廊道和半自然野生动物栖息地的网络（图 9.1）。设菲尔德有 80 个古林区，有广阔的石南荒野和沼泽，有残存的草原和生态环境良好的后工业场地（Bownes et al. 1991）。

133 唐河：历史悠久的河流

20 世纪初，在现梅多霍尔购物中心（Meadowhall Shopping Center）附近的沉积物里，发掘出了一只独木舟。这是史前湿地景观的见证——有大片湿生桤木和柳树林，还有蜿蜒的河道、湖泊和沼泽，以及早已失落的“梅多霍尔湖”（Lake Meadowhall）。像布莱克本牧场（Blackburn Meadows）上的霍姆斯农场（Holmes Farm）这样的地名表明了是在沼泽中的一处岛屿定居。可见唐河本就是一条“有态度”的河流，也有泛滥的可能性，只是随着时间的推移，人们在此处聚居，农耕活动将洪水推了回去。中世纪时期，唐河本该为富饶而丰产的湿季水边草甸与干季河漫滩所包围。自然在此提供了珍贵的夏牧场和草料，以及制篮材料、泥炭燃料、芦苇茅草、鱼类和野禽等沼泽资源。到 1546 年，阿特科里夫（Attercliffe）古老的小教堂仍然在使用，主要城镇和教会中心的罗瑟勒姆如果因洪水泛滥而不能前去，牧师就会来这里与教众见面：

> “泛滥成灾，牧师如何给予信者所寻求、居民又该如何骑马赞美主。”*
>
> （Hunter 1819）

直到 20 世纪 50 年代，唐河和罗瑟河（River Rother）流域家家户户都还备有小船，以防河水决堤，可见洪水就是沿河居民的日常。

134 失落的湿地：唐河汇水区和南约克郡大湿地

奥利弗·拉克姆（Oliver Rackham）曾提出“不列颠群岛大约有四分之一的面积是或曾是湿地”（1986）。一如众多伟大的河流，唐河从广大的汇水区汲取生命。通常情况下，河流和溪流都是从西部高地，流入东部的唐卡斯特（Doncaster）低地平原。当唐河流淌过这个庞大的水网，尤其是流经东部的唐卡斯特平原时，那一望无际的沼泽和芦苇丛，形成了约 2000 平方公里的南约克郡大湿地。约克郡乌斯河（River Ouse）和

---

* 古英语，基督教版的“洪水猛兽，人生苦逼”。——译者注

特伦特河（River Trent）交汇处以南，哈特菲尔德猎场284平方公里的土地不断被淹没，直到1626年，费尔默伊登（Vermuyden）和他的荷兰同胞到来，将其中的河水放干。这片湿地的核心是索恩湖（Thorne Mere），约1.5公里宽。其附近，位于唐卡斯特的波特里克沼泽地（Potterick Carr），面积16平方公里，在1764年国会通过一项私人法案后，为约翰·斯米顿（John Smeaton）和他的土木工程师所有（Rotherham 2010）。波特里克沼泽地是约克郡沼泽地的一部分，以栖息于其中的麻鳽属鸟类（*Botarus stellaris*）和其类似“面疙瘩”的形态而闻名。到20世纪初，这片水草丰茂的湿地已有99%遭到破坏（Rotherham 2010）；就像我在另一本书里说的，对于大多数约克郡居民，他们记忆中的湿地已荡然无存（Rotherham 2010）。斯莫特（Smout 2000）也说：“令人震惊……怎么会这样……约克郡啊……沼泽地已经完全消失在大众的记忆里了。”

135

主要河流被全面整治，截弯取直并渠化，曾经曲折缓慢的蜿蜒水流摇身一变，一如笔直有效的下水道，以便洪水时迅速排水。许多小的溪流，甚至设菲尔德一些主要河道，如希夫河（River Sheaf）和波特河（River Porter），都装入涵洞掩埋在地下。渠化的河流对城市景观环境影响巨大。城市的上游和下游渠化后，主要河流及其支流变得“名不副实”，水位涨落过于迅速且强烈。一些支流，如罗瑟河，在20世纪40年代和50年代，发生了泛滥洪水，成为渠化的反面教材。1991年，设菲尔德自然保护战略（Sheffield Nature Conservation Strategy）终于为河流的未来愿景建立了新基准线，旨在重新连接唐河汇水区的脉络与路径，此项目已取得一些进展。

城市扩张、生态衰退与自然修复

到20世纪初，设菲尔德已经从中世纪的一个小村落发展成为一个繁荣的工业中心，它以一条重要的河流为中心，拥有一座城堡、一座庄园和英格兰最大的鹿园之一（Walton 1948）。工业化的一个后果是，原生活于城市中心的生物不可避免地灭绝，空气、水和土壤受到严重污染（Bownes et al. 1991）。当地居民的平均寿命因此大多不超过20岁。空气充满尘灰、烟雾与污垢，除了工厂在周日休息的时候，阳光很少照射进来（图9.3）。唐河曾经以鲑鱼（*Salmo salar*）和鳗鱼（*Anguilla anguilla*）而闻名，充满生机；现在却是所有生物的坟墓。这是因为河流被用于冷却机械和污水排放，其温度又常年高达20℃，因此生物难以存活（Walton 1948；Gilbert 1989，1992a）。

到20世纪70年代，为控制工业化带来的破坏，一些政策被提出并采取了行动，为唐河的修复创造了机会。经过30年的不断努力，唐河已经重新成为区域生态核心和当地居民的生活中心。然而，即使是今天这条河最

图 9.3
《设菲尔德唐河的清晨》（*Early Morning on the Don, Sheffield*）[绘制：华特·海沃德·扬（Walter Hayward Young，1868—1920，笔名“Jotter”），经设菲尔德市议会许可转载]

荒凉的河段，也不是“纯天然”的了，因为这里动植物群落既有本土的也有外来的，两者的比重也相当。吉尔伯特（Gilbert 1992b）和巴克（Barker 2000）关于这是否是一种全新的生态模式，已有所讨论；外来动植物与乡土动植物杂交，已经形成了“种群融合”。这种新兴的种群融合生态，给许多已有的自然保护规则带来了挑战。但事实上，野生动物自身和当地人都不去区分本土和外来物种，因为它们共同占据了后工业时代唐河的空缺的生态位。设菲尔德人自己也积极地为重组生态作出贡献，把喜马拉雅凤仙、（*Impatiens glandulifera*）、虎杖（*Fallopia japonica*）和地中海无花果（*Ficus carica*）带到了河边。

20 世纪 80 年代，在唐河沿岸，崇尚自然主义的实业家理查德·唐卡斯特（Richard Doncaster）与当地的植物学家玛格丽特·肖（Margaret Shaw），惊喜地发现了这些“野生”无花果。后来奥利弗·吉尔伯特（Oliver Gilbert）进行了详细的实地考察和实验。钢铁工业冷却用水的热污染和含有大量无花果籽的原始污水结合起来，竟然促生了唐河畔的一处大型城市无花果林（Gilbert 1989）。这种外来的无花果植物，被设菲尔德市议会认可为“工业遗产”并写入设菲尔德自然保护战略中（Bownes et al. 1991）。这也是英国唯一保护外来植物物种的特例。

水獭嬉戏于紫菀、悬铃木（*Acer pseudoplatanus*）之下，地上有“古代林地指示花”，包括风信子（*Hyacinthoides non-scripta*）、五叶银莲花（*Anemone nemorosa*）和其他从上游顺流而下的林地植物。河谷形成的重要的生态廊道，经过设菲尔德、罗瑟勒姆和唐卡斯特，成为赤鹿（*Cervus elaphus*）和狍子（*Capreolus capreolus*）在城市地区的栖息地。唐河从严重污染中恢复后，已成为水田鼠（*Arvicola terrestris*）等物种的庇护所。但近年来，一些外来的北美水貂（*Mustela vison*）和城市褐鼠（*Rattus norvegicus*）数量不断增长，现已经超过水田鼠。居民走在溪水边，发现这些哺乳动物随处可见。

唐河生态举世瞩目的恢复是政策改变、规划实施和污染工业因经济形势变化而衰落的结果。当生态恢复的深度达到生态破坏前的程度时，就更加令人印象深刻了。

新生命，新生活：21世纪唐河的购物疗法

历经了两千余年的变革与20个世纪的衰落，自20世纪70年代末和80年代初以来，在五大古河坝步道信托基金（The Five Weirs Walk Trust）以及当地企业的公益部门设菲尔德青年商会（Sheffield Junior Chamber of Commerce）等慈善机构的帮助下（Firth 1997），唐河得到了复兴。随着河流变得清洁，人们对唐河滨河空间有了新的功能需求，包括观赏野生动物、钓鱼、散步、骑自行车和水上运动，如划独木舟。所有的这些期待，都助长了改善滨水环境的呼声。20世纪70年代，随着工业的急剧崩溃和污染监管的改善，唐河迅即改善。此外，由于设菲尔德市中心的工业需求减少，城市也需要注入新的活力。改造翻新后的空置仓库和其他工业建筑、废弃遗址上新建的建筑，被作为办公楼、公寓、学生宿舍等。不到50年里，城市修补取得了巨大的成就（图9.4）。而这项修补工作的核心项目，正是20

图9.4
设菲尔德威克区（Wicker）唐河沿岸的新开发（摄影：理查德·基南，2007）

世纪 80 年代和 90 年代，唐河低地河谷（Lower Don Valley）的转型，形成休闲、运动和零售业集聚的新格局。位于廷斯利运河（Tinsley Canal）和唐河交错形成的两条绿色之脊中间的唐河低地山谷的生态恢复，是历史的转折点和促使该地区重新焕发生机的根本原因。其核心位置，是体量巨大的梅多霍尔购物中心，占地面积约为 140000 平方米。唐河已经成为一个卖点，而不是缺点，滨河的住宅和办公楼，已经占据了优质地段。

如何祝颂唐河，并鼓励公众共同参与？

即使支流及其周围地区变得与昔日迥然不同，唐河仍然是这片区域的动脉和生态命脉。这充满活力的新型生态，源于工业荒地之上的本土和外来物种的你争我夺。最终花落谁家，经过自然精细权衡取舍，根据动、植物的来来去去而波动。本土和外来物种的平衡十分微妙，是一个连续的动态过程，而非长期稳定不变，就如同河流般起起伏伏。城市河流是宏观景观和生态压力如全球气候变化的直接映射。像醉鱼草（*Buddleia*）和无花果这样的新物种是生态重新洗牌的赢家（图 9.5）。而恪尽职守的本土动植物种群，在这后工业的种群融合生态中，亦保持生机盎然。正如奥利弗・吉尔伯特（Gilbert 1992a）强调的，这些本土物种，并没被严重污染和其他近 200 年工业化、城市化的影响消灭。新生态系统是新旧物种的动态组合，这种动态的融合同样反映在重新定居在市中心的城市人口上。从这个角度来说，唐河的故事，尽管包含着环境污染与工业衰落的失意，却仍是迈向振奋人心的未来的一步。

唐河的经历的确有很多可取之处（Firth 1997），然而，将唐河从沟渠释放回动态的洪泛区和蜿蜒的水道，还有很长一段路要走。事实上，重新天然化的河岸和岛屿最近随处可见的出于“安全”考虑采伐的树木，再加上河道侵蚀和积淤，都表明，从长远来看，将这条河视为野生资源的想法仍然遥不可及。2007 年对洪水事件曾有过仓促草率的对策，但是根据我个人的研究，公众很少对此发表有建设性的评论，大部分当地居民甚至对此类政府行为毫不知情。尽管迅速的行动必不可少，政府的如此的大动作还得需要良性互动的公共舆论。同样，对于外来物种入侵的应对措施也还是零散无序的——就算众人皆知要想取得成效，这些措施必须在流域一级实施，并纳入现实的战略之中（Rotherham 2009）。已是 21 世纪初的现在，是时候意识到这条伟大的城市河流是珍贵的资源了，需要制定整体管理规划。面对全球气候变化和日益增加的洪水风险的全新挑战，我们需要整合唐河各方面特质和利益相关者，采取有序协调的、可长期持续的、对民众负责的举措。还有一点，目前国家和地区层面的政策和战略仍然是无序和无力的。鉴于唐河现有的一些问题，如生物多样性保护、洪水管理、游憩和运动功

图 9.5
醉鱼草生长在凯翰岛（Kelham Island）磨坊的工业废墟之上（摄影：理查德·基南，2009）

能的可达和管理以及滨水空间的权属、管理和发展，我们必须采取更稳健有力和卓有远见的方式，来实现唐河和其他城市河流可持续发展的未来。这就是 2010 年唐河流域信托基金（Don Catchment Trust）启动的原因。

总之，一定要意识到唐河拥有更重要的意义与效用。正如 2007 年所目睹的，管理景观和应对极端天气的方式说明了唐河仍是该区域的生态核心。重要的是要吸取洪水的教训，并考虑如何最好地利用这条河及其冲积平原，为我们所有人创造一个更可持续的未来。洪水泛滥似乎很容易就被忽略了，而复兴的河流却可以为当地的生活、娱乐、商业和生态保护提供无限可能。一位设菲尔德市议会（Sheffield City Council）的前宣传官，曾大肆鼓吹“湖边的设菲尔德”的图景，其中包括沿着梅多霍尔的滨水区叫卖的冰淇淋和棉花糖。当然这个将唐河筑坝，形成湖泊的规划是有欠缺的，因为它既摒弃了唐河在景观中充当的生态核心，又忘记了唐河对城市污水干渠的重要影响力。情理之中，这人很快就离职了。任何新的设想都需要考虑到唐河的自然特质和环境影响。21 世纪初的居民是否还需要像曾经那样频繁地使用船只呢？时间会证明一切，好在与此同时，新成立的社区型关系网和像唐河流域信托基金那样的慈善机构会从中协助，把对唐河的喜爱、知识和付出汇集起来，置于未来更高效的宏观战略型管理之中。

参考文献

Barker, G.（ed.）（2000）*Ecological Recombination in Urban Areas：Implications for Nature Conservation*, Peterborough：English Nature.

Bownes, J. S., Riley, T. H., Rotherham, I. D. and Vincent, S. M.（1991）*Sheffield Nature Conservation Strategy*, Sheffield：Sheffield City Council.

Firth, C.（1997）*900 Years of the Don Fishery：Domesday to the Dawn of the New Millennium*, Leeds：Environment Agency.

Gilbert, O. L.（1989）*The Ecology of Urban Habitats*, London：Chapman & Hall.

——（1992a）'The ecology of an urban river', *British Wildlife*, 3：129–136.

——（1992b）*The Flowering of the Cities：The Natural Flora of 'Urban Commons'*, Peterborough：English Nature.

Hunter, J.（1819）*Hallamshire, The History and Topography of the Parish of Sheffield*, London：Lackington, Hughes, Harding, Mavor and Jones.

Rackham, O.（1986）*The History of the Countryside*, London：Dent.

Rotherham, I. D.（2008a）'Landscape, water and history', *Practical Ecology and Conservation*, 7：138–152.

——（2008b）'Floods and water：a landscape-scale response', *Practical Ecology and Conservation*, 7：128–137.

——（2009）'Exotic and alien species in a changing world', *ECOS*, 30（2）：42–49.

——（2010）*Yorkshire's Forgotten Fenlands*, Barnsley：Pen & Sword Books Limited.

Smout, T. C.（2000）*Nature Contested：Environmental History in Scotland and Northern England since 1600*, Edinburgh：Edinburgh University Press.

Walton, M.（1948）*Sheffield：Its Story and Its Achievements*, Sheffield：The Sheffield Telegraph and Star Ltd.

Warman, C. R.（1969）*Sheffield Emerging City*, Sheffield：The City Engineer and Surveyor and Town Hall Planning Officer.

140

第10章

设菲尔德庄园地公园多年生草本植被优化
——在城市绿地废弃的“土匪之地”上新建公园

玛丽安·泰莱科特，奈杰尔·邓尼特

引言

141

> “那些公园特色的植被景观，很多都是出于偶然——自然生长、没人管理的废弃租赁菜园，加上社区对地块的使用，还有不恰当的使用……所以，开发在很大程度上就围绕着这些植被展开了，或者利用了它们给予的灵感。”
>
> [设菲尔德庄园地公园的项目负责人布莱恩·海明威（Brian Hemingway）]

现在的设菲尔德庄园地公园（曾以“深坑”闻名），坐落于英国设菲尔德市的庄园城堡区（Manor and Castle district）。场地的视觉美学与感知体验来源于场地的改建以及逐渐转变的植被；其历史始于中世纪鹿园，然后作为公共菜园，作为工业用途的地块最后被废弃。残余的树篱、一个大池塘和一条贯穿整个公园的小溪，为自发生长的植被提供了一个可以填充的框架（图10.1）。近来，自从场地被划定为地区公园，它成为一个长期的更新项目的重点。该项目希望谨慎地寻求与现有景观与社会环境的和谐共生。目的是，改造这片被当地居民称为“土匪之地”（喻指该场地是地区项目的难点）的，堆放烧毁车辆和其他废弃物的垃圾场。绿色资产有限公司[1]（Green Estate Ltd）的愿景，是使场所与当地居民形成积极互动。通过庄园地公园，我们想要证明在城市背景下自然生长的特色植物也拥有可贵的价值。为此进行了实验，在公园一个“高茎草本”（荒野中生长的多年生草本植物；物种来自世界各地）植物群落中置入能够和睦兼容的外来多年生草本植物。因为多年生植物具有对城市条件的适应性，以及形成壮观视觉效果的潜力，

---

1 曾是绿色资产项目（Green Estate Programme），于1998年启动，是具有开创性的项目。由设菲尔德市议会、设菲尔德野生动物信托基金会（Sheffield Wildlife Trust）和庄园城堡区发展信托基金会（Manor and Castle Development Trust）合作进行。如今，绿色资产有限公司，管理着整个区域内总计500公顷的绿地。

图 10.1
沿穿园而过的小溪形成的小池塘，四面环绕着自然生长的高茎多年生植物（摄影：奈杰尔·邓尼特）

所以意图借此传播和促进这些坚韧、可靠、美丽的多年生植物的使用。

在人们根深蒂固的观念里，低监管的废墟与空地就是杂草丛生的（Hands and Brown 2002；Breuste 2004）；这样的场所印象显然表明了没有“赋予场所要素以灵性”（Corbin 2003：15）。尽管“自然”的含义多种多样（Bauer 2005），但只有少量使用者对空间体验态度的实证研究涉及人们对城市“自然”的评价（Ozguner and Kendle 2006）。而且，人们似乎最不喜欢这种自发生长的荒野自然（Rink 2005）。继 20 世纪 70 年代和 80 年代城市中较早的“栖息地创建计划”（严格使用本地物种）之后，如今已有新证据表明城市栖息地具有重要的生态意义（Thompson et al. 2003；McKinney 2008），新异的植物群落已在其中悄然生发。

142

至少一个世纪以来，在欧洲西北部，“生态种植的实践对定义自然概念非常重要”一直是一个主流观点（Woudstra 2004：53）。威廉·罗宾逊（William Robinson）于 1870 年首次提出了“自然主义种植”的概念，即不受限于自然栖息地的结构，通过置入非本土植物，增强景观的整体视觉效果（Bisgrove 2008）。“野草”的概念最早可能始于 20 世纪 70 年代荷兰富有远见的环境活动家路易斯·勒罗伊（Louis Le Roy）的作品；自 20 世纪 70 年代以来，他从事城市景观工作，拥护“自然和人工创造之间的合作关系”（Woudstra 2008：200）。他认为自然界的自发生长总会产生具有多样性的喜人景色，甚至可以取代精心的种植设计。虽然，我们同意过于精细的种植设计是多余的，但我们坚信，对公园里的野生植物进行整体效果上的视觉提升、采取一定的维护措施是必需的（Nassauer 1995）。

143

在后工业场地改造的公园，野生植物常被保留，例如德国的北杜伊斯堡景观公园（Landscape Park Duisburg-Nord），尊重自然界的再生能力的同时，置入与纯自然形成鲜明对比的人工设计要素——网格式的植树布局、整齐修剪的植被形态，以及公园内划分的“人造花园”区域。诺伯特·库恩（Norbert Kuhn）在柏林的测试地块上研究了城市自然生长的植被的使用（Kuhn 2006）。庄园地公园项目的目标与其相似，但背景又有所不同。首先，庄园地公园是一个公共公园；其次，气候条件也有所差异，即英国属温带海洋性气候，生命力旺盛的禾本科草类如燕麦草（*Arrhenatherum elatius*）全年生长，极具竞争力。

对高茎草本种植区进行干预，不是把场地中原有的植被成规模种植，而是根据其种类置入，使与原有生态系统共生，并通过广泛的管理手段、最小限度的干预措施形成相对稳定的植物群落。同时，通过提供色彩丰富和花期较长的植物、加强与场地文化和自然历史的关联，提升场地整体美学效果，更有助于颠覆人们对公园的传统印象。

本章将详细叙述公园发展的历史背景，并概述对公园更新起到重要作用的种植试验研究。研究基于文献、对绿色资产公司工作人员的半结构式访谈，以及在种植期间现场工作记录的公园游客的评论和对话。

公园的历史和背景

设菲尔德市曾以金属贸易和钢铁工业闻名。在20世纪后期，城市受到去工业化的严重打击——1970—1990年代期间，钢铁工业的雇员人数从6万剧降到1万（O’ Connell 2006）。第一次世界大战后为该市钢铁工人修建的庄园住区（Manor housing estate）反映了这种工业衰退：随着钢铁工业的衰落，据称庄园城堡区68%的居民生活“拮据”，而设菲尔德的平均水平是31%（LASOS 2010）。

庄园地公园地块，在设菲尔德市中心东南方向3公里处，占地25公顷。庄园地公园最初是“设菲尔德公园”（Sheffield Park），英格兰最大的鹿苑之一的一部分，直到17世纪都是设菲尔德庄园领主们的私有物（Jones 2007）。后来，鹿苑被分割成较小的农田地块。在19世纪，三个矿井打入“深坑”。2005年，设菲尔德大学考古研究与咨询中心（Archaeological Research and Consultancy at the University of Sheffield，ARCUS）对场地进行了考察工作（Bell 2006），发现了大量的炼焦炉，推测建于19世纪早期。1853年，英国地形测量局（Ordnance Survey）将炼焦炉认定为“废弃物品”。1921—1939年，在原鹿苑场地的大范围面积上，根据田园城市的准则，建起了庄园住区（包含3600套

144

住宅)(Jones 2007)。"深坑"被指定为租赁菜园地块,在1936年由伊丽莎白王后(伊丽莎白二世女王的母亲)宣布向公众分配。渐渐地,这种菜园地块失去了人气。因此20世纪80年代,它们被设菲尔德市议会统一清理了。从那以后,地块经历了自然发展和生态演替的各个阶段。现在,庄园地公园大致处于"高茎草本植物"演替的后期阶段(Gilbert 1989),灌木诸如黑莓(*Rubus fruticosa*)和犬蔷薇(*Rosa canina*)已在场地中强势出现。最具竞争力的黑莓正逐步演变成优势物种,如果希望保持多年生植物群落目前具备的多色和多样性,就必须对其进行处理。布莱恩・海明威(Brian Hemingway)认为:

> "我们面临的挑战是保留场地上现有的优势与特征,并结合……城市公园的完整配套设施……自然景观可以在充满自然界的丰富色彩的同时,也提供一系列游憩设施……为实现该目标,我们先选择合适的、自然生长的植物群落;然后创造类似的适宜生长的条件,或者在原来基础上扩充……这可能意味着用的不是纯野生的植物,而是具有相同生长习性、色彩更丰富、花期更长的植物……最终的效果应该是,在一个受到最小干预的自然荒野景观中,只有专业人士才能看出来人为控制的程度。"

这些在荒野空间"自然生长的植物群落",反映了场地的自然文化历史、生物地理状况、城市环境和社会背景。在此背景下,即使有人为干扰也问题不大,因为这些行为确实对场地的活力作出了贡献。例如,年轻人点起的一场火摧毁了一小片荆棘的同时,也促进了多叶羽扇豆(*Lupinus polyphyllus*)和菊蒿(*Tanacetum vulgare*)的生长。其他有益处的植物群落,包括覆盖在排水不良的采煤弃土之上的潮湿酸性草地,处处可见帚石楠(*Calluna vulgaris*)、羊茅(*Festuca ovina*)和初夏开花的多叶羽扇豆(*Lupinus polyphyllus* agg)(图10.2)。

公园的建立

1998年,绿色资产的罗杰・诺尔(Roger Knowle),受雇于设菲尔德城市公园处(Sheffield City Parks Department),担任"深坑"改造公园项目的负责人,率领现场开发,并制定了其未来的发展方向和愿景。他说:"这里需要的是巨大的文化变革……因为存在很多问题、涉及多个社区和多个地区,所以最好慢慢来改变。"绿色资产的CEO苏・法郎士(Sue France)同样强调了人们对文化变革的需求:"该地区从未有过公园文化。人们视这些绿地为垃圾场和荒地。"

循序渐进的方法即意味着景观改变与文化转变的共同发展。苏・法郎士称:

145

> "因为缺乏资金,绿地是靠着节俭设计起来的。我们已经学会了怎么在资金不足的情况下做事。这和那些有钱的豪华公园完全不同,它

图 10.2
初夏开花的多叶羽扇豆
（摄影：奈杰尔·邓尼特，2009）

们一夜间建起来，然后也不坚持长期维护。我们每次在不同的绿地里进行一点点的尝试，等这些想法被当地居民接受。我们的整套流程，随时间一层一层推进。在应用最终方案之前，我们一边在其他场地进行小规模的尝试，一边将合理的尝试实施到绿地里。”

公园发展的总体策略是，在公园入口附近建立适于游憩的口袋公园，并保留场地的荒野 / 自然主义核心特质。在入口的一侧，是有儿童游乐场的口袋公园；在毗邻连通市中心主干道的另一侧，则是有公园管理办公室和观赏性种植的“城市边缘”。首先进行的工程包括铺设主园路、安装新的装饰性围栏和砌造石墙。接着从现有植被上刈出支路，划分出各种大小不同的空间并把它们连到主路上（图 10.3）。毗邻游乐场，罗杰·诺尔（Roger Knowle）设计了一个规模较大、富有想象力的可持续城市排水系统，从周围的新住宅（俯瞰公园）收集径流，置入大尺度的永久或临时的水体。最终，水体栖息地吸引了许多人前来钓鱼和玩耍（图 10.3）。整个公园里的硬质材料，都可被重复使用或回收利用，赋予场地强烈的地方认同感。罗杰·诺尔现已离开了团队，他的同事布莱恩·海明威成为公园管理负责人。

146

许多使用者越发对项目的发展产生了认同感。绿色资产的安德莉亚·马斯登（Andrea Marsden）说：“一些人以不同的形式告诉我，因为可以自由

147

图 10.3
上图：从现有植被上刈出的支路，划分出各种大小不同的空间并把它们连到主路上（摄影：玛丽安·泰莱科特，2009）；下图：庄园地公园中可持续性城市排水系统的一部分（摄影：奈杰尔·邓尼特，2010）

挑选整洁场所或者荒野，他们很喜欢公园。”她表示，大多评论是积极的；很多人告诉她，比起去距离更远的诺福克公园（Norfolk Park），他们现在更愿意来庄园地公园了。她还称，最近常在公园看到新面孔，包括散步的人和骑电动滑板车的人。在她看来，项目的最成功之处是，有孩子的家庭开始愿意在这里野餐了——在这个曾经人人避而远之的地方。

种植实验

庄园地公园的种植方式源自奈杰尔·邓尼特对野生植被和人工设计植被结合的研究。从 2007 年开始，奈杰尔·邓尼特与玛丽安·泰莱科特合作设计了庄园地公园的种植。首先，选择可置入的高茎草本植被，它们要能适应现有的高茎草本植被的生态环境；然后，在与现有植被的竞争中测试其持久性。

在实验工作中，现有的高茎草本植被主要由自然化种植的非本土物种组成，覆盖了场地中心的一大片区域，位于小溪两侧（图 10.4）。诸如山羊豆（*Galega officinalis*）、柳兰（*Chamerion angustifolium*）、加拿大一枝黄花（*Solidago canadensis*）、紫菀属植物（*Aster* spp.）、多叶羽扇豆（*Lupinus polyphyllus*）、菊蒿（*Tanacetum vulgare*）、沙斯塔雏菊（*Leucanthemum* × *superbum*）、肥皂草（*Saponaria officinalis*）、广布野豌豆（*Vicia cracca*）、篱打碗花（*Calestegia sepium*）和起绒草（*Dipsacus fullonum*）等物种在此处较为丰富。与此同时，除草坪草以外，本土物种寥寥无几。丝路蓟（*Cirsium arvense*）生长强劲，融入了本土物种之中。随着对场地的深入了解，研究尽可能地以现有的植物群落动态的生态学知识为指导，以格里姆（Grime 2002）和杜耐特（Dunnett 2004）此前的研究为基础。

148

在现有的高茎草本植物中，随机选择 3 块作为冬季的实验地块（含尽可能少的灌木），在其中另外增加 10 个非本地多年生草本植物品种作为补充。新增的品种包括：大花蓍草（*Achillea grandifolia*）、阔叶风铃草“罗登安娜”品种（*Campanula lactiflora* ‘Loddon Anna’）、美丽向日葵的杂交品种（*Helianthus*

图 10.4
现有的高茎草本植被主要由自然化种植的非本土物种组成，覆盖了场地中心的一大片区域，位于小溪两侧（摄影：玛丽安·泰莱科特，2009）

laetiflorus)、美丽旋覆花(*Inula magnifica*)、滨菊“贝基”品种(*Leucanthemum* ‘Becky’)、缘毛过路黄“鞭炮”品种(*Lysimachia ciliata* ‘Firecracker’)、千屈菜“Zigeunerblut”品种(*Lythrum salicaria* ‘Zigeunerblut’)、抱茎蓼“火尾”品种(*Persicaria amplexicaulus* ‘Firetail’)、多穗春蓼(*Persicaria polymorpha*)和弗吉尼亚草灵仙“诱惑”品种(*Veronicastrum virginicum* ‘Temptation’)。

在较宽阔的池塘和溪流中生长的物种，例如柳叶菜(*Epilobium hirsutum*)、豆瓣菜(*Nasturtium officinale*)和黄菖蒲(*Iris pseudacorus*)，也引起了设计师的兴趣，并将它们利用起来，如千屈菜“福尔克泽”品种(*Lythrum salicaria* ‘Feuerkerze’)，已成为一道亮丽的风景线(图 10.5)。

以上的植物名录并非详尽无遗，还有更多潜在的适合物种。由于当下资金短缺，对于其他合适的替代品的进一步测试，不得不终止并等待合适时机。

149

随着越来越多的开花植株被记录，到目前为止的结果是很有前景的，选择的物种中有 7 个在柳兰和篱打碗花等原有植被群落中茁壮成长(图 10.6)。管理工作非常简单，只需要在植被过于茂密的时候修剪下来(用于测量植被净重)即可。

图 10.5
千屈菜“福尔克泽”品种(*Lythrum salicaria* ‘Feuerkerze’)，已成为一道亮丽的风景线(摄影：玛丽安·泰莱科特，2010)

图 10.6
增加到现有群落里的大花蓍草和多穗春蓼，7 月开花（摄影：玛丽安·泰莱科特，2010）

随后，对实验成果良好的植物物种，进行“花境”种植。将其植在原有高茎草本植被的边缘，它们就会“框出”位于花境后面的高茎草本，同时提供一定保护作用。这样游客就能更清晰地看到高茎草本植物，它们成为公园里独特的视觉元素。一些现有的植被，例如沙斯塔雏菊，同样被如此使用。更多的路径（增加到现有的社会游径中）和空间将在植被中开辟出来。这为游客与植被亲密接触创造了更多的机会，同时也控制了黑莓对场所的侵占。

在种植实验区域，许多游客逗留欣赏并前来问询。几位游客评论说，所选植物已为公园增加了斑斓色彩。一名 2009 年 7 月路过的年轻人评论道：“我小时候常常在这里玩。现在公园拥有更多的鲜花与颜色，真是太棒了。”也有一位老人不以为然，“鲜花确实好，但我同样喜欢这个地方的荒野。我不喜欢这里变得太多，更不希望它变成一个花园。” 150

实验吸引了人们对这种技术广泛应用的关注；尤其是在 2010 年，一位来自英国特尔福德的、负责环境维护的团队负责人，给予了热情的反馈。

结论

设菲尔德庄园地公园所体现的景观美学，不同于人工干预的公园设计的传统形态。还残留着曾经人类活动痕迹的场地，可以自由地与城市生态系统相互作用；而城市生态系统又反过来作为人类观念改变的推动者。

尽管在野生高茎草本植物群落中（及在公园其他半自然区域）有意控制生态演替，有助于使用者与场所产生共鸣，并能够保护与强调公园特色；但是，为了后续发展，最好不要阻止所有的演替变化，例如，从灌木丛到林地的演替。与场所产生共鸣的演替，例如我们目前进行的高茎草本加植，突出了生物多样性的美学，以及菜园地块废弃后人们观念变化的意义。将适当的外来植被纳入不同类型的植物群落和生境（视场地条件和环境而定）可能也适用于许多其他城市场地。

参考文献

Bauer, N.（2005）'Attitudes towards wilderness and public demands on wilderness areas', in I. Kowarik and S. Korner（eds）*Wild Urban Woodlands：New Perspectives for Urban Forestry*, Berlin：Springer.

Bell, S.（2006）*An Archaeological Watching Brief at Deep Pit, City Road, Sheffield.* ARCUS：Sheffield.

Bisgrove, R.（2008）*William Robinson：The Wild Gardener*, London：Frances Lincoln.

Breuste, J. H.（2004）'Decision making, planning and design for the conservation of indigenous vegetation within urban development', *Landscape and Urban Planning*, 68：439–452.

Corbin, C. I.（2003）'Vacancy and the landscape：cultural context and design response', *Landscape Journal*, 22（1）：12–24.

Dunnett, N.（2004）'The dynamic nature of plant communities', in N. Dunnett and J. Hitchmough（eds）*The Dynamic Landscape*, London：Spon Press.

151 Gilbert, O.（1989）*The Ecology of Urban Habitats*, London：Chapman & Hall.

Grime, J. P.（2nd Edn. 2002）*Plant Strategies, Vegetation Processes and Ecosystem Properties*, Chichester：Wiley.

Hands, D. E. and Brown, R. D.（2002）'Enhancing visual preference of ecological rehabilitation sites', *Landscape and Urban Planning*, 58：57–70.

Jones, M.（2007）'Deer parks in South Yorkshire：the documentary and landscape evidence', in I. D. Rotherham（ed.）*The History, Ecology and Archaeology of Medieval Parks and Parklands*, Sheffield：Wildtrack.

Local Area Statistics Online Service（LASOS）：Manor Neighbourhood Profile. Online：www.lasos.org.uk/PublicProfile.aspx?postcode=S2%201GF（accessed 23 August 2010）.

Kuhn, N.（2006）'Intentions for the unintentional：spontaneous vegetation for innovative planting design in urban areas', *Journal of Landscape Architecture*, Autumn：46–53.

McKinney, M. L.（2008）'Effects of urbanization on species richness：a review of plants and animals', *Urban Ecosystems*, 11：161–176.

Nassauer, J. I.（1995）'Messy ecosystems, orderly frames', *Landscape Journal*, 14（2）：161–170.

O'Connell, D.（2006）'Sheffield regains cutting edge', *The Sunday Times*, 17 September.

Ozguner, H. and Kendle, A. D.（2006）'Public attitudes towards naturalistic versus designed landscapes in the city of Sheffield（UK）', *Landscape and Urban Planning*, 74：139–157.

Rink, D.（2005）'Surrogate nature or wilderness?', in I. Kowarik and S. Korner（eds）*Wild*

Urban Woodlands：New Perspectives for Urban Forestry，Berlin：Springer.

Thompson K.，Austin，K. C.，Smith，R. M.，Warren，P. H.，Angold，P. G. and Gaston，K. J.（2003）'Urban domestic gardens（1）：putting small-scale plant diversity in context'，*Journal of Vegetation Science*，14：71–78.

Woudstra，J.（2004）'The changing nature of ecology：a history of ecological planting（1800–1980）'，in N. Dunnett and J. Hitchmough（eds）*The Dynamic Landscape*，London：Spon Press.

——（2008）'The Eco-cathedral：Louis Le Roy's expression of a free landscape architecture'，*Die Gartenkunst*，20（1）：185–202.

第11章

纯粹的城市自然——柏林萨基兰德自然公园

安德烈亚斯·兰格

152 ### 引言

经过约50年的自然演替，位于柏林市中心的废弃调度站萨基兰德已经转变为高度多样化的城市自然景观。它最初是一个铁路枢纽，然后是40多年来几乎未受干扰的次生荒野，如今该遗址是德国首批法定保护区之一，其包含的城市工业景观受到保护并向公众开放。

柏林三分之二的开放空间为保护地。保护地占该市总面积的15%左右；其中2.2%是自然保护区，其余的是景观保护地。从宏观上来分析保护区的分布位置，会发现其中大部分位于城市的边缘，因而保护了遗存的如森林、湖泊、沼泽或草地等自然或半自然栖息地。在市中心，只有几个城市工业性质的区域被赋予了法定保护区地位。其中之一就是萨基兰德自然公园。在城市中，官方对自然的命名和美化也必然被视为自然保护的里程碑。其对于自然价值增长的认同，使得曾作为城市衰落和管理忽视的象征的荒地得以被更广泛的接受和欣赏。

设计重现荒野，并让公众可以进入荒野，是克服上述观念的更进一步。下文描述了在萨基兰德自然公园应用的概念和设计原则，展示了如何联系和统一场地中的不同目标。

历史：从货运调度站到次生荒野

萨基兰德自然公园位于一处大型货运调度站的其中一段上。该调度站建于1880—1890年间，一直运营到第二次世界大战结束，其火车服务于1952年停止，从那时起，萨基兰德几乎完全废弃了。在这数十年间，一些

153 火车停放在那里，一个大厅也仍然用于维修火车。然而，在场地的大部分区域，自然演替开始占据主导地位，这一过程的结果成为45年后的自然公园总体规划的基础和框架（图11.1）。

怎能在如此长的一段时间里，把这样一个地方留在市中心不开发呢？只要去了解第二次世界大战后柏林的特殊政治局势，也许就可以找到这个

图 11.1
上图：1935 年鸟瞰的萨基兰德［摄影］；下图：贝林格罗特约（Carl Bellingrodt）1999 年于现场的拍照，可以看到自然已占主导

问题的答案。尽管萨基兰德位于旧时该城市的西部，但西柏林参议院的管理层对此地没有管辖权。在分裂的柏林市内，所有铁路场地都属于东柏林当局管辖。导致该场地被孤立的还不仅仅是政治局势——铁路轨道和大负荷道路基础设施使城市居民几乎无法进入场地。因此该场地逐渐被人们遗忘了。

另一个导致场地闲置的原因是，该场地被围栏包围而且有看守者和狗。这就使得偷偷钻过围栏中的洞进入场地有点危险。尽管这样，在 20 世纪 70 年代末，一些荒野爱好者（包括我自己）仍常去探索这个地点。此外，还有一些流浪汉在那安家。在当时开阔得多的植被中（当时仅有三分之一的区域树木繁茂），有一些人迹罕至的小道，还有一个篝火点，在其周围设置了木板作为长凳，于是这个瑞典白树（*Sorbus intermedia*）下的舒适空地成为一个标志性的核心活动区域。如今，这块空地仍是一个休息场所，人们喜欢在白树树旁荡秋千。 154

在 20 世纪 70 年代末，铁路停止运营近 30 年后，地方当局提议建立一个新的调度站时，该场地重新开始受到关注。关于这一建设提议，当地市民提出了在场地建立自然公园的想法。市民团体没有清理现场，而是向市政府施压，要求他们进行生态调查。调查结果显示，由于场地内植物群和动物群的高度多样性，萨基兰德被证明是该市最有价值的生态区域之一。经过深入讨论，政府取消了建立新站的计划，并采纳了建立自然公园的提议。

自然公园的建立同样依托历史——德国的统一和柏林市的快速发展都需要相对的生态补偿。德国有关自然保护的法律提出了生态补偿的概念，其底层逻辑是保持生态平衡，用于补偿发展对生态系统服务造成的负面影响，如用于气候调节、水文功能或动植物栖息地保护等方面。其内在逻辑是：首先，要避免负面的生态影响；其次，任何不可避免的损害，如土壤硬化或群落生境破坏，都应通过自然保护和景观管理措施来抵消。

在这个案例中，相应的补偿是将萨基兰德的产权从德国铁路公司转移到柏林政府。1996 年的产权转移是长期保留场地特色的先决条件，与此同时引入自然公园的理念，并在 1999 年将该场地正式划为自然保护区——约 3.6 公顷的中心区域被设为自然保护区，周边 12.8 公顷的区域被设为非严格保护的景观保护地（Senatsverwalung für Stadtentwicklung，Landesbeauftragter für Naturschutz and Stadtentwicklung 2007）（图 11.2）。旧调度站关闭近 50 年后、引入自然公园理念 20 年后，该公园最终于 2000 年 5 月开放。

从次生荒野到自然公园：面临的挑战和总体规划的实现方法

155

实现自然公园的转变必须先解决两个问题：如何在不影响现有丰富的动植物的情况下向公众开放场地，以及自然植被生长动态是否应该受到影响。

总体来说，该地块的物种多样性的发展是未经人为干预的。其结果是在平原、岩缝、堤岸、高架桥和坡道上镶嵌出多种类型的栖息地（图 11.3）。除了长期不受干扰的发展之外，不同地形提供的多样条件也是形成高度的动植物多样性的原因。地块内现有 200 多种蜂类，以及 366 种不同的蕨类和草本植物（Prasse and Rislow 1995；Saure 2001）。

1981 年和 1992 年进行的两次植被调查结果表明，木本植被在显著增加——10 年来木本植被的比例增加了一倍。1981 年，萨基兰德的植被覆盖

图 11.2
萨基兰德自然公园平面示意图（红色：自然保护区；蓝色：景观保护地）（绘制：planland Planungsgruppe Landschaftsentwickl-ung）

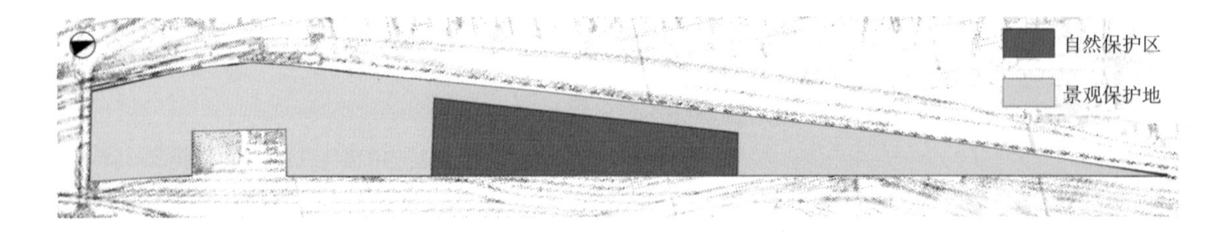

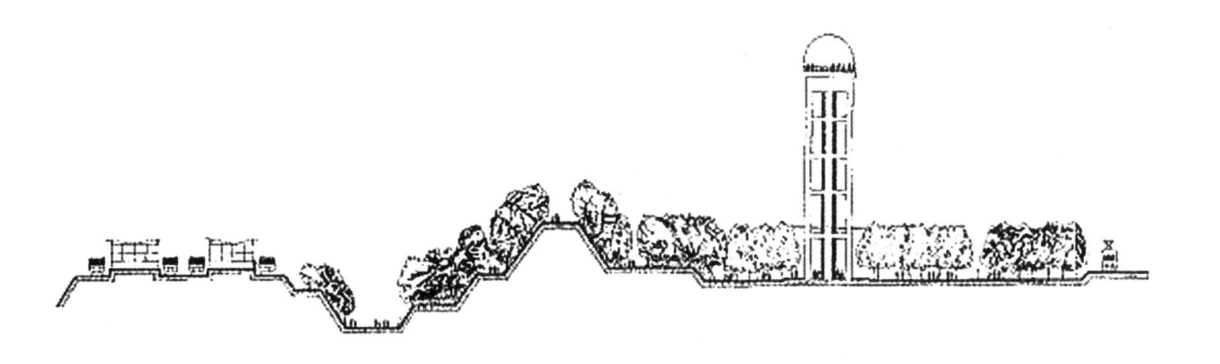

图 11.3
剖面图，展示了萨基兰德自然公园的多样地形（绘制：planland Planungsgruppe Landschaftsentwicklung）

率只有 37%，10 年后这个数字增加到 70%（Kowarik and Langer 1994）。调查结果还表明，持续的自然演替将导致萨基兰德的植被群落结构在短时间内完全改变。这可能会导致开阔型景观的特征物种和植物群落的减少，以及空间多样性的丧失。

这些严峻的后果是我们所不愿意看到的，因此我们决定将自然演替和过程控制结合起来。我们做了什么？我们坚持了以下三项原则，这些原则对自然公园至关重要。

1. 空间类型学定义和分类

我们定义了三种类型的空间作为场地的组成单元：开阔地、疏林和密林。为创造不同的空间特征，开阔地对外开放并且部分扩大，明亮且开阔的林分被保持为疏林，密林则完全顺应自然动态自由演替。

这三类空间的定义确定既考虑了自然保护又考虑了景观美学标准。其目的是展示从调度站到荒野的转变过程，并提高场地对珍稀物种以及游客的吸引力——珍稀物种与开放的场地紧密相连，而游客可以体验到更加多样化的景观。

156

2. 可达性概念

为了提高场地之于公众的可达性，开发了一个基于早期铁路场地的线性路径系统。将火车轨道改造成游路；曾经用于穿越轨道的斜坡和地下通道现用作不同高度的路径；此外，新增一些连接形成环路。萨基兰德核心的自然保护区内，通过高出植被 50 厘米的金属步道实现通行，其大部分沿着旧轨道设置。金属步道兼顾了自然保护的要求和游客游赏的需求。它满足了两个标准：第一，它使人们可以进入自然保护区；第二，它同时避免对植被的任何直接影响。通过将这些功能组合在一个独立的设施中（设有相连的瞭望处及平台的金属步道系统），可保护大面积的场地免受干扰，从而为不应受干扰的自然演替提供空间（图 11.4）。

图 11.4
由欧迪亚斯团队设计的架空金属步道及其相关的瞭望处和平台，保护了自然公园中生物多样性最丰富的区域的植被，同时使用户能够进入并俯瞰这些区域[摄影：劳拉·席尔瓦·阿尔瓦拉多（Laura Silva Alvarado），2010]

157 **3. 保护自然和文化元素**

场地内许多遗存经修复保留为地标，包括铁路信号灯，水车和旧转盘。另外旧水塔也被保留为地标（图 11.5）。这些历史文化要素的保留和改造得益于欧迪亚斯（Odious）团队的贡献。该团队由一群在现场工作的艺术家组成，他们运用创造才能为转变中的荒野造福。他们对该项目的主要贡献之158 一是设计了先前提及的金属步道。甚至不知名艺术家的涂鸦作品也可以起到丰富场地文化的作用。

管理

自该公园于 2000 年 5 月正式开放以来，植被生长管理是管理该场地的一个新要点——这取代了以前的植被自然生长过程。管理是园区进一步发展的关键因素。管理必然是设计概念的一部分——在保持场地特色的同时，创造并维护不同演替阶段的并置。

实施的管理措施涉及密林、疏林和最为关键的开阔地。一开始我们决定不约束密林，然后通过定时采伐乔木和灌木来保持疏林明亮和开放的特征。

图 11.5
水塔是前铁路时代遗留下来的构筑之一，反映了以前场地的用途［摄影：劳拉·席尔瓦·阿尔瓦拉多（Laura Silva Alvarado），2010］

至于开阔地，必须防止被诸如刺槐（*Robinia pseudoacacia*）和白杨（*Populus tremula*）等高侵入性木本植物改变植被构成。高度多样化的干草地也被保留下来，由约 50 只绵羊的放牧来完成每次的清理工作——这些绵羊通常在 6 月底被带到现场几天。放牧绵羊有两个作用：第一，绵羊吃草；第二，绵羊吃木本植物的基生枝。绵羊的选择性放牧有助于延续植被结构的多样性和荒野特质。

出于管理方法的灵活性，设计了以实时监控为概念的管理方法。据管理措施记录植被生长情况，为持续调整管理目的和结果提供依据。而且管理措施必须不断审视，并根据变化的情况进行调整。

结论

该项目表明，设计荒野并向公众开放，是一项可被实现且有价值的努力，可使荒野对城市居民既可见又有价值。通过将自然与人造或艺术元素（如金属步道）的对比，突出了自然和文化的对比与联系。空间差异化的概念是有效的，随着市民对自然公园的认可度不断提高，该公园亦深受市民欢迎。与其他助长城市与自然矛盾的公园相比，萨基兰德自然公园与城市的联系更加紧密。文化已成为自然，自然亦是纯粹的都市。

159

参考文献

Kowarik, I. and Langer, A. (1994) 'Vegetation einer Berliner Eisenbahnfläche (Schöneberger Südgelände) im vierten Jahrzehnt der Sukzession' ('Vegetation on a Berlin railway yard (Schöneberger Südgelände) in the fourth decade of its succession'), *Verhandlungen des Botanischen Vereins von Berlin und Brandenburg* (*Proceedings of the Botanical Association of Berlin and Brandenburg*), 127 : 5–43.

Prasse, R. and Ristow, M. (1995) 'Die Gefäßpflanzenflora einer Berliner Güterbahnhofsfläche (Schöneberger Südgelände) im vierten Jahrzehnt der Sukzession' ('The vascular plant flora of a Berlin railway yard (Schöneberger Südgelände) in the fourth decade of its succession'), *Verhandlungen des Botanischen Vereins von Berlin und Brandenburg* (*Proceedings of the Botanical Association of Berlin and Brandenburg*), 128 : 165–192.

Saure, C. (2001) 'Das Schöneberger Südgelände : Ein herausragender Ruderalstandort und seine Bedeutung für die Bienenfauna (Hymenoptera, Apoidea)' ('The Schöneberger Südgelände : an outstanding ruderal site and its importance to bee fauna (Hymenoptera, Apoidea)'), *Berliner Naturschutzblätter* (*Berlin Nature Protection Newsletter*), 35 : 17–29.

Senatsverwaltung für Stadtentwicklung, Landesbeauftragter für Naturschutz und Stadtentwicklung (Berlin Senat for Urban Development, Commissioner for Nature Protection and Urban Developement) (eds) (2007) *Natürlich Berlin! Naturschutz-und NATURA 2000 Gebiete in Berlin* ('Berlin naturally! Nature protection and NATURA 2, 000 sites in Berlin'), Rangsdorf : Natur und Text.

第12章

以自然为舞台——锡德纳姆山森林的艺术

海伦·莫尔斯·帕尔默

2005年5月至2007年8月，在英国伦敦东南部的锡德纳姆山森林中举办了三场特殊的当代艺术展览。这些展览是免费的，汇集了当地、国内和国际艺术家的作品，是瞭望哨（Lookoutpost）艺术组织和伦敦野生动物信托基金会（LWT）的合作成果。本章将详细介绍此展览，以供未来类似项目的案例研究。 160

城市荒野景观

锡德纳姆山森林呈现着一种奇怪的二重性。这里是一个拥有独特自然美景的宁静之地，但同时距离欧洲最大、最繁忙的都会之一的中心仅8公里。作为北方大森林（Great North Wood）现存最大的遗迹，其历史可以追溯到16世纪。这里的景观经历了诸多变化，从古老的林地到林间牧场，再到占地广阔的豪华维多利亚式别墅。一个古老而荒唐的遗址见证了这片森林一度作为私人花园的历史。1865年，从南海德（Nunhead）到水晶宫（Crystal Palace）修了一条高铁线，直接穿林而过。一个世纪后，别墅成了废墟，铁路也被拆除。到了20世纪80年代，当局曾提交规划建议，拟在该址兴建一个地方议会的住宅区，引发了当地居委会与开发商的争斗。

锡德纳姆山森林现作为自然保护区由LWT运营。然而，应该更宽泛地理解“自然保护区”一词，因为该场地不限制人们的进出。慢跑者随意穿越树林。骑行者无视“禁止自行车进入”的标志疾驰而过。因为没有设置特定的垃圾桶，遛狗的人会在路边或树上留下一袋袋宠物排泄物。垃圾随处可见。来自附近小区的顽童伏击了披萨送货员并劫持了他们的轻便摩托车，后来被发现烧毁在树下。由于各种原因，一日游游客、观鸟者、采野花的人和各个年龄段的当地人每个季节都会走在森林里。锡德纳姆山森林是一个真正的城市荒野。

城市荒野景观吸引了富有创造力的思想家，包括约翰·戴勒（John Deller）。他在2003年为LWT做志愿者时发现了锡德纳姆山森林。约翰是一 161

个当代艺术家，也是非营利性艺术组织瞭望哨[1]的创始人。瞭望哨的主要关注点是寻找并改造废弃的场所和建筑，艺术家可以在其中进行创作。

将锡德纳姆山森林作为展览场所有好几个原因，尤其因为它体现了自然的持久性与不断变化的人类干预的并置。在社会、经济和政治变革的前景下，这片森林的历史使其成为一种恒久不变的背景。这为艺术创作提供了丰富灵感源泉。使用城市荒野作为展览场地，对艺术家来说有明显的优势。这里的环境没有商业的需求或限制，而是为新作品的酝酿提供灵感和空间。在这样的空间里，如何创造能应对、适应环境并留存下来的作品对艺术家提出了挑战，鼓励了不同的艺术方法和过程。

瞭望哨改造场地的目标核心是鼓励新观众创造新作品。锡德纳姆山森林的展览吸引了那些因为害怕或对当代艺术有先入为主的看法而抗拒去美术馆的人。瞭望哨的森林展览既不使观众屈尊俯就，也不强迫其与艺术作品进行互动。城市荒野环境的“要么接受要么走开”的氛围可以转移到艺术作品中，从而形成一种主观发现而不是被动接受的氛围。

这个场地还有战略优势，它连接了萨瑟克（Southwark）和德特福德区（Deptford），推动了富裕的达利奇（Dulwich）与锡德纳姆地方议会的合作。锡德纳姆山森林的展览旨在鼓励各方建立伙伴关系，并有可能维持长期合作关系。

2004年，笔者与约翰及LWT森林管理主任伊恩·霍尔特（Ian Holt）合作，着手制定利用该地区创意潜力的企划，此企划最终在展览中达到高潮。LWT是唯一一家专门致力于保护伦敦野生动植物和荒野空间的慈善机构。它是一个政治上独立的慈善机构，管理着整个伦敦的50多个保护区。该组织致力于保护重要的野生动物栖息地，并通过与自然保护区的接触、志愿活动和教育工作，让更多伦敦人参与到保护野生动物中来。

伊恩发现，通过与瞭望哨的合作，可以同时提升LWT和锡德纳姆山森林的形象。作为一名富有创造力的思想家，他乐于接受建议，并帮助实现了在森林周围不寻常的位置摆放许多不同艺术作品的提议（图12.1）。就算保护变成了障碍，他也能很快提出一种替代方法。这种态度成就了第一次展览的圆满成功——开放废弃铁路隧道，展览“虚假信息”（Disinformation，艺名）的一个名为“绘画的起源”的著名的交互装置作品。观众走进寒冷而黑暗隧道的中，伸手不见五指；空气中弥漫着发电机的烟气、潮湿的泥土味。必须戴安全帽才能入场。走了约25米，就会发现自己正对着一个巨大的投影屏幕。当你困惑地站在那里时，身后突然袭来炫目的闪光。混乱中后退一步，就能在屏幕上看到自己那一刻的影子。影子停了一会儿，然后消失。其他已经知道怎么玩的参与者接下来就填满了屏幕，摆出各种姿势，

162

1 www.lookoutpost.co.uk.

图 12.1
《无题》，简·瑟利（Jane Thurley，2005）[摄影：海伦·莫尔斯·帕尔默（Helen Morse Palmer & John Deller）]

等待闪光灯的定格。

瞭望哨和伊恩合作策展，负责艺术效果和其他实际情况。在所有主要艺术类期刊上发布征集启事，并根据已有作品、方案的效果以及作品与展览概念的相关性选择了艺术家。策展愿景考虑了作品实现的可能性、健康与安全性、危险性，期望作品对环境的影响以及环境对作品的影响相平衡。保护荒野环境是最为关键的，各方都采取了措施以确保作品是对环境友好的、不易被破坏的。瞭望哨还设计了展览传单、海报和作品一览册，部分与当地高校的学生合作。作品一览册由当地企业资助，投放广告并在现场销售，不过根据瞭望哨和 LWT 的目标，观展是免费的。贩卖作品一览册的收益为表演提供了资金，同时也有助于统计观展人数。LWT 在宣传、公共责任保险和资金申请方面提供了支持。主办方联系了当地的指导小组和社团，帮助宣传、记录和管理展览活动。

永恒与变化的艺术

2004 年 5 月，在瞭望哨和 LWT 的共同努力下，他们的第一次展览开幕了，其名为“永恒与变化的艺术”。展览的主题将森林的历史比作永恒，而变化则是指代更宽泛的大语境。通过公开征集，选出了 18 位艺术家，创作了呼应荒野环境和展览主题的新作品。[1]

163

展览定于 2005 年 5 月 14 日至 22 日的上午 10 点到下午 5 点，与久负盛誉的达利奇艺术节（Dulwich Arts Festival）同期举行。艺术形式主要是雕塑和装置，包括一个周末的现场艺术表演。参展作品跨越了传统、趣味、恶作剧、概念性（图 12.2）。

1　参与“永恒与变化的艺术”的艺术家有：Anna Pharaoh、Michelle Griffiths、Roger Nell、Jane Thurley、Magpie Seven、Joanna Morse Palmer、Kim Simons、Alex Zika、Eek Art、Darshana Vora、John Deller、Disinformation、Laura Cronin、David Brinkworth、Dumb Projects、Lee Campbell、Rita Evans 、Helen Morse Palmer

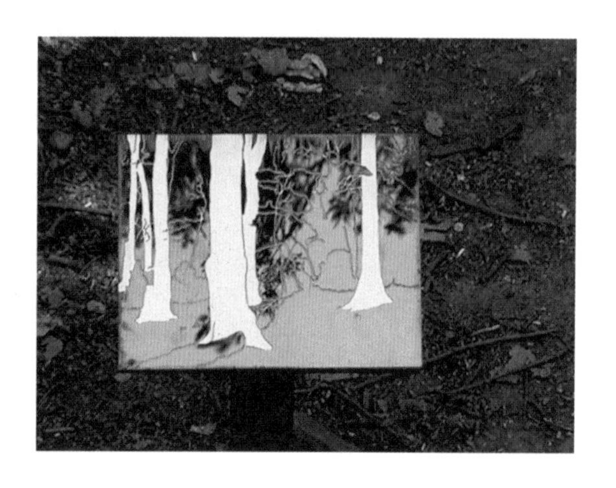

图 12.2
《你在这儿：媒介之中》，约翰 · 戴勒，2005 [摄影：海伦 · 莫尔斯 · 帕尔默、约翰 · 戴勒（Helen Morse Palmer & John Deller）]

最令人难忘的作品之一是米歇尔·格里菲思（Michelle Griffiths）名为“心碎漫步”（Broken Hearted Promenade）的持续表演。在展览 9 天里的每一天，米歇尔整天就在森林里慢慢地、静静地走着。她从头到脚都穿着维多利亚时代的黑色服装，身边只牵着一只黑狗（真的），肩上还驮着一只黑色的乌鸦（填充物）。她的裙子上挂着许多黑色的氦气球，当她经过树木和灌木丛时，它们会沙沙作响、上下摆动。气球上粘着一些小纸片，上面写着爱情名言。每隔一段时间，她就会剪掉一个气球，让上面的标语飘向树林、天空，然后消失不见。在作品简介中，米歇尔写道：“首都（伦敦）的公园和林地随着时间的推移而减少或改变，但过去的阴影仍藏匿其间。在这安静的一隅，有时，人唯一的同伴是狗，只见一段永无止境的漫步。”这件作品留下了持久的遗产——毫无戒心的慢跑者和遛狗者开始谈论森林中的幽灵夫人……

引起巨大轰动的另一项作品是罗杰·内尔（Roger Nell）的“去往虚无知地的末班车”（Last Train to Knowhere）。这是一个音响作品，位于森林中心的旧铁路桥下。游客们常常会停驻在桥上，向下凝视一条绿树成荫的小径，这条小径是曾经高铁的必经之路。在展览期间，这些游客会惊讶地听到远处的蒸汽火车声。起初声音很轻，他们可能会怀疑自己的耳朵，然后声音越来越大、越来越大，直到所有人都觉得有必要向后看，因为害怕火车会撞到树上。欣赏别人第一次遇到这个作品时的惊喜，成了熟悉这个作品的人们最喜爱的活动。

164 根据展览作品一览册的销售情况和为展会设置的临时问讯处的统计，“永恒与变化的艺术”在 9 天内接待了约 1500 名参观者。口头和书面回馈非常积极，由此计划在下一年再举办一次展览：

> “富有想象力、发人深省、令人着迷——太棒了。
> 超爱这种休闲的布局——没有限定，可以自由探索。

喜欢！鼓舞人心、引人入胜、耐人寻味、令人着迷、使人紧张——超级好的作品。让你放慢脚步，欣赏并质疑身边的东西。”[1]

生态破坏

2005年6月，瞭望哨和LWT第二次合作策划了名为“生态破坏”的展览。它于2006年5月13日至14日的周末展出，再次与达利奇艺术节同期。缩短展览时间的决定来源于对“永恒与变化的艺术”的普遍观赏时间的评估。

上一次展览中，有两件作品遭受了轻微的损坏，因此展览的标题是有讽刺意味的。它还暗示了放置在森林中的艺术品可能会被认为破坏了环境。展览再次鼓励艺术家在为展览设计作品时考虑环境及其风险。征集启事要求提交的方案能回应一些问题，如应该由谁评判生态破坏行为、对象所在的环境如何影响评判、乍一看似乎是破坏生态的行为，最终是否会被证明是有益的。生态破坏有内在的美学吗？

通过将这类问题作为策展的指导方针，瞭望哨从50多位申请者中挑选出14位艺术家，为展览创作新作品。[2]

特别受欢迎的作品有维里蒂·格威纳特（Verity Gwinnett）的多个戏水鸭子的雕塑，由再生塑料袋制成，位于一处泥泞的沼泽中。概念艺术家保罗·路易斯（Paul Lewis）将彩弹射击目标固定在树木上，将艺术和生态破坏用娱乐的方式呈现。贾尔斯·普里查德（Giles Pritchard）通过暗中安装监控摄像机装置，将安全的必要性与侵犯隐私相提并论，在展览期间同时也起到了震慑破坏行为的作用。同样受欢迎的是萨拉·海德林格（Sara Heitlinger）的森林音乐之旅。每位游客都会得到一个配有耳机的CD播放机，戴上耳机，预先录制的环绕立体声就立即取代了环境的宁静。不过，这段旅程采取了温和的个人叙事形式，而且奇特的是与环境保持一致。这次参观的结尾特别震撼人心——让参与者透过一个用来封锁旧铁路隧道的金属防护网窥视。通过耳机，萨拉的告别在隧道中回荡，而她的脚步消失在黑暗中，无以为继。 165

以自然为舞台

“我相信像“以自然为舞台”这样的艺术活动在发展我们当地的市民文化方面发挥着重要作用……该活动所在的独特环境将使更多不同

1　引自“永恒与变化的艺术”的评论集。

2　参与“生态破坏”的艺术家有：Jonathan Aldous、Dave Ball、Weiyee Cheung、Verity Gwinnett、Paul Lewis、Giles Pritchard、Sara Heitlinger、John Deller、Etta Ermini、Andy Fung、Eliza Gilchrist、Bruce Ingram、Anne Marie Pena、James Steventon

身份的观众在不同寻常的环境中感受到艺术的卓越，并发掘南伦敦最好和最古的荒野空间之一的新用途。”

[摘自沃德森林山区议员亚历克斯·费克斯（Alex Feaks）的推荐信]

2007年8月，恰逢LWT的25周年成立庆典。作为庆祝活动的一部分，锡德纳姆山森林与瞭望哨合作举办了第三次展览，于8月25日至27日银行假日的周末举行。这个名为“以自然为舞台——你看不出艺术为何物”的活动是迄今为止规模最大的。从超过100份提交作品中选出32位艺术家，委托其设计新作，并“以森林为舞台”。[1] 展览的名字来自对之前展览的评价，在此前的展览中，艺术家们反馈了一种试图与森林的自然华丽竞争（或失败）的感觉。

展览的关键词是“支配”、“商品”和“优先权”，是对自我与周围环境关系的探索。作品还涉及“模仿和操纵”、“森林即舞台”和“间接的挑战”，取代了环境的宁静（图12.3）。

166 参加展览的艺术家们自阿姆斯特丹和纽约等地远道而来。现场表演作品在整个周末接连安排。包括卡罗琳·克拉贝尔（Caroline Kraable）的萨克斯风实验、朱利叶斯·穆林德（Julius Murinde）的一对一演唱，以及张蔚仪

图 12.3
《以自然为舞台》，海伦·莫尔斯·帕尔默（Helen Morse Palmer），2007[摄影：海伦·莫尔斯·帕尔默、约翰·戴勒（Helen Horse & John Deller）]

1 参与“以自然为舞台”的艺术家有：Chris Baxter、Phillip Kennedy、Ami Clarke、Joanna Lathwood、John Deller、Madarms、Weiyee Cheung、Harald Smykla、Joanna Morse Palmer、Mayfly、Laura Travail、Megan Broadmeadow、Jack Brown、Bram Arnold、Sally Barker、Verity Gwinnett、Stuart Silver、Helen Morse Palmer、Tree Caruana、Kim Charnock、Anne Gutt、Bern Roche Farelly、Etta Ermini、Laura Holden、Christina Marie Guerrero、Caroline Kraabel、Joe Banks、Julius Murinde、Maria Laet、Doina Kraal、Jenna and Thomas Barry

图 12.4
《画玫瑰》，乔安娜·莫尔斯·帕尔默（Joanna Morse Palmer），2005[摄影：海伦·莫尔斯·帕尔默、约翰·戴勒（Helen Morse Palmer & John Deller）]

（Weiyee Cheung）的可互动皮纳塔（piñatas）。埃塔·埃尔米尼（Etta Ermini）的当代舞蹈之旅和斯图尔特·西尔弗（Stuart Silver）的艺术史之旅则为展览增添了幽默感。乔安娜·莫尔斯·帕尔默（Joanna Morse Palmer）以自然为舞台，在巨大的雪松上悬挂绳索，展现了惊人的空中表演（图 12.4）。

这次展览得到了当地议员的支持，并由国家乐透彩资助。广告登在巨大的电子展板上，音响作品也在调频收音广播里播出。展览第一次举办了晚会，由灯光艺术家和音乐艺术家五月精灵乐队（Mayfly）、疯狂神臂乐队（Madarms）和哈拉尔德·西麦卡拉（Harald Smykla）倾情奉献。晚会提供音乐、食物和饮料。一整个周末，超过 1000 位游客涌向森林。

结论

尽管如此，或者也许正是因为这次展览的圆满成功，“以自然为舞台”是最后一次在锡德纳姆山森林举办的展览。展览的规模超越了森林的承载力，成了一种隐患。如果展览的受欢迎程度继续升级，就必须解决公共安全、公共设施和牌照许可等问题。街道照明、厕所和咖啡吧的需求对展览所在的荒野构成了太大的威胁。此外，如此规模的大型活动需要主办方的大量工作和义务。遗憾的是，由于 LWT 管理结构的变化，伊恩离开了，他所提供的支持和创造性的愿景也不复存在。可见在利用城市荒野的创造潜力时，不应该低估合适的人在合适的角色中的重要性。

不过锡德纳姆山森林展览还是留下了遗产。荒野景观激发了 64 件新作品的诞生，引来原始森林环境中超过 3000 人的参观。这些作品的变体也在其他展览中展出。参与其中的艺术家获得了新创作方式的经验和见解，许多人回应说，他们的实践方向发生了变化正是来源于森林展览。新兴艺术

167

家得益于知名度的提高和社交机会，而老牌艺术家则享受着一个新的工作平台。该活动的独特性吸引了大量媒体的关注，因此发表了许多文章，包括著名的《艺术家快讯》(*Artists Newsletter*) 杂志的专版。

未能获得大笔资金意味着无法给“永恒与变化的艺术”和“生态破坏”展览的艺术家支付酬金。而 95% 被选中的艺术家最终选择参与展览，这一事实充分说明了城市荒野景观的吸引力。LWT 则受益于会员数量的显著增加，代表了更多人对森林的认识和欣赏。这些展览也提升了瞭望哨的形象，并扩展了其常驻执业艺术家。

也许受益最大的是观众。那些熟悉森林的人通过当代艺术的媒介重新审视了周围的环境。那些被这种艺术所吸引的人发现了一个充满冒险精神的自然宁静的港湾。尤其是孩子们，他们对展览和森林表现出天真的喜悦。但似乎正是这种与创造力相结合的荒野景观，有可能让所有人都成为充满好奇的孩子。

第三部分
景观实践启示

第13章

隐藏的故事

凯瑟琳·希瑟林顿

171 20世纪六七十年代，我在英格兰的一个小镇长大，这意味着在无人监督的情况下，我可以比现在更自由地在户外玩耍。我的童年回忆中有不少成年人很少冒险去的隐秘之地，其中很多都是被人遗忘的空间——城堡的废墟、腐烂的船只残骸和铁轨旁边。在那里可以随心所欲地畅想未来、玩过家家酒，但不知何故，直觉却使人意识到，这些被遗弃的空间与外部世界之间隐藏着不为人知的故事。吉勒斯·堤伯肯恩（Gilles Tiberghien 2009：156）总结道："景观是集体行为的沉淀，是已消失的习惯的见证，更是一个世界的记忆——即便有时对那些居住在其中的人而言，这世界已失去了意义。"

故事不仅是童年的一个关键部分，它还将个人和社区与历史和所处的环境联系起来。故事可以被形式化为仪式。刘易斯（Lewes）的篝火之夜带来了盖伊福克斯节（Festival of Guy Fawkes），现在的政治家，甚至交通督导员都加入了被焚烧的肖像，这串长长的名单包括了许多数百年来被鄙视和憎恨的形象（Tucker 2009）。也有更个人化的故事。如周末在公园散步的家庭传统把对过去散步的回忆写进了故事，使其成为公园风景的一部分。

这些案例描述了故事是如何嵌入到我们对场所的理解中的，以及它是如何在社区和个人层面上体现场所特质的。然而，20世纪这一时代自有的流动性有时会妨碍对场所的理解。对新事物"现代性"的崇拜导致了建筑环境的加速淘汰，被遗弃的土地要么被放弃，要么就被投机房地产或同质发展所取代。德里克（Dirlik 2001：42）解释了资本主义经济学对场所营造的影响："由资本主义驱动的现代化，使进步道路上的一些地方变得不方便，要么全然抹去，要么……使它们成为商品。"

对过去景观的怀念决不能掩盖这样一个事实，即一个场所的故事往往是有争议的。谁控制了故事，谁被排除在故事之外，这是界定场所的意义与价值的核心问题。因此，在一些景观设计师中出现了一种趋势，即尝试 172 创造可被多样理解和诠释的场所。正如马西（Massey,2005:140）所指出的，场所作为一种"结果"是由人类和他们所处的环境之间的拉锯形成的——"此时此地（借鉴了历史和地理上彼时彼地的概念）”。这种对场所的理解是灵活的，认为场所具有可渗透的边界、受历史和事件的影响，可以为景观和当代叙事理论的研究提供线索。景观本身，以及它与人、与更广阔的环境之间的关系，成为供人们阅读的故事；虽然人们总是质疑这是谁写的、谁赋予了它们意义。

有一种看法是，因为对废弃工业景观的叙述往往与艰苦、污染和剥削有关，所以这些工业遗址毫无价值。正如一位钢铁工人儿子的一番评论：“……保护钢厂？它杀了我父亲，谁想保护它？”（Lowenthal 1995：430）康纳顿（Connerton 2008：61–62）将这一观点提炼概括，认为“选择性遗忘”或许是一种积极的行为——表明了一笔勾销，并认为这符合相关各方的最大利益。然而，删去一个群体历史中的重要部分亦可能会导致情感冲突，如宾尼等人（Binney et al. 1977：25）所述的“这种错位感和失落感打破了普通市民在家乡可能有的自豪感和尊严。他们认定的事物不再属于他们的世界。”在废墟景观中，这些世界的痕迹可被发掘、理解并珍藏。罗斯等人（Roth et al. 1997：17）的研究提到了马塞尔・普鲁斯特（Marcel Proust）对记忆的阐释，即直面和逃避陌生的事物都可以刺激记忆，促使“过去从潜意识中浮现出来，即便‘过去’本身就是该遗忘的”。恩索（Edensor 2005：126）在探索废弃的工业遗址时，偶然发现了一些过去事物的碎片，由此以碎片化的方式勾起了对过去的回忆。视觉痕迹、纹理、气味，甚至是在空间中的活动方式都会强烈地唤起人们对过去经历的回忆。这些都是因人而异的，而且可能只是稍纵即逝，但它们促进了对景观的多样化理解和诠释。

也常常有一层植物在废墟中书写着新的历史。吉尔伯特（Gilbert 1992）解释了地区特有的先锋物种是如何迅速在荒地上扎根生长的；安娜丽丝・拉茨（Anneliese Latz）和彼得・拉茨（Peter Latz）在北杜伊斯堡景观公园的沙坑中发现了不寻常的植物，这些植物来自于这处前炼钢厂从世界各地进口的原材料（Latz and Latz 2001：74）。

虽然讲故事可能不是景观设计师在这些场地上工作的主要目的，但往往是遗留下来的痕迹影响着设计，或隐或显地促成了新的故事。残存的工业痕迹最简单的利用方式是用一种象征的手法将废弃场地的残骸、材料、建筑和基础设施融入新的景观中。这种有意将痕迹用作标签或符号的方式，可能在某种程度上有助于揭示场所的故事和意义，但正如特雷布（Treib 2002：99）所说的，“意义在于旁观者，而不只是来源于场所。意义是随时间推移而积累的……也是争取来的，并不是白给的。”符号使用的另一种方法是审视、利用或颠覆废弃场地内在的过程。景观就像一本待阅读的书籍，但它会是一个不断变化、未完成的故事，允许游客自由续写。波泰格和普灵顿（Potteiger and Purinton 1998：x）解释说，叙事性可能是对现有景观的

173

补充，或景观中材料和过程的背后可能隐藏了故事。科纳（Corner 2002：148）分析了读者的想法，认为一个场地只能通过在景观中积久渐成的活动体验来理解，“景观的体验需要时间，是由引人注意的事物和日常接触积累而成的。”与场地建立身体与精神的联系的想法一般来说是出于个人角度的，但在描述事物和接触时，科纳也暗示了联系的重要性。他的观点与马西的场所事件论有所不同（Massey 2005：140）。

因此，对景观的解读是临时起意的，而不是预先确定的、像读一个事先写好的故事那样。游客可以通过多种体验方式“阅读”场地内的过程和历史痕迹，他们也可能留下自己的痕迹，供他人解读。最终，一些痕迹被隐藏起来，要么是因为更新的有意为之，要么是因为无心的自然过程，总之都为景观创造了新的层次。文学理论中互文概念的引入是由茱莉亚·克里斯蒂娃（Julia Kristiva）提出的，“每一处表述与另一处表述相互吸收和转换”（克里斯蒂娃原话，引自 Potteiger and Purinton 1998：55），可应用于景观叙事理论。互文概念在这里指的是场地的历史或“内容”与理解和阅读的相互影响，以及在更广泛的景观背景下设计和诠释场地的可能性。

下文将探讨景观叙事性营造和景观阅读方式之间的联系，及其在废弃和后工业场所干预中的应用。涉及的四种不同设计方法，是根据叙事表达的隐性或显性区分的。第一部分对“白板”（tabula rasa）方法进行了概述，接着是关于把过去痕迹作为新景观符号使用的案例研究，然后讨论了应用于废弃场地再生的过程概念，最后一部分则介绍了一种能让游客与历史要素、新景观要素进行亲密互动的关系型方法。

“白板”——清除重来的方法

直到最近，英国工业用地的开发商还倾向于从一块空地上重新开始，采用“拆挖转移”的方法来治理场地（English Partenrships 2006：33）。不过现在人们已经认识到，将垃圾移至堆填区并不是一个长远的解决办法，不如采用最近发展起来的新技术对场地进行修复。尽管如此，废弃土地和荒地目前仍是一个亟须“解决方案”且被习惯性遗忘的问题（Connerton 2008：61–62），彻底清理它们仍然是常态。2012 年伦敦奥运会场地的开发用醒目的标语概括了这一理念——“拆挖设计”，设计师从清理场地的阶段就开始介入了（图 13.1）。林格等人（Ling at al. 2007：299）在叙述一种多功能的景观再生方法 [1] 时提出，将棕地视为问题地块的观点将它们与“区域内更广泛的复合模式和过程”分离开来。英国南约克郡的前格兰姆索普煤

174

1　这里的“多功能”并不是指用地的混合用途开发，而是指一种整体的景观方法，在这种方法中，不同的功能以一种综合的方式在更广阔的景观中发挥作用。

图 13.1
2012 年伦敦奥运会场地的“拆挖设计”（摄影：凯瑟琳·希瑟林顿，2009）

矿（Grimethorpe Colliery）修复项目（Rodwell 2009）就是一个典型案例，其改造方法不考虑多功能性且不重视场地叙事状态的变化。最初废弃的矿井逐渐被先锋植被占领覆盖，10—15 年之后逐渐开始形成一些灌木丛林地。地方认为这种矮小的林地不利于吸引外资，于是场地被彻底清理了，然后覆以新的表层土，种上乡土树种，最后果不其然又成了一片新林地。

许多城镇边缘的工业废墟只有在经济可行的情况下才能再开发，而其再开发产生的景观和建筑物又往往是同质的，把地方特色完完全全丢掉了。“白板”方法诚然对开发者具有经济意义，对他们来说，彻底清理场地无啻于一劳永逸，远比回收利用残余材料、用还在实验中的技术整治污染来得更便宜。但更重要的是要承认重工业对环境的影响，并且还应意识到，在英国的工业遗址复制北杜伊斯堡的做法是不可能的，也是不可取的（有关该项目的更多信息，请参见下文）。[1] 不过，英国政府现在已经意识到有些场地本身可能具有价值。《规划政策声明 9——生物多样性和地质保护》（*Planning Policy Statement 9：Biodiversity and Geological Conservation*）（Department for Communities and Local Government 2005）指出，如果某些地点具有当地认为重要的生物多样性要素，其目标应是在发展中保护这些生态要素。

175

1　1923 年，当英国的煤矿开采达到顶峰时，仅达勒姆郡就有大约 300 个矿坑（Durham Mining Museum 1951）。

符号——象征性叙事方法[1]

达勒姆郡（County Durham）的伊辛顿（Easington）就是上一部分“白板”方法的一个例子，在此处过去的痕迹几乎被完全抹去，取而代之的是俯瞰北海的悬崖顶上的草地。希瑟林顿（Heatherington 2006：22）描述这个采矿村有两个大矿坑，煤层在海底足足延伸13公里。矿坑于20世纪90年代停止开采，然后重新修整了地形，种植了野花草。附近的海滩曾是黑色的、破坏严重，现在已经一点都看不出来了。当修建新建筑和基础设施不可行时，回归自然是工业遗址修复的首选方案。只是，有必要扪心自问，应该选择哪一种自然形式，以及恢复的自然栖息地何时能融入周围的环境。由此可见这种形式的修复并不一定会产生与历史、环境联系紧密的景观。

伊辛顿周围大规模的采矿基础设施和广布的污染表明，进行某种形式的景观修复是极其必要的。14公里长的海岸线被黑色矿渣、垃圾和其他污染物覆盖，为此在海滩上清理了共150万吨煤矿渣，还只是清理过程的一部分（Heatherington 2006：23）。如果耐心搜寻，灌木丛中还能发现一些老旧采矿基础设施的碎片。悬崖顶上还有一座纪念碑。一个原来用于送矿工下井的坑，静静地待在那里，它标志着采矿业的终结。这种对场地历史的客观认可为过去和未来搭起了一座叙事性的桥梁，然而正如希瑟林顿指出的，并不是所有人都能认同其价值，例如一位前矿工的评论“我不知道这是什么鬼玩意！”

2009年，一个新的线性公园在美国纽约肉类加工区开放，好评如潮，即高线公园（High Line）。公园是一个高架景观，位于一条废弃的高线铁路上（图13.2），比街道约高10米，由詹姆斯·科纳场地运作事务所（James Corner Field Operations）与迪勒·斯科费迪欧+伦弗罗事务所（Diller Scofidio + Renfro）设计。公园的建成要归功于社区组织“高线之友”的努力（Pearson et al. 2009：84–95）。他们的众筹，以及知名的和有影响力的人脉支持，确保了资金来源。受委托拍摄的这条废弃铁路的照片（Sternfeld 2000）展示出一种“忧郁美学”的景观（Bowring 2009：128–129），促使许多人转而支持拯救高线的项目。最终的设计方案从硬质景观到软质景观的过渡非常自然；长凳从铺路石中直接翻起，沿着铺地肌理依次设置，时而出现时而隐没在植物中。埃杰顿·马丁（Edgerton Martin 2009：101）阐述了该公园“唤起了人们对周围城市景观时间层次的关注，而非对公园本身”。而理查森（Richardson 2005：24）则认为这是设计存在的一个问题，他指出，公园既没有引人注目的建筑节点，也缺少可读的“叙事内容或情景性”。话虽

1　该部分没有从遗产角度讨论更新废弃景观的方法，但介绍了将场地历史要素利用到极致的案例。在案例中历史被开发者强行固定到一个时间点上，所用的方法与其景观叙事表达的方式有关。

图 13.2
纽约高线公园的夏天［摄影：亚历克斯·约翰逊（Alex Johnson），2010］

如此，但缺乏连续的叙事情节并不一定是一个缺陷，因为公园的形式及其多样的入口空间允许游客自由进出公园，不设计固定游线也鼓励游客以灵活的方式享受空间。一些不太引人注目的要素点明了场地以前的用途：线性的铺地形式和公园本身的形状都意有所指，躺椅甚至能沿着旧铁轨滑动。皮尔森等人（Pearson et al. 2009：84–95）的研究叙述了遗存的旧铁轨被编号、拆卸和清洗后，是如何重新铺设在场地植被和铺装上的，而由皮耶特·欧多夫（Piet Oudolf）设计的种植本身，也唤起了人们对曾经在旧铁路上落地生根的野生植被群落的回忆。[1]

公园一期开放后仅几个月，该地区的房价就开始上涨，时间见证了这个公园的巨大成功。虽然仍有人质疑，是否可以支持每年约 350 万至 450 万美元的运营成本，还有人认为，仅有的特色种植和城市观景台是不够的，需要用更多的活动来维持公众的热度（Ulam et al. 2009：96）。欧多夫（Oudolf）的种植设计遵循自然主义的审美，需要细致而专业的维护，以保持其类似自然的形式，就像斯特恩菲尔德（Sternfeld 2000）拍摄的那样。一些评论对公园

1　一项对高线原来植被的调查发现了 161 种维管植物，并指出高线 38.8 种 / 公顷的物种丰富度可能是该地区城市环境中最高的水平之一。

并不那么认为：鲍林（Bowring，2009：128）写道，这处高线景观的符号元素不过是“具有代表性的碎片”。而且,当地业主本来就不支持保留这条铁路——许多人认为它是对社区的一种摧残，自 20 世纪 80 年代以来一直有运动呼吁拆除它（Ulam et al. 2009）。公园的建立和游客对它持续高涨的热情表明了该项目的成功——“一处人工的荒野，舒适而充满活力，既能独处又可社交”（Gerdts 2009：22）。但愿公园能继续保持这种没有固定组织的游览模式，高开放度和适度的私密性将允许游客到高线去发掘属于他们自己的故事。

与使用高架场地创造新景观形成对比的是，安塔西斯建筑事务所（Entasis Design Architects）在哥本哈根重新开发嘉士伯啤酒厂的方案中，将啤酒厂地下酒窖作为一个新的多功能城市开放空间。安塔西斯巧妙地使用遗存作为符号，将地窖的空间结构作为二维平面的起点。历史的层次往往是通过主动挖掘和被动揭露来呈现的（Riesto and Hauxner 2009），这种把隐藏的故事呈现出来的想法有助于激发人们对这个项目的好奇心。酒窖本身就是隐藏起来的，是酿造过程的基础，但公众并不了解。该设计加强了隐藏空间与街道空间的联系（Riesto and Rauxner 2009），形成一个开放空间的网络，甚至还有一处游泳池（图 13.3）。

上述例子将场地中遗存的“痕迹”作为新景观中的显式符号。在伊辛顿和高线公园中，符号的含义是明确的，对游客来说并无阅读障碍。然而，在这两种情况下，隐含的政治和经济潜台词也使景观叙事更具争议性和针对性。嘉士伯啤酒厂的项目尚未实现，我们希望在这个大型项目的建设过程中，保留这个能吸引公众想象力的概念，以提升景观的叙事性。

以过程为框架

伊格纳西·德·索拉-莫拉莱斯·卢比奥（Ignasi de Solà-Morales Rubió 1995：118-123）将城市中的废弃场地定义为“暧昧地带”（terrain vague），即性质暧昧、意味不明的场地，其不受监管的性质与城市常规有组织的一面形成对比。为了保留这种暧昧性，一些设计师优先考虑过程而不是成果，意图创造持续变化的景观。在这些场地中，往往重点关注可持续性、水的管理、废弃要素的回收和变化的控制。生态的叙事性非常容易表达，比如让人们看到腐烂和演替的过程，或更复杂的再生垃圾分解、生物净水过程。

178

卡瓦斯诺（Kamvasinou 2006：255-262）以米歇尔·戴斯威纳（Michel Desvigne）对波尔多市滨河空间的总体规划为例，介绍了公园本身作为废弃场地，它的用途被置于新的景观形式中。戴斯威纳（Desvigne）的方案简单而富有新意——随着加隆河沿岸 6 公里的工业用地逐渐空置，在其上密植乔木。这个为期 30 年的项目保留了一些不可预测的要素：地方议会将逐步征用这些地块，因此种植也是逐步进行的，并在种植中点缀式地留下一些废弃

图 13.3
嘉士伯啤酒厂的方案：地下室改造为游泳池（来源：安塔西斯建筑事务所）

的场地和道路（Kamvasino 2006：255–262）；新的林地在这些区域顺其自然地变疏，由此保证了这一阶段场地的可达性。蒂伯肯恩（Tiberghien，2009：155–156）在讨论到戴斯威纳（Desvigne）的作品时解释道，这种形式取决于场地的历史和地形特征，由此产生的景观“尚未完成，存在着时间延迟”。科纳（Corner 2009：7）则称之为“随时间推移而培育出景观、凸显出过程的变化的设计”。这处滨水空间呈现出了废弃和自然演替的过程——由水泥地到林地。戴斯威纳（Desvigne 2009：13）并不认为过去的痕迹就是叙事性符号，他说：“仅仅展现这些痕迹是不够的。满足于此就像做修旧如旧的修复工作一样。利用这些痕迹、对其进行颠覆和变形才是创新之处。”

179

位于柏林的萨基兰德自然保护区最初是一个调度站，是德国铁路系统的一部分。第二次世界大战后柏林的分裂使得这个地方被政治孤立，密集的路网又将其与附近社区在空间上隔离（见本书第 11 章）。由于没有人类活动的干扰而发展起来的景观具有高度的生物多样性，而这种工业遗址和自然演替的混合，正是新公园所追求的。萨基兰德是典型的“暧昧地带”，其自然公园的建立表明了过程是设计的核心。新的公园在自然植被之上架起了金属步道，既保证了场地的可进入性，又保存了生态价值。除了自然演替，在场地的发展中还隐含着更为微妙、有争议的政治故事，公园的存在和结构反映了20世纪下半叶德国分裂和统一的政治进程（图13.4）。

对场地更新干预最小的方法之一是使用原有自然植被作为新的种植设计的基础。诺伯特·库恩（Norbert Kühn）的研究（2006：46-53）表明，根据公众对这种种植方式的态度，还应对现有群落进行优化，例如在先锋植被群落中加植显眼的开花植物。选择形成稳定群落的植物也很重要，而且也存在着引入入侵物种的风险（Kühn 2006：46-53）。还需要进一步研究以确定这种种植方法是否可以用于维持荒地和废弃场地的现状，毕竟工业废墟的衰败是随着自然演替的进行而逐渐发生的（详见本书第10章）。

关系的扩展——互文手法

朱利安·拉克斯沃西（Julian Raxworthy 2008：76）将彼得·拉茨为北杜伊斯堡景观公园所做的设计描述为“使用现有场地材料作为组织逻辑，通过场地再生将人们带入与工业遗址不同的物理关系中”。拉克斯沃西称之

图13.4
柏林萨基兰德自然公园植被中隐隐绰绰的旧铁轨（摄影：凯瑟琳·希瑟林顿，2007）

为关系设计方法。[1] 拉茨不仅建构了与场地材料的互动，还采用了一种功能复合的方法，将人们与更广阔的景观联系起来——即令关系得到了扩展，与叙事理论中互文的概念非常类似。

180

卡瓦斯诺（Kamvasinou 2006：255–262）叙述了地方对北杜伊斯堡的规划和资金筹集的重要性，尤其此时正值人们越来越欣赏工业美学的时期。拉茨将现有的工业使用模式与衰败的废墟、自然过程相结合，基于人们对该区域的使用方式制定了总体规划——人们参观了解场地的历史和植被状况，更有甚者在矿坑中进行攀岩活动。场地再生后，可以看到历史的层次，由此创造出可多样解读的叙事景观。扩展关系的方法在拉茨对铁轨的利用中得到了很好的体现。旧铁轨构件横跨周围的景观，朝向埃姆舍河，呈扇形向场地上的单体建筑延伸而去。在一些地方，它们变成了进入和环绕公园的骑行道和步行道，有的甚至架在了烧结的矿坑上。爬上高炉顶部就可以看到这样壮观的景象，令人遥想起工业景观的发源，鲁尔区工业历史中浓墨重彩的旧铁路，连接着埃姆舍河，曾为该地区带来了原材料。拉茨明确指出，铁路沿线的植被应该清理修剪，使铁路的结构和延伸关系清晰可见（Weilacher 2008：122）。

181

在英国，用扩展关系方法设计后工业景观的例子并不多见。在伦敦以东的泰晤士河口，夹在欧洲之星高铁和泰晤士河之间，在高压线下，是面积很小的雷纳姆沼泽（Rainham Marshes）遗址，归皇家鸟类保护协会（RSPB）[2] 管辖。这片古老的湿地是伦敦地区仅存的几片湿地之一，整个 20 世纪都被军方用作射击场。现在，雷纳姆沼泽是一个鸟类保护区，拥有一个屡获殊荣的游客中心，它向我们展示了一个如此小规模的废弃场地可以做什么。由彼得·比尔德（Peter Beard）土地空间事务所设计的架空木栈道环绕了大部分场地，让游客可以在沼泽地中行走，同时，通过将活动限制在路径上，它含蓄地表达了景观的价值和重要性（图 13.5）。这条路穿过了鸟类栖息地和军事用途的遗迹，路径上零散分布的标牌解释了每一处残破的结构，以及现在将它据为栖息地的野生动植物。设计没有对废墟或者周围环境进行完全的清理，高铁每隔几分钟就会飞驰而过，塔架、烟囱和风力涡轮机就在不远的地平线上，皆使参观者不禁注意到场地过去、现在和未来之间的关系。

澳大利亚悉尼港巴拉斯特角公园（Ballast Point Park）由麦格雷戈·科克索尔（McGregor Coxall）事务所设计。[3] 该场地以前是一个油库，最初为了

1　拉克斯沃西（Raxworthy，2008：68–83）描述了麦格雷戈（McGregor）事务所位于悉尼港威弗敦的巴拉斯特角公园设计中采用的关系方法。北杜伊斯堡景观公园于 2005 年落成，其后才兴建巴拉斯特角公园。

2　皇家鸟类保护协会（RSPB）是英国的一个慈善机构。

3　麦格雷戈·科克索尔事务所在完成这项工作时被称为“麦格雷戈团队”，他们接替了原设计团队的工作。原团队由 Anton James Design、Context Landscape Design 和 CAB Consulting 三家事务所组成，起草了最初版本的规划。

图 13.5
RSPB 管辖的雷纳姆沼泽，背景可见欧洲之星高铁（摄影：凯瑟琳·希瑟林顿，2010）

让重型机械进场，其砂岩峭壁被炸开了（Hawken 2009：45）。虽然在设计182师介入之前，场地的大部分工业建筑都被拆除了，但是地形因其过去的使用而形成了独特的景观。该设计利用现有的空间结构和通道，将砂岩层和混凝土地基显露出来（Hawken 2009：47–48）。照片（McGregor Coxall 2010）清晰地展示了粗糙的材料肌理、工业建筑和悉尼海港蓝天碧水之间的并列关系（图 13.6）。设计引导游客穿过曾被工业占据的场地的各个层次，然后戏剧性地展示出与外部景观的连接。设计团队故意通过破碎的砖块和碎石来传达工业开采的流程的停止，并在曾经有一个油罐的地方安装风力涡轮机，还使用了乡土物种的种植设计（Hawken 2009：46–51）。这个项目是一个讲述环境过程和发展的故事，设计师把场地过去、现在的使用与更广阔183景观之间的关系向游客娓娓道来。

结论

与当地社区的协商是决定上述许多项目成功与否的一个重要因素。人们对场地“已衰落”的看法可能根深蒂固，而且工业历史距今太近，一些人无法接受它融入新的景观。场地里的构筑往往因为存在安全隐患而无法保存，健康、安全以及经济等方面优先决定了场地再生的方向。对于高度污染的场地来说，彻底清除有时是唯一的出路，开发者更愿意从一块空地

图 13.6
悉尼港巴拉斯特角公园的分层材料［摄影：克里斯蒂安·博彻特（Christian Borchert）- 麦格雷戈·科克索尔（McGregor Coxall）景观事务所］

重新开始。但在某些情况下，采取一系列创新、可持续的干预措施也是可行的，如材料的再利用、就地修复、废弃物的适度清除和生物多样性加强等。

在任何开发过程中，维护都是一个重要的考虑因素，特别是使用“荒野式”或自然主义种植的情况下。先锋植物的自播和蔓延可能最终会抹去所有工业历史的痕迹。但出于安全考虑，需要控制建筑物的毁坏程度。自然演替始于先锋的草本植物，逐渐演替到更高茎的草本群落、草地，然后是灌木和林地，必须确定好这种演替可以进行到什么程度。

用符号的方法表达过去，可能会把场地变成静态纪念碑。如果事先就设定好场地的含义，游客只会在身临其境时觉得“我了解了”，而没有动力进一步与场地进行互动。文化背景影响着对废弃再生的景观符号的理解，不适合的语境可能导致符号的含义被忽视或误解。废弃场地再生项目倾向于使用一种常见的材料色调——锈铁、钢结构、混凝土、石笼，意图引入场地的工业历史，尽管这些材料在审美上也有可取之处，有时也很富有挑战性，但它们只是创作了一种过于通俗的叙事，对场地特色的表达并无益处。

以上讨论的几个项目借鉴了场地的历史，使新的故事和意义能够在灵活开放的景观中被解读。这些设计通常利用过去的痕迹，而不是新加的符号。过程的概念在其对场地历史背景的诠释中得以扩展，而这种未完成的性质为游客对场地多角度的解读提供了机会。这种过程驱动的方法也意味着场地的历史痕迹会渐渐湮没，但是过去使用的痕迹也将引发新的含义。然而，主要由生态原理驱动的设计可能需要为不了解生态过程的游客专门定制一些科普教育要素。

184 互文的概念指的是场地关系扩展的方法。新的故事源自于场地内外的环境。上述项目都认识到可渗透的边界对于多功能景观的重要性，在这种景观中，游客自身也参与到了场地和周围环境关系的构建之中。

戴斯威纳（Desvigne 2009：13）写道，"我们改变了社会产生的景观。我们从中获得灵感……从社会活动的痕迹中……我们的目标是使这种社会设想能实现，并在其基础上寻找其他的表达方式。"可以说这番话概括了许多在后工业废弃场地工作的景观设计师的想法；景观被人类活动和自然过程不断翻新，设计也在不断创新和变革中，由此不断为景观叙事添加新的层次，而遗存的痕迹和记忆也被重新估值，形成的场景为自然与文化之间的新关系和互动奠定了基础。

参考文献

Binney, M., Fitzgerald, R., Langenbach, R. and Powell, K.(1977)*Satanic Mills: Industrial Architecture in the Pennines*, London: SAVE Britain's Heritage.

Bowring, J.(2009)'Lament for a lost landscape: the High Line is missing its melancholy beauty', *Landscape Architecture*, 99(10): 128–129.

Connerton, P.(2008)'Seven types of forgetting', *Memory Studies*, 1(1): 59–71.

Corner, J.(2002)'Representation and landscape', in S. Swaffield(ed.)*Theory in Landscape Architecture*, Philadelphia: University of Pennsylvania Press.

——(2009)'Agriculture, texture and the unfinished', in *Intermediate Natures: The Landscapes of Michel Desvigne*, Basel: Birkhauser.

185 de Solà-Morales Rubió, I.(1995)'Terrain vague', in C. Davidson(ed.)*Anyplace*, Cambridge MA: MIT Press.

Department for Communities and Local Government(2005)*Planning Policy Statement 9(PPS9) Biodiversity and Geological Conservation*, Norwich: TSO.

Desvigne, M.(2009)*Intermediate Natures: The Landscapes of Michel Desvigne*, trans. E. Kugler, Basel: Birkhauser.

Dirlik, A.(2001)'Place-based imagination', in R. Praznaik and A. Dirlik(eds)*Places and Politics in an Age of Globalization*, USA: Rowman & Littlefield.

Durham Mining Museum(1951)*The Guide to the Coalfields(Colliery Guardian): Durham.* Online: www.dmm-gallery.org.uk/maps/index.htm(accessed 8 January 2010).

Edensor, T.(2005)*Industrial Ruins*, Oxford: Berg.

Edgerton Martin, F.(2009)'An old system made new', *Landscape Architecture*, 99(10):

101–102.

English Partnerships (2006) *The Brownfield Guide*. Online : www.englishpartnerships.co.uk/landsupplypublications.htm#brownfieldrecommendations (accessed 9 January 2010) .

Gerdts, N. (2009) 'The High Line : New York City', *Topos*, 69 : 16–23.

Gilbert, O. (1992) *The Flowering of the Cities : The Natural Flora of Urban Commons*, London : English Nature.

Hawken, S. (2009) 'Ballast Point Park in Sydney', *Topos*, 69 : 46–51.

Heatherington, C. (2006) 'The negotiation of place', unpublished MA thesis, Middlesex University, London. Online : www.chdesigns.co.uk (accessed 8 January 2010) .

Kamvasinou, K. (2006) 'Vague parks : the politics of the late twentieth century', *Architectural Research Quarterly*, 10 (3/4) : 255–262.

Kühn, N. (2006) 'Intentions for the unintentional : spontaneous vegetation as the basis for innovative planting design in urban areas', *Journal of Landscape Architecture*, Autumn : 46–53.

Latz, P. and Latz, A. (2001) 'Imaginative landscapes out of industrial dereliction', in M. Echenique and A. Saint (eds) *Cities for the New Millenium*, London : Spon Press.

Ling, C., Handley, J. and Rodwell, J. (2007) 'Restructuring the post–industrial landscape : a multifunctional approach', *Landscape Research*, 32 (3) : 285–309.

Lowenthal, D. (1995) *The Past is a Foreign Country*, Cambridge : Cambridge University Press.

Massey, D. (2005) *For Space*, London : Sage Publications.

McGregor Coxall (2010) *Ballast Point Park*. Online : www.mcgregorcoxall.com (accessed 22 April 2010) .

Pearson, L., Clifford, A. and Minutillo, J. (2009) 'Two projects that work hand in hand, the High Line and the Standard New York bring life to New York's West Side', *Architectural Record*, 197 (10) : 84–95.

Potteiger, M. and Purinton, J. (1998) *Landscape Narratives : Design Practices for Telling Stories*, New York : Wiley.

Raxworthy, J. (2008) 'Sandstone and rust : designing the qualities of Sydney Harbour', *Journal of Landscape Architecture*, Autumn : 68–83.

Richardson, T. (2005) 'Elevated landscapes : NY', *Domus*, 884 : 20–29.

Riesto, S. and Hauxner, M. (2009) 'Digging for essence and myths : the role of the underground in the Carlsberg urban redevelopment', paper presented at European Council of Landscape Architecture Schools Conference entitled *Landscape and Ruins : Planning and Design for the Regeneration of Derelict Places*, at the University of Genova, September 2009.

Rodwell, J. (2009) 'Spirit of place', paper presented at conference on *Spirit of Place*, at the Garden Museum, London.

Roth, M., Lyons, C. and Merewether, C. (1997) *Irresistible Decay : Ruins Reclaimed*, USA : The Getty Research Institute Publications and Exhibitions Programme.

Stalter, R. (2004) 'The flora on the High Line, New York City, New York', *Journal of the Torrey Botanical Society*, 131 (4) : 387–393.

Sternfeld, J. (2000) *Walking the High Line*. Online : www.thehighline.org/galleries/images/joel–sternfeld (accessed 27 April 2010) .

186

Tiberghien, G. (2009) 'A landscape deferred', in *Intermediate Natures : The Landscapes of Michel Desvigne*, Basel : Birkhauser.

Treib, M. (2002) 'Must landscapes mean?', in S. Swaffield (ed.) *Theory in Landscape Architecture*, Philadelphia : University of Pennsylvania Press.

Tucker, E. (2009) *Tonight's the Night : Bonfires and Fireworks*. Online : www.women.timesonline.co.uk/tol/life_and_style/women/the_way_we_live/article6903456.ece (accessed 7 July 2010) .

Ulam, A., Cantor, S. L. and Martin, F. E. (2009) 'Back on track : bold design moves transform a defunct railroad into a 21st century park', *Landscape Architecture*, 99 (10) : 90–109.

Weilacher, U. (2008) *Syntax of Landscape : The Landscape Architecture of Peter Latz and Partners*, trans. M. Robinson, Berlin : Birkhauser.

第14章

驯服荒野——盖尔林花园与城市化的荒野景观

马蒂亚斯·奎斯特伦

187

引言

> “有一次，当我拿着一把剪枝刀沿着这条路走时，我遇到一位女士，她手里也拿着一把剪枝刀……我们说着，‘是你呀’，以及，‘我注意到别人也在剪……为了能走到这儿来，你懂的……’”

我和牵着狗的比吉塔（Birgitta）沿她常走的路线在马尔默市边缘的盖尔林花园散步（图 14.1）。40 年来，她一直住这曾经的苗圃附近。苗圃废弃后不久，就被用作非常规的休闲游憩场所（图 14.2）。“这里是孩子们的天堂！”我们走进花园时，她说：“孩子们疯狂地摘水仙花、造秘密基地。我们摘荨麻做荨麻汤，也摘黑莓和露莓。”当说到花园的日常使用时，她表现出对其

图 14.1
盖尔林花园（摄影：马蒂亚斯·奎斯特伦，2005）

图 14.2
1976/1977 年，比吉塔一家于盖尔林花园[摄影：比吉塔·盖特（Birgitta Geite）]

管理的责任感。她强调，花园中的路径需要进行管理：树枝必须修剪——要是有棵树倒了，路径就得改道；在大雪纷飞的冬天，小径上也必须常有人走动——去年冬季的雪天尤其漫长，她就把树枝剪下来给兔子吃，这样它们就不会把树皮给啃了。她也以同样的方式照料着以前苗圃留下来的不明植物群。现在有些植物被移到她自家的花园里，据她说："这样做挽救了一些植物。"比吉塔绝对不是唯一一个拿着铁锹或剪刀进入盖尔林花园的人。

188

189

有一次，她遇到了一个练习移植技术的男人。还有一些人进入花园采摘苹果、黑莓、樱桃李、黑刺李、露莓、接骨木花、郁金香、水仙、丁香和连翘。她指着一个盛开的连翘绿篱说道，如果不是每年都有人来剪枝，这类灌木就不会那么好看了；修剪是让灌木恢复生机的方法之一。

这段路走到尽头，我们进入了该区域的北部，此处正在经历迅速的变化（图 14.3）。10 年前，花园内约 23 公顷土地被划为自然公园，但其余 43 公顷将建 700 套住宅公寓以供 2000 名新居民入住，以盖尔林花园为后院，拔地而起的多层建筑将使这个地块成为以小别墅和一层半独立式住宅为主的周边区域的地标。在主要建筑动工之前，推土机整平了土地，新的柏油路已经铺好，道路照明也已经安装好。该地块售楼处使用了巨大花盆的意向图和"生活在自然之中——距离城市一步之遥"的口号，寓指其名称和"野"的景观特质。

对城市发展的研究不可避免地将城市与自然景观相互交织的动态带到了人们面前。（例如 Shoard 2000；Qviström 2007；Rink 2009）然而，城市发展不只是盖新房子或推平土地修建高速公路和购物中心，而是重新思考和实现对城市与乡村、自然与文化的观念的过程。通过这个重新思考的机会，对城市边缘公园管理的研究也可以像对大区域土地利用转变分析一样有意义；研究割草机的工作也和研究推土机的工作一样富有成效。本章叙述了"自

190

图 14.3
原防风林成为新住宅区的风景（摄影：马蒂亚斯·奎斯特伦，2009）

然公园”的逐步转变，以说明如何驯服荒野。本研究灵感来源于英戈尔德（Ingold 2007；2008）的研究，本文着重关注盖尔林花园的设施和设计。

本案的研究基于对 2010 年春季场地规划过程的参与性观察，并结合了对项目负责人和马尔默市另一位景观设计师的半结构式访谈（2010 年 5 月）、上述与比吉塔散步时进行的访谈（2010 年 4 月）、多次实地勘察（2004—2010）、档案研究和同期地方规划文件分析。

从工业景观到荒野景观

20 世纪 30 年代初，为扩大苗圃，克努特·盖尔林（Knut Gyllin）买下了位于他苗圃北面几百米的巴克卡登（Bäckagården）农场（面积大致相当于现自然公园的面积）。很快，此区域就变成了一处工业景观——当企业发展达到顶峰的时候，盖尔林温室面积超过 10 万平方米，还有 60 公顷的户外种植园（Qviström and Saltzman 2006）（图 14.4）。他的公司号称北欧国家最大的剑兰栽培基地，也是世界上最大的牡丹栽培基地（Vikberg 2003；Bengtsson 2007）。这公司和盖尔林本人（因其过于严苛的惩罚措施而臭名昭著）的故事仍在此地区的老居民间流传。

191

20 世纪 30 年代，巴克卡登位于广阔的耕地之中，是农业主导的乡村景观的一部分。20 年后，不断扩张的城市将盖尔林花园所在的行政区合并

图 14.4
盖尔林温室的栽培康乃馨，1965（来源：马尔默市地产办公室）

了进去。自那以后，该城市的规划就把这片区域划为城市发展区。20 世纪 60 年代，为应对城市发展，市政当局在城市边缘购买了大量土地（Qviström 2009）。到 1965 年，私有的盖尔林花园成为政府所有市郊农业景观中的一座孤岛，而且政府还规划征用盖尔林花园和盖尔林名下的其他城郊地产（Stadsfullmäktige i Malmö 1965；Malmö stadsarkiv：Fastighetsnämnden）（图 14.5）。由于受到城市发展和不断被征用的威胁，该公司的业绩出现了下滑。1967 年，一场暴风雨摧毁了巴克卡登的部分温室，但是由于公司对未来发展的不确定，修缮工作一度搁置（Malmö stadsarkiv；Malmö tingsrätt）。1976 年，该公司宣告破产，两年后，历经多年徒劳无功的谈判，市政当局终于取得了这处工业用地的产权（Stadsfullmäktige i Malmö 1974；1978）。

192

照片中拍摄的是 1965 年市政部门想收购的房产，包括一个已经改作马厩的老式农场、一个羊棚、一个汽修间（锻冶场）、各种棚屋、一个泵房、一堆油罐、一个鲜花包装厂、一些木质结构温室、一个带大烟囱的锅炉房，以及盖尔林房产中价值最高的——11 个铁质结构大温室（图 14.4 和图 14.5）（Malmö stadsarkiv：Stadsfullmäktige i Malmö 1978）。这些照片的背景显示农场旁边有一个郁郁葱葱的花园，温室和废料场旁边还有高大的白杨树。10 年后，破产有关的文件则描述了另一番景象：农场被焚毁、木制的温室倒塌了、铁质的温

图 14.5
1965 年的盖尔林花园，作为工业景观（来源：马尔默市房地产办公室）

室年久失修（Stadsfullmäktige i Malmö 1978）。这些建筑被认定为无价值（或价值不大），1978年，即被收购一年后，市政当局决定拆除所有的建筑（Malmö stadsarkivFastighetsnämnden）。该公司的主要资产是另一种形式的，1975年一份详细的库存统计列出了：1500米的丁香绿篱和几乎同样多的连翘、约1600株牡丹、180万株洋水仙、225平方米的玫瑰、一个种满柏和侧柏的苗圃、2200棵老山毛榉树、2500棵老橡树、170桶芦荟、4000桶铁线蕨、2000多株百合、矢车菊和牛眼雏菊的花圃等等（Malmö stadsarkiv；Malmö tingsrätt）。这些绿色资产的一部分被出售，但防风林和其他大树、果树、一部分绿篱和零散的球根被留在了这仍有生命的废墟中，复现着以前苗木生产和销售的场景（图14.6）。

20世纪80年代和90年代制定的总体规划规定，该区域废弃的用地转为住宅区，东西两侧的耕地则划作公园和其他游憩场所。在等待开发的过程中，盖尔林花园以及对这场地的公众观念都发生了变化。尽管场地中有很多碎玻璃渣，社区还是把花园作为日常娱乐场所，花园中草本植物和灌木交杂混合，形成了一处可供玩耍、野餐和散步的城市荒野。在2000年制定的总体规划中，现存的场地特质最终得到了市政当局的认可，盖尔林花园被划为“自然公园”。花园的荒野风貌予以保留，而周围的耕地将改为住宅区（Qviström and Saltzman 2006）。尽管用了像传统的文化景观定义那样的语句来描述这个区域的景观特质，市政当局进行的初步调查结果仍显示该区域特质不明：

图14.6
侧柏与灌木丛。盖尔林花园是工业化时代的“活”废墟（摄影：马蒂亚斯·奎斯特伦，2010）

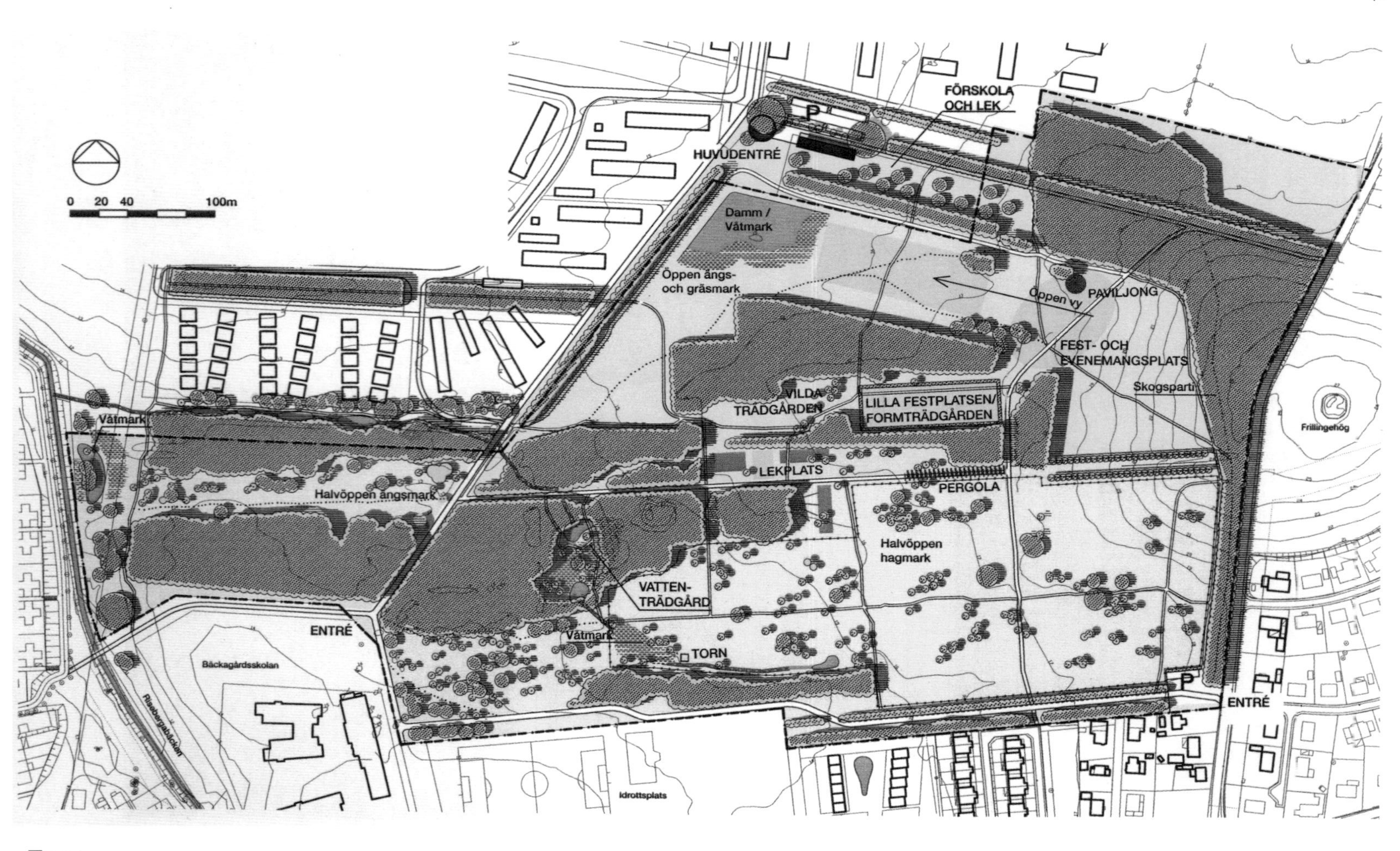

图 14.7
详细规划平面图。纯自然、公园和娱乐区域的划分在具有法律效力的规划图中非常清晰，而在意向图解中被弱化：纯自然 = 黄色，公园 = 绿色（绘制：马尔默市政公路局）

> “如今的盖尔林花园既不是纯自然也不是公园，而是一个混合体。它是一种被自然重新捕获且自由生长的文化。成排的树木和灌木丛将这片区域分隔开来，其间生长着各种草本植物。不同区域的特点和内容各不相同——开阔的草地、落叶林、果林、树木稀疏的半开阔区域，这使得该地区变化多样且富有趣味……”
>
> （Malmö stadsbyggnadskontor 2001：13）

然而，不明确的类型是与地图和土地利用相关法规的空间秩序存在矛盾的。不明确性（以及多功能性）的概念在规划中很容易受到质疑，因为如果不符合约定俗成的土地利用或景观分类方式，就得在每个步骤和每个文件中对其进行解释和论证。于是最初想法进一步发展，在总体设计方案中，这种不明确的景观特质被弱化了，自然公园被分为纯自然和公园两部分（Malmö stad 2008）。这种划分也被写入正在制定的发展详细规划中（Malmö stad 2010a）（图 14.7）。在对参与此规划制定的景观设计师的采访中，他们解释说，他们已讨论了将盖尔林花园作为自然公园的想法，但不确定是否可以如此草率地提出一种新的景观类型以及这样做有什么后果。在对可能性进行深入研究之前，只能确定把纯自然与公园划分开来的做法是有效且合乎规划者的利益的。例如，“公园”的类型吸引了更多的管理资金，而“纯自然”的类型为保护场地（维持自然状态）提供了更强力的支撑。参与规划的景观设计师们还强调，纯自然和公园之间的实际边界其实是不可见的；不过，这两个部分容许的建筑将呈现不同的形式：自然保护区内允许建观鸟塔，公园区域内允许建咖啡吧和卫生间。即便如此，该规划只是为实际发展提供了一个弹性的框架，因此为了了解城市化的影响，需要对实际设计方案和规划过程进行更严谨的论证。

关于盖尔林花园荒野特质的争议

195

2010 年春，市政当局启动了一个雄心勃勃的项目，公示规划并收集反馈意见。在将盖尔林花园融入城市语境时，采取了较为谨慎的公众参与流程。包括公众座谈会、与邻近学校的会谈、参观盖尔林花园（见下文），以及关于花园使用和资产的调查问卷（纸质版发放给 3000 个家庭并在互联网上开放电子问卷）（Malmö stad 2010b）。

这次公众座谈会吸引的人数是组织者预期的两倍，100 人聚在一个房间里听 PPT 汇报，人头攒动。起初，这个设计方案引起了热烈的反响。附近一所学校的老师说：“我们只需要坐在圆木上，而不是长凳上——盖尔林花园就这样变成了公园，虽然自然才是我们想要的……盖尔林花园不是公园，它有更多的内涵。除此之外盖尔林花园还会留下什么吗？”另一位老师强调了使用这个地方的孩子的数量。“(现在)孩子们可以在任何地方玩耍，我们不需要告诉他们，有些地方不能去，”她说。“我们担心这个地方的特色会消失——盖尔林时代的遗存正在消失。”

虽然规划师强调这只是一个设想(图 14.7)，但现有的有具体章节和活动分区的规划尤其引起公众的不同意见。一位女士沮丧地说：“(在这个规划中，)我看到了一些策划过的东西，但我还是希望能够根据自己的想法来。这规划规定死了一个人应该做什么，另一个人应该做什么。”一位老人接着说：“我也同意。去盖尔林花园，就是为了独处和思考人生。”

还有人提出了在花园里摘接骨木花和连翘的问题——将来也允许这样做吗？回答是，一般来说，这样的行为在公园里是禁止的，但项目团队意识到这确实是盖尔林花园的一种特质，也许将来它也可以被允许在花园的某个地方进行。“不过，我们要怎么安排 2000 名游客参观呢？”市政府的代表几次强调了为更大强度的使用而调整场地所面临的挑战。

使用地图和图示的环节使参与者们的热情持续升温，同时为激发关于场地未来使用情况的讨论所使用的意向图也得到了积极的评论。景观设计师为使用者们态度的突然转变而感到惊讶：最开始，参与者担心这块场地会失去其特质，然后他们突然接受了咖啡吧、艺术展、农产品集市等的想法。笔者认为，有一种观点能解释这种存在明显矛盾的参与者的反应。会上没有人主张保护某一特定地点，也没有人反对某一标签；相反，正是这种空间表达和给区域贴的标签引发了异议。此外，会议上的哲学层面或存在主义评论表明，盖尔林花园的野性特征的魅力与其作为“松散空间”(loose space)有关，即这是一个开放的场所，个人可对其进行独创性诠释，也能在其中自由行动(Franck and Stevens 2007)。有了这样的态度，新设施受到欢迎就不足为奇了，而指定一个场地对应特定活动的方案则被视为入侵，有妨于荒野环境及其在空间解读方式上的开放性。

设计盖尔林花园

自然公园的空间结构设计基于 2008 年一位顾问景观设计师的调研(Malmö stad 2008)。在调研报告中，设计的主要思路如下：

> “优化空间结构，利用景观特质。此处应该提供不同尺度的开放空间和封闭空间……”
>
> (Malmö stad 2008：10)

在整个报告中，分析和提议都是用抽象的语言来表达的。所使用的概念在景观中较为常见，以“空间”(room)(或围合)作为关键词。这种表达基于对地形和植被的视觉分析，从限定空间(开放或封闭)的角度来解析室外环境。一旦接受这种设定，边界（围墙）和入口就很自然地纳入分析和设计中了。接下来，引入空间节奏和韵律、层次、对比和方向感。然而，这种强调抽象空间的视觉分析是用图示语言结合地图和其他图纸表达的，它把一个暧昧矛盾的场所草率地简化成离散的空间，把无明确边界的关系简化成范围明确的对象（Söderström 1996；Qviström 2007；Ingold 2008）。

通过英戈尔德（Ingold 2007）的研究可以解释抽象空间（带边界、属性和方向）与盖尔林花园的荒野特质之间的区别。在探讨“栖居”的概念时，他提出了一个问题：作为生物圈中的栖居者，而不只是生活在“地球表面上”究竟有何意义？他认为，现代地球和地表的区别使得“栖居”难以概念化。在现实生活中，我们不会遇到这样的分歧：

> “在夏天曾穿过针叶林的人都知道，‘地表’根本不是一个连贯的表面，有或多或少无法穿越的杂乱的灌木丛、落叶和碎屑、苔藓和地衣、大小石块，被裂缝和缺口分割、布满虬曲的根系、夹杂着过度生长了木本和草本植被一踩就陷的沼泽。在‘地表’下面某处是坚硬的岩石，在上面的某处是晴朗的天空，但正是在这个中间地带，生命才得以生存，而生存的深度取决于生物的规模及其穿透一个日益超载的空间的能力。”
>
> （Ingold 2007：33）

英戈尔德阐述的边界不明确的情况，不仅发生在地表与地球之间，而且在森林与其栖居生物之间，更重要的是，在人类与自然之间。同理，盖尔林花园的地表、边界和路径与周围环境有着边界交织的联系，这为盖尔林花园的重新设计提供了可供想象的空间。像许多其他工业废墟一样（例如：Edensor 2005：42ff），盖尔林花园超越了现代社会有序的范畴和概念，残留的秩序的痕迹也强调了这种感觉。

设计方案中的概念不是简单地套用，而是在设计中具体化；可以说是因地制宜的。以前的盖尔林花园在草地、灌丛、树丛和区域边缘之间没有明确的界限，而近来使用的割草机（仅在一部分使用）不仅创造了一片“地板”，而且使“房间”的边缘清晰可见。无论进行多微小的转变，都通过引入一种空间结构来表现荒野的驯化，即用景观设计中常见的导则的形式和制图化来表达。在公众座谈会上的讨论也提到了花园内的景观小品，如引入长椅，但并未涉及平面图中能够表达的常见小品，如构筑、围墙、孤植树，以及明确界定的入口和路径。

花园中错综复杂的路网是理解其特质的关键。这些道路的历史和性质各不相同，其中最宽、最直的是遗存的旧土路。其他的路径是临时且相互独立的，比如采摘浆果时在荆棘丛中留下的小径。孩子们在森林里玩耍的路径似乎更加短暂，因为他们在不断地寻找新的路径，而不是踩着旧的路径。

附近的居民还开辟了其他的路线，他们剪（砍）掉了途中的植被，使其畅通无阻。能够走自己想走的路是盖尔林花园的一种基础体验。英戈尔德认为：

197

> “宇面上的环境就是指周围的东西。然而，对于栖居者而言，环境不是由有界的区域周围的东西组成的，而是由其走过的路径交织围合的区域组成的。在这个区域中（交织线形成的网状结构）没有内部或外部，只有开口和路径。简而言之，生命的形态必然只是一条路线及留在上面的痕迹……”
>
> （Ingold 2008：103）

地方规划则提供了对待道路的另一种方式：“道路系统应该有一个清晰的层次结构—— 一种道路应该对应一种特定的体验。”（Malmö stad 2008：14）在规划文本中，历史和时间的差异被转化为不同的空间类型。此外，根据文本，使用者必须走现有的路径，而不是通过踩踏创造社会游径，更不用说更改已有路径了。由于空间限制和与历史无关的表达方式，使用者从花园的栖居者变成了外来客。

198

另一场散步

在5月一个微冷的日子，约60人聚集在盖尔林花园里，与市政规划人员一起散步。“规划已经做完了，”景观设计师说道，“但现在我们想退一步，让你们参与进来。我们希望把盖尔林花园打造为你们最喜欢的地方。请……，”她举起一张盖尔林花园的大地图，“在分发的地图上标出你最喜欢的地方，并试着描述它们的特征。”我跟着人群走在提前决定好的线路上，那位景观设计师作为向导，不料竟遇见了第三位曾带着剪刀来清理自己常走路径的女士。

在座谈会上和散步的过程中，花园的发展被定为一个缓慢的过程，没有截止日期。在对两位景观设计师的采访中，他们认为座谈会让他们更加确信该区域缓慢发展的必要性,因此不存在最终的设计定稿日期。他们坚信，最理想的结果是使用者成立一个组织（也许是“盖尔林之友”），市政府可以与之沟通。这样的组织甚至可以在花园里自主举办一些活动。据一位景观设计师说，目前为止，我们学到的最重要的一课是：

> “人们对这个地方有如此丰沛的参与感和热爱之情。如果我们能像这样一同为它工作，并聚在一起以加强沟通，这至少和实际设计（例如）这个入口小区域一样重要，对吧？”

尽管公众参观散步这一举动是结合了绘制花园地图的野望，它亦可以为超越空间导则的另一种思维方式埋下种子。鉴于目前对公开进程和公众参与的重视，甚至可以说管理方正处于十字路口，有两种可能的选择，将在下文详述。

结论

和其他荒野景观一样，盖尔林花园不仅与日常生活和城市生物多样性保护息息相关，而且对马尔默市的文化遗产保护也至关重要。盖尔林花园作为自然公园的非常规使用和生态价值得到了认可，正如2001年的报告所述，“被自然重新捕获且自由生长的文化”，打破了自然与文化的鸿沟，并有望激励其他地方的规划者（Malmö stadsbyggnadskontor 2001）。具有讽刺意味的是，市政当局在荒野景观形成的初始阶段也发挥了重要作用，这是因为地方规划（为取得土地所有权）导致了盖尔林公司的破产，而这反过来又奠定了自然公园的基础。

199

尽管有2001年雄心勃勃的自然公园企划在前，但目前的进度显示出在城市化进程中处理城市荒野特质方面的困难。花园的未来发展有两种截然不同的路子。一是，抽象空间以具象的、专业的（即景观设计手法）、行政划分的（包括不限于管理资金的分配等）、地图和法律文件等形式呈现，这对花园的秩序、属性和内容的保护不利。笔者（Qviström 2007）将其描述为把无序的边缘地带驯化成现代规划中有序的城市。这个过程有可能重现盖尔林花园自然与文化之间的鸿沟，而其废墟般的现状和日常使用反而有利于打破这个鸿沟。二是，承诺公开流程和与使用者进行密切对话，并且承认这是个缓慢的进程，其中过程比规划结果更重要。虽然公文、地图和技术图纸均未能认识到盖尔林花园混合的景观特质和这种无序性的价值，但这些都可能会在与使用者公开和持续的对话中得到恰当的处理。这种介于具象化抽象空间、围合和设施设计以及地方的一般发展之间的张力，是项目当前的特点。然而，为了充分破解城市荒野的特质，需要将其理解为一个随时间发展的生成过程，而不只是空间上的。只有规划者走进使用者的路径，并把场所包含的故事情节作为设计的基础，盖尔林花园有栖居者的自然文化才可以部分保留下来，并成为其他项目的范例。

历史调查可以促进人们将场所理解为一个过程。在盖尔林花园一例中，历史分析很有可能会指向日常管理的重要性，尽管这与目前记载的历史是相矛盾的——盖尔林花园几十年来一直“未受干扰”且处于“废弃”状态（Malmö stad 2008）。后一种选择重点在于自然而然，而不是栖居此地，这为进一步科学论证和研究盖尔林花园作为自然荒野的方式开辟了道路（Asikainen and Jokinen 2009）。

此外，历史研究还揭示了盖尔林花园是一个园艺产业的废墟，这完全不同于其他普通的花园（或浪漫的老式花园商店）。此外，废弃的阶段已经与工业阶段一样漫长，这样的历史需要加以承认——在这个地区，摘花摘果甚至是挖走植物都是很常见的活动。在某种程度上，这种小规模园艺活动比克努特·盖尔林的所作所为对这片废墟的影响更大。即便如此，盖尔林花园也不应单单被视为花园、公园或纯自然。这是一个活生生的废墟，理当如此。而我们需要做的不过是借此研究培育工业遗产的方式。

由于城市的发展，对盖尔林花园的调整是不可避免的。游客越多，对传统管理的需求就越大，因此其自然与人工混合的特性最终可能会消失。然而，城市荒野的成功可以用另一种方式来衡量——即使其存在是短暂的，在整合城市资产和特性的过程中，这样的城市荒野也可以用于转变城市自然的概念。在城市化进程中，可将新的概念纳入法律和行政框架，并可制订新的管理制度。如果像盖尔林花园的项目那样将自然公园等概念纳入具有法律效力的发展详细规划，那么就有可能超脱场地尺度在国家层面为城市自然做出贡献。如果每个关于城市荒野的项目在管理和设计方面都涉及行政管理重划分区，那么城市自然的状况很快就会开始转变。

200

参考文献

The archive of Malmö stads fastighetsnämnd (Malmö municipal real estate office) : protocols 1979, photographs.

The archive of Malmö tingsrätt (the district court) : diary of bankruptcies 1975, bankruptcy files 1975.

Asikainen, E. and Jokinen, A. (2009) 'Future natures in the making : implementing biodiversity in suburban land-use planning', *Planning Theory and Practice*, 10 : 351–368.

Bengtsson, N. (2007) 'Impopulär rosodlare förslås få egen gata', *Expressen*, 4 July.

Edensor, T. (2005) *Industrial Ruins : Space, Aesthetics and Materiality*, Oxford : Berg.

Franck, K. and Stevens, Q. (eds) (2007) *Loose Space, Possibility and Diversity in Urban Life*, New York : Routledge.

Ingold, T. (2007) 'Earth, sky, wind and weather', *Journal of the Royal Anthropological Institute*, 13 : S19–S38.

—— (2008) *Lines : A Brief History*. London : Routledge.

Malmö stad (2008) *Program för naturpark Gyllins trädgård*.

—— (2010a) *Samrådshandling tillhörande detaljplan för del av Gyllins trädgård (naturparken) i Husie i Malmö*.

—— (2010b) Online : www.malmo.se/gyllinsnaturpark (accessed 24 May 2010) .

Malmö stadsarkiv (The City Archive of Malmö) .

Malmö stadsbyggnadskontor (2001) *Program för detaljplan för Gyllins trädgård*, Husie 172 : 123 m.fl., i Husie och Sallerup, Malmö, Skåne län.

Qviström, M. (2007) 'Landscapes out of order : studying the inner urban fringe beyond the rural-urban divide', *Geografiska annaler series*, 89B : 269–282.

—— (2009) 'Nära på stad : framtidsdrömmar och mellanrum i stadens utkant', in K. Saltzman (ed.) *Mellanrummens möjligheter : studier av stadens efemära landskap*, Göteborg : Makadam.

Qviström, M. and Saltzman, K. (2006) 'Exploring landscape dynamics at the edge of the city : spatial plans and everyday places at the inner urban fringe of Malmö, Sweden', *Landscape Research*, 31 : 21–41.

Rink, D. (2009) 'Wilderness : the nature of urban shrinkage? The debate on urban restructuring and restoration in eastern Germany', *Nature and Culture*, 4 : 275–292.

Shoard, M. (2000) 'Edgelands of promise', *Landscapes*, 2 : 74–93.

Söderström, O. (1996) 'Paper cities : visual thinking in urban planning', *Ecumene*, 3 : 249–281.

Stadsfullmäktige i Malmö (1965) *Protokoll med bihang.*

——(1974) *Protokoll med bihang.*

——(1978) *Protokoll med bihang.*

Vikberg, J. (2003) 'Han började på torgen och slutade som godsägare', *Skånska dagbladet*, 10 November.

第15章

无序的公共空间——实践中的城市荒野景观

杜戈尔·谢里登

201 ### 引言

“城市荒野景观”作为一个术语和一种景观类型可能适用于许多不同的空间，包括荒地、棕地、废弃区域、无人区，这些空间常在城市设计和建筑的话语中大量出现。它们的特征就像用来给它们下定义的术语一样多种多样。根据之前的研究，可将它们理解为人们的感知、使用和占有方式未受到城市“常规控制”支配的区域、空间或者构筑（Sheridan 2007：98）。这种对城市荒野的诠释，更加关注这些空间的社会性、文化性，以及它们对城市和公共领域（public realm）的意义。这些荒野景观有一系列的社会过程和动态，与其生态过程平行般地相似。它们成了特定活动、事件、创意和亚文化能够扎根和发展的地方。

城市荒野景观的特质因其环境、社会和文化价值的凸显而日益得到认可。但它们还是处于常规城市发展机制之外，因此我们提出一个问题，即这样的空间及其中的生态和社会过程能给予实践什么启示。其特质和发生在其中的过程是否能告诉我们如何保护和干预现有的城市荒野景观？是否能告诉我们如何在常规机制下对城市荒野景观加以管理？是否能告诉我们如何普遍推广和打造城市荒野景观？

回答这些问题之前，不妨先回顾一下此前对柏林一些空间的研究。研究基于这些空间特定的历史、文化和社会背景，据此对空间的调查表明了，这些性质不太明确的空间对城市的文化生活产生了重大影响。根据调查结果提取、分析和抽象了这些空间的底层逻辑和空间特质，并理解地方开发和监管体制对待它们的方式。然后，再探索如何通过景观设计师、建筑师和城市设计师的创造性工作，将这些过程和特质用于空间营造上。本章将对三个项目案例的空间特质和过程进行审视，以回应上述议题。虽然这些项目是从我们的建筑和城市设计工作中发展而来的，但它们为城市荒野景

202

观多样的、独创的应用提供了宝贵经验。[1]

柏林的历史与现状

在柏林，城市荒野景观已经成为一种普遍的存在，不仅是因为后工业时代空间退化这一常规过程，更有重要历史力量推波助澜。战时的破坏，法西斯主义、共产主义、资本主义政权和意识形态的承替，以及柏林墙 1961 年的修建和 1989 年的拆除，都在城市及其监管力量内部造成了空间上的空白。由此产生的性质不明的区域，以废弃的（或空的）建筑物与荒地的形式呈现，在资金、所有权和体制等决定性力量不足或不明的情况下被占用；这些决定性力量很大程度上控制着人们与建筑环境的关系。特别是在柏林墙拆除后，东柏林的管控和责任尚留有真空，各种各样的自发活动和项目作为从城市西侧转移到东侧的"择优选项"涌现出来。这些活动和项目被描述为"约包含 20 万人的亚文化和可选空间网络"（Katz and Mayer 1983：37）。

被遗弃的建筑物有改造再利用的潜力，其方式仅受本身结构稳定性、占用者的手段与想象力的限制。建筑空间常被开发成复合空间，与常规直接使用、单元分隔的租住形式形成鲜明对比。这种情况为空间的新用途和人们新的生活方式提供了机会，这在常规的单一空间对应单一用途的模式中是不可能实现的。新模式的出现使得包括剧院、电影院、场馆、画廊、咖啡馆、俱乐部和社区空间在内的许多自发的项目可以很容易地置入空间，由此使得场地承担了特定的公共、文化、政治角色。

空置场地入驻了移动装置和临时建筑物，并被用于各种临时活动，包括集市、马戏表演、户外放映、派对，甚至是都市农业。其不同类型的使用者，从"无家可归者"到乌托邦式的半农业社区，作为娱乐场所的提供者和狂欢活动的举办者在这里扮演着"公众"的角色。柏林墙拆除后留下的大片开放空间为"Wagendorfer"所占据——顾名思义"旅行车村"，它们恰好位于城市绝佳的中心位置。这种超现实的景观以德国国会大厦或其他柏林政府机构建筑为背景，似乎在批判传统的纪念性及静态的城市建筑，并在视觉上以开放、不合制度的、具有游牧内涵的形式与之相对抗（图 15.1）。

不确定性为使用者的自由选择留下了余地，并让他们与地方的特质建立一种更直接的关系。一项关于亚文化群体如何利用这些"被占用的房子"（Besetztes Haus）[2] 的研究，揭示了与规范的城市环境中按阶级划分、相对固

1 "我们"指的是由迪尔德丽·麦克梅纳明（Deirdre McMenamin）和杜戈尔·谢里登（Dougl Sheridan）共同创立的从事实践和研究的建筑、城市设计和景观事务所 LID Architecture（Landscape in Design，www.lid.architecture.net）。三个项目中的一个是与"建筑倡议"（Building Initiative）合作进行的。

2 直接翻译过来就是"被占用的房子"。

图 15.1
以国会大厦为背景的“Wagendorfer”和农场动物与国会大厦（摄影：杜戈尔·谢里登，1995）

定的方式截然不同的使用模式，这种模式是随时间和空间演变的（Sheridan 2007：112）（图 15.2）。对这些空间的改造和管理也需要大量的集体决策和行动。因为空间的划分及设施的分配不能预先确定，所以依常规方式组织和使用空间就不可行了，亟须寻找替代方案。在占用现象较为普遍的地方，这种情况促使占据者与建筑结构进行互动，就好像它是一个固定的景观，而不只是一个物理构造。不带着先入为主的看法，使我们对这些空间特质的感知更加强烈。例如，在运河岸边放上漂浮的构筑、现存的废弃植物改造为花园、没有屋顶的废墟改造为平台、工业厂棚改造为有顶棚的市场、银行保险库改造为俱乐部。在案例研究中对城市结构和城市占据者之间日益增加的相互影响所作的观察，揭示了这些性质不明的区域对亚文化形成的影响（Sheridan 2007：117）。这些城市荒野景观包含了过去的痕迹，记录了过程的变化，暗示了“更替”的概念，并预示了无限制地使用必将导致竹篮打水一场空。

在柏林，对废弃或性质不明的区域占领和改造最近被称为“城市先驱”活动，并得到柏林城市发展部在同名出版物（Senatsverwaltung für Stadtentwicklung Berlin 2007）中的认可和支持。青年文化 / 亚文化从与市政当局冲突，转向合法化的“城市先驱”，与此同时，这种激进主义的城市发展模式也发掘了城市经济和文化发展的实用潜力；即业主重新激活空置和废弃的建筑与物业获得的利益，以及将这些空间中的创造性工作纳入“创意产业”而获取的资本。这种“文化企业家”（culturepreneur）的社会学解释是“能为文化与服务业跨领域调解、传译的城市角色”，他们“用新的社交、创业和空间模式填补了城市中的空白”（Lange 2006：145，146）。

204

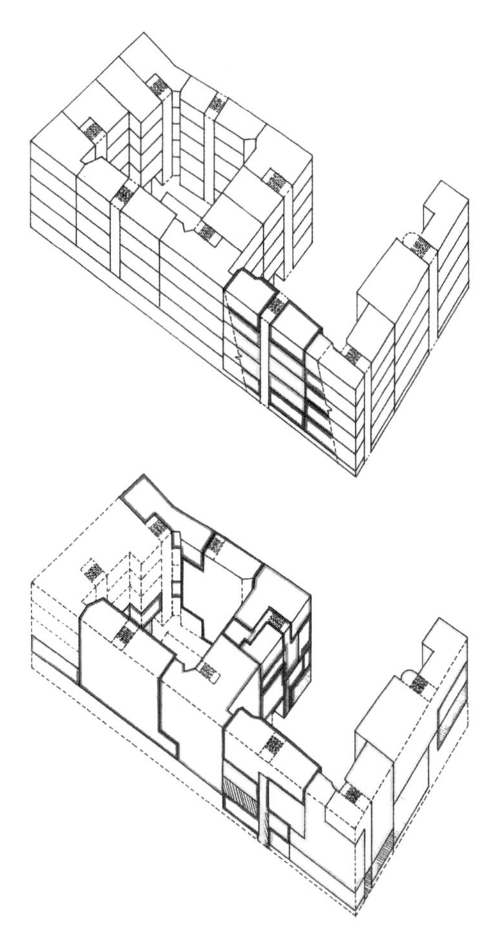

图 15.2
柏林 Brunnenstrasse 街 6 号和 7 号，一个“被占用的房子”的案例研究——类似庭院建筑的空间组织方式与传统使用方式的比较。不同颜色表示不同的居住群体；庭院空间的占用 [来源：杜戈尔·谢里登（Sheridan），2007：116]

这样的看法浪漫化了“在城市的冒险乐园自力更生的先驱企业家”的形象（Lange 2006：151）。如果还继续这个冒险乐园的比喻，即如果不像规避风险那样规避城市荒野，文化企业家的资金和运营风险就似乎并不是威胁，而是创新的机会及发展个人知识和技能的机会。

在柏林，性质不明的空间已经成为新的艺术、音乐、流行文化方式以及技术发明创造的温床。这些空间让经济实力较弱的参与者得以在没有补贴但不受限制的环境中成长，并成为积极的城市塑造者（Misselwitz et al. 2003：2）。在传统的规划和市场驱动的发展模式下，过度的繁荣和绅士化会导致社会排斥和分裂日益严重，经济萧条的情况则会导致城市发展停滞和出现疏漏；因此该模式一直遭人诟病（Studio Urban Catalyst 2003）。在这一背景下的研究表明，柏林的案例提供了另一种非常规的发展模式，在这两个极端之间找到一条道路，并提供了批判性地审视和质疑现有规划程序的机会（Studio Urban Catalyst 2003）。

205

这一论述使柏林参议院的城市发展部（The Senate Department of Urban Development）认识到临时使用的重要性，由此委托进行了一项研究，聚焦于那些领导非常规城市发展进程的“非常规”参与者——“柏林城市先驱”（Raumpioniere）（Land Pioneers of Berlin 2004）。后来，“临时使用”（Zwischennutzung）一词被写入德国的规划制度，并设立了专门的“临时使用资产局”（Agency for the Temporary Use of Property）。

尽管超出了本研究的范围，但柏林和德国国家发展局在战略和政策上的重大变化，可能会启示我们在管理制度类似的其他国家该如何处理城市荒野景观。例如，德国联邦建筑法于 2004 年进行了修订，通过了“有限期间的规划许可”，促进了临时或有条件的项目批准；2005 年再次修订，减少了国家强制检查和许可程序的数量，增加了不需要规划许可的工程类型（Senatsverwaltung für Stadtentwicklung Berlin 2007：163）。此外，还开发了新的市政工具，使地方当局能够促进这种新的非常规城市发展模式。包括临时使用和让渡合同，依据合同可将场地免费交给临时使用者；还有地区委员会的城市发展合同，在规划许可、牌照、税费豁免方面更为灵活（Senatsverwaltung für Stadtentwicklung Berlin 2007：160）。

城市荒野景观的过程与特性

下面总结的过程和特性基于对柏林城市荒野景观的调查和研究。研究中，“城市荒野景观”或性质不明的区域不仅指代构筑外的空地或未建区域，而且也包括场地中的构筑。将这些区域理解为景观是有用的，因为这些空间具有社会性、表现性、变化性和“待发现性”。正是这些关于时间、变化、体验和表现潜力的景观概念才是下面所述策略的基础，而非那些通常与建筑和城市设计相关的更正式的构成和持久性概念。

206

记录变化

城市荒野景观使人们对过去的自然痕迹有一种直观的体验。这些残存的痕迹或碎片，包括构筑、表面、工业制品、地形和植被，无论是从物理、外观，还是从其他特定角度上，都没有维持在一种固定的状态。城市荒野景观总是处于不断变化的状态（生长、风化、转化等）中，正如人类活动侵占它们的形式一样，而且人们可以轻易辨别这些变化和转化过程的本质。过去状态和现在状态的并置并不是预先设定好的，而是原汁原味以待发现的。这是因为城市荒野景观存在于城市特性的常规类别之外，而在这种分类方式中，同一时间内，城市特性的类型是非此即彼的，因此城市荒野景观就不可能从某个固定角度，或某一时间点上被完整呈现出来。这类性质不明的空间就像城市支配力的裂隙，逃避了被识别分类的过程、与常规空间的融合；而所谓的识别和融合往往只会将物体、事件以及我们的理解都置于当前城市支配体系中（Sheridan 2007：108）。因此城市荒野景观的潜力在于它所处的潜在环境，而不是它独特的形式。

不确定性和模糊性

分类和识别的缺失留下了一个个待解释的暧昧空间，却正是艺术实践和才智激发不可或缺的。性质不明的空间向人们不断提出问题而不是给出固定的答案，并为占据这些不确定环境的主体留足了主观性、专有性、发展性、适应性和表达的余地。城市荒野景观的空间模糊性——内部或外部、公共或私人、建筑或景观——创造了一个鼓励人们探索的刺激环境。然而，模糊性若是置于建成环境规范专业且标准的营造过程（规划应用、建筑控制、安全与健康）中，通常与其所依据的分类、规则都不相容。

临时性和临时干预：临时建筑

演化中的形式和临时的策略使城市荒野景观中的构筑、使用和干预不必完全符合持久性建筑和城市设计项目更严格的法规要求。临时构筑和对空间的使用是可撤销更改的，而许多规划和发展战略在实施中假定它们都是持久不变、不可修改的。事实上，城市也留下了这些规划和发展决策下的遗产——这些决策从实现的那一刻起就被认为是错的。城市荒野景观中可感知的有机过程就如同城市不断扩张和发展的过程，这使得对空间的使用和项目能以实验或“试用”的方式发展优化。

207

流动性：流动的主体

临时性的实现可能需要一种流动性策略。随着原来环境的条件改变和机会的终止，在某些情况下，在当地蓬勃发展的活动和居民将迁移到一个更有机会的新地点。流动的主体具有很强的适应新环境的能力。流动策略还允许建立不完全满足建筑规范的空间、场所和项目，因为在流动的情况下这种严格监管的架构可能并不适用。柏林的发展当局认可诸如“Fliegende Bauten”（字面意思“飞行建筑”）这样的建筑，这些建筑可以获得最长 5 年的许可证。

未完成性

与临时、短暂特性相关的是，空间始终处于一种未完成的状态。这种开放式的方法允许项目和空间随着时间的推移而发展和演变。这也意味着有进一步参与和继续努力的余地，即项目是“活”的。在实际工作中，这可能涉及将项目的实施划分为若干循序渐进的步骤，以便进行试验，后续步骤可以根据之前步骤的成功与否进行调整和改进。

具象化的特质

对荒野景观特定潜力和物理属性的直接感知，使得人们能够以一种高度具象化的方式理解和利用它们。相比之下，更规范的传统空间则是有一套普遍存在的假设和期望，这些假设和期望常是预先存在的，而且将对空间的使用限制在它们的范围内，毕竟这样有利于空间组织和维持视觉秩序。

参与的过程

从柏林这样的例子可以明显看出，城市荒野景观中涌现的项目和活动往往是自发的。由当地社区和参与者推动的这种自下而上的干预会涉及谈判和参与的过程。这些项目通常是对现有的具有独特性质和潜力的空间或结构的干预，因此需要考虑和讨论如何进行干预。相反，把场地和空间环境视为一片空白的话，那就不利于公众参与了。

208

多样性

成功的参与过程使不同团体的利益、表达和活动都得以在项目中保留。柏林“被占用的房子”的案例（1995）中记录了 14 个不同的（亚）文化群体，以及 11 个不同的共享、半公共或公共项目（Sheridan 2007：112）。最近一项关于在柏林前国家铁路修理厂（Reichsbahnausbesserungswerk）土地上的 65 个临时使用案例的研究得出结论：“未经干预的‘生地’具有强大的社会和文化包容性，为多种多样的活动和社交机遇提供了可共存的空间”（Zagami 2009：11，21）。

可供参考的实践

以下项目是对上述特性和过程的探索，以及如何在公共领域助力实践的案例，涉及三种不同层面，包括现有“城市荒野景观”中的最小干预策略、城市公园更新改造、一个公共广场内的常规贩售设施设计。

便携式艺术空间：城市露营

便携式艺术空间是北爱尔兰克雷加文（Craigavon）地区“再生”艺术项目[1]的一部分，已经落地。它主要是艺术家使用各种各样的艺术形式，与不同的人群接触，解决当地的社会、社区和广泛的地理区域环境问题。克雷加文横跨 5 个自治市，20 世纪 60 年代，当局规划将其建设为一座新城；在概念上与英格兰的米尔顿凯恩斯（Milton Keynes）相似，被设想为一个线

1 “再生”项目是爱尔兰北部艺术委员会、克雷加文委员会和周围的地方委员会协同资助的一个项目。www.regenerateprojects.com/ carbondesign.htm

性城市，把相邻的勒根镇（Lurgan）和波塔当（Portadown）连在一起，变成一整个独具特色的城市区域。它的规划将机动车、自行车和行人几乎完全分离，并将商业、民用和备用功能按空间与功能一一对应的策略逐一划分到区域，区域周围就是环路和超大规模的道路基础设施。

不合标准且未经检验的建筑技术以及当地工业的衰落导致了原计划约50% 的建筑未能建成，而正在建造的大片建筑被腾空废置。在有些地方，构筑已经被拆除，只留下一些地基和空荡荡的郊区街道上废弃的路灯。这些废弃的基础设施已被植被和野生动物重新占领，它们有时在现有基础设施的可移动房屋和车辆中短暂停留，即"流动种群"。

与这种环境特质和社会现实互动的渴望，激发了艺术家对这个广阔而多样化的城市荒野的灵感，由此产生了便携式艺术空间的概念。正如我们所看到的，这些荒野景观的特质及人们的感知和体验很大程度上来自它们在城市空间和监管结构中的无中介、无管理和自治的地位。然而，正如许多文献和案例研究所述，经常需要一定程度的干预来维护空间，尤其是维持它们的可进入性。

在便携式艺术空间项目中，我们探索了在不破坏空间本身的特性和"野性"的前提下，介入这些空间的策略。使用这种对现有环境进行不具威胁性的最小限度干预方法，等同于以一种非强制性、非制度化的方式参与社会环境的发展。项目同时采取了两种不同的策略（图 15.3）。

首先，设计了一个移动装置，以提供艺术家（或其他使用者）所需的最低临时基础设施，促进他们与场地环境的联系。该空间装置的设计较为独特，外观上也灵活可变，因此它非常突出——既不属于空间，空间也不属于它。作为一个新元素与复杂多样的城市荒野环境并置，该装置可清晰记录空间的变化，同时不会破坏荒野的未完成性。

其次，"艺术空间"的设计具有适应环境的能力，这是实现流动性的条件。外墙翻起形成遮蔽，内墙旋转打开向外延伸。物理上，这些旋转的墙壁延伸到周围的环境中，视觉上，则限定了使用者的视野，并将他们的视线引向周围的景观。这些墙除了提供空间的围合，还为邻近的室外空间提供了覆盖，使其成为谈话、表演或电影的聚会空间。墙面也可用于数字投影和挂画。坡道向下折叠，将艺术空间的地面与周围的地面连接起来。

可自由移动的翻盖式屋顶、旋转墙和折叠式坡道的不同配置方式，使装置能够根据所在的环境调整自身，以发挥在环境中的不同作用。通常情况下，它的作用是创造一个中立而便利的空间，并促进装置使用者与周围环境的互动和对话。配置的变化范围也相当广泛，从完全开放到相对封闭，甚至能形成一个温暖、服务周到、舒适的可供会议和工作营的室内空间。空间的可移动性令装置轻易就能融入特定或多样的社会、城市以及景观环

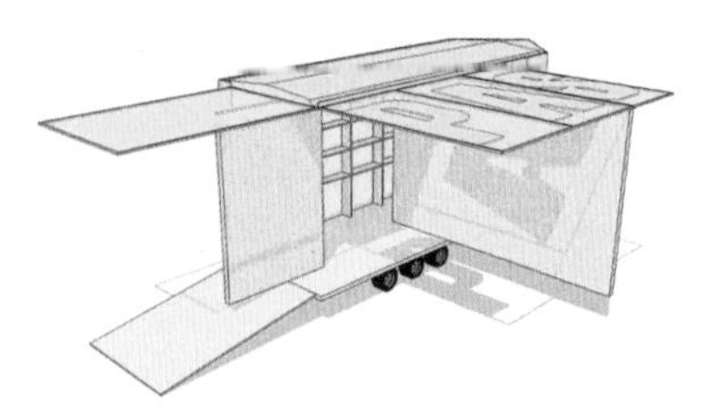

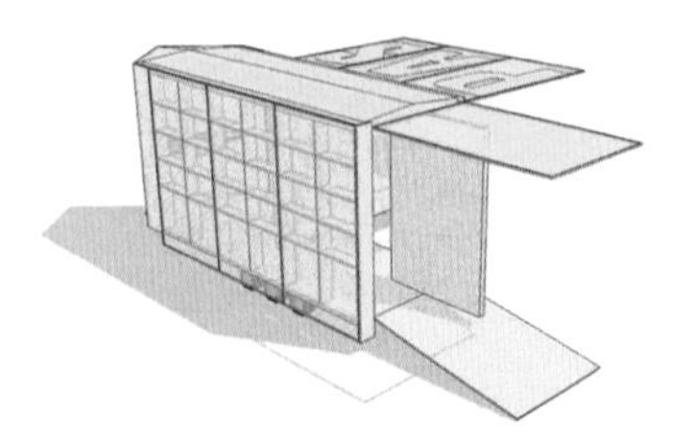

图 15.3
便携式艺术空间：展示不同配置和用途的分析图；2010 年 4 月克雷加文，便携式艺术空间的发布（来源：Deirdre McMenamin，Dougal Sheridan，Sarah Allen，Ryan Ward-LiD Architecture）

境中。这使得艺术家和环境之间的直接接触成为可能，并为“现场”工作提供了一个工作区。

伍德维尔插座：谈判的社会形态

协商和参与是社会过程，是荒野景观空间中自发项目和活动的基础。虽然这个项目的背景环境是现有的公园，而非一处城市荒野景观，但该项目中涉及的一些问题和过程都与“参与”这一主题相关。如，希望重新使用、重塑这个空间的“自下而上”的倡议、对项目的具体参与、在不过度限制公园使用模式的情况下，对可能发生的活动的管理和协商。

作为“建筑倡议”[1]的成员，我们直接与提出倡议的市民团体对话，他们希望启动一个项目以改善当地未能充分利用、有着负面形象的公共空间——伍德维尔公园（Woodvale Park）。该公园位于贝尔法斯特（Belfast）西部的上香基尔区（Upper Shankill），属于经济社会贫困地区。尽管当地居民一直在进行活动和游说，但市议会公园部门却没有采取行动，因此对公园的干预就变成了市民自发的运动。这提出了一个问题，即作为从业者如何当好制度和开发者驱动的机制与自发团体之间的第三人。

当地居民描述了他们希望改善公园一角的愿望，希望“让公园可以同时容纳那些互相存在矛盾的使用者（例如，年轻人与退休老人、少数族裔和常住白人居民等），让他们都有一种对这个地方的归属感”。公园的这个区域包含一个废弃的煤渣足球场及其周围的树木和灌木丛，目前是年轻人在使用，而且发生的活动与城市荒野景观的一些特性有关，包括泥地摩托、打高尔夫、饮酒、傍晚散步，有些活动对场地构筑和植被有轻微破坏。

北爱尔兰内战中产生的两极分化思想也反映在对公共领域的看法中。对可接受与不可接受行为的看法同样是两极分化的。例如，年轻人在公园里聚会和社交很容易被归为“反社会行为”。如果能与所有不同年龄和身份的群体讨论这些看法并提出问题，或许就能对空间有一些新的想法，而且每个情况下的可接受行为都可以拿出来讨论。为了在这个支离破碎的社会背景下建立共识、信任和包容，有必要建立一个促进与年轻人、城市当局、当地企业和其他利益相关者讨论和谈判的平台。包括建立一个系列研讨会和活动计划，以及开发相关的方法和工具。如，学生作业真题真做、在公园举办临时活动、引入电视媒体、发明与项目讨论相关的棋盘游戏和移动交互模型、在本地发行的报纸上宣传此项目等（Sheridan 2009：157–161）（图 15.4）。

1　“建筑倡议”（Building Initiative）是一个由建筑师、城市学家和艺术家组成的合作团体，名称即组织理念，旨在通过“建筑倡议”推动和实现公众主导的城市更新。www.buildinginitiative.org（Sheridan 2008）.

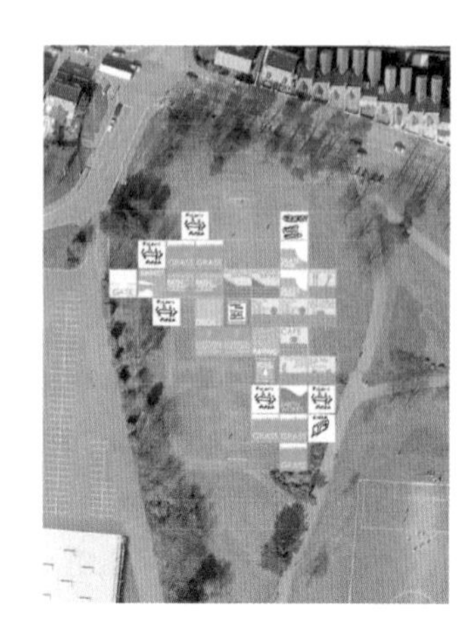

图 15.4

伍德维尔插座（Woodvale HUB）：为促进参与式设计过程而开发的方法和策略，包括（a）棋盘游戏，其中棋子代表从景观表面到建筑物的不同条件和功能，每个棋子都有相应的建设和维护成本，从而允许参与者根据不同的预算对提案进行优先排序；（b）《黄色新闻报》（*Yellow Press*），每期印数为 1 万份，对向当地和更多的人传播有关该项目的资料非常有意义；（c）移动交互模型——用于研讨会和讨论，以及在当地各种场所的展览（来源：Deirdre McMenamin，Dougal Sheridan，Sarah Allen，Ryan Ward-LiD Architecture）

这种公众参与的微观政治，即参与塑造公共空间的社会、文化和经济领域，反映了在最终的结果中。最终方案名为“插入路径”（Plug-in-path），采用了一种允许各方面根据不断变化的需求进行重叠和重新配置的策略。“插入路径”将提供一条连接公园与相邻购物中心的新路线，增加人们在公园这个默默无闻的角落的活动，从而提高安全感。这条道路的具象化特性则是通过照明、分层座位、电力和供水等功能的整合加以强调的。活动组织者和参与者可以“插入”这些服务模块，以供户外放映、音乐会、集市和节日庆典等活动。

因此，项目的成果并不是一个正式的建筑方案，而是一个临时性的策略，即按照一定的步骤逐渐推进；这些步骤是事先经过讨论确定的，包括它们的空间落点和优先次序。通过这种方式，在参与过程中出现的多样化的想法在方案中得到了体现。各种各样的要素包括社区花园、可在路径上变换位置的亭子、分层休息区上方的大型半透明屋顶等。其中分层休息区的设计将创造一个可供年轻人聚会的空间，也可以作为户外电影和表演的场地。这个区域未来还可以增加一个多功能游戏区，然后还可以添加一个半封闭的幼儿游戏空间，最后是一个包含灵活聚会和会议空间的场馆（图 15.5）。

这个策略性的分阶段规划可以围绕“插入路径”的组织原则进行调整和重新配置，原则是路径采用一体化的形式，而且适用于全年龄段的公园使用者。采用这种逐步推进的策略也是为了应对各种方案要素不同的资金来源，使之在不同时期均可实现。此外，这种循序渐进的策略也培育了公众对项目逐步坚定的信心，使项目更能适应和回应不断变化的社会动态。例如，第一步可能是一个由参与研讨会的艺术家发起的社区花园综合艺术项目。[1]这个方案提议根据自己的形象制作稻草人，来保护当地年轻人的社区花园。这会是一个有趣的角色逆转——那些被认为是花园破坏者的年轻人将成为象征性的花园守护者。

虽然参与者们最初提出建造一个包含设施的“建筑”，旨在解决公园的设施不足和其他社会问题，但在讨论过程中，一个显然更为合适的景观策略浮出了水面，它可以“激活空间，而不依靠传统空间营造的厚重构筑”（Allen 2001：37）。因此还是采用了体现未完成性的工作模式，这也导致了最后的策略中拥有了一种故意为之的不确定要素，使方案能够适应并回应时间变化和空间转变。

1　汤姆·哈利法克斯（Tom Hallifax）的“稻草人示意图”，刊于《黄色新闻报》第三期（McMenamin and Sheridan 2009）。

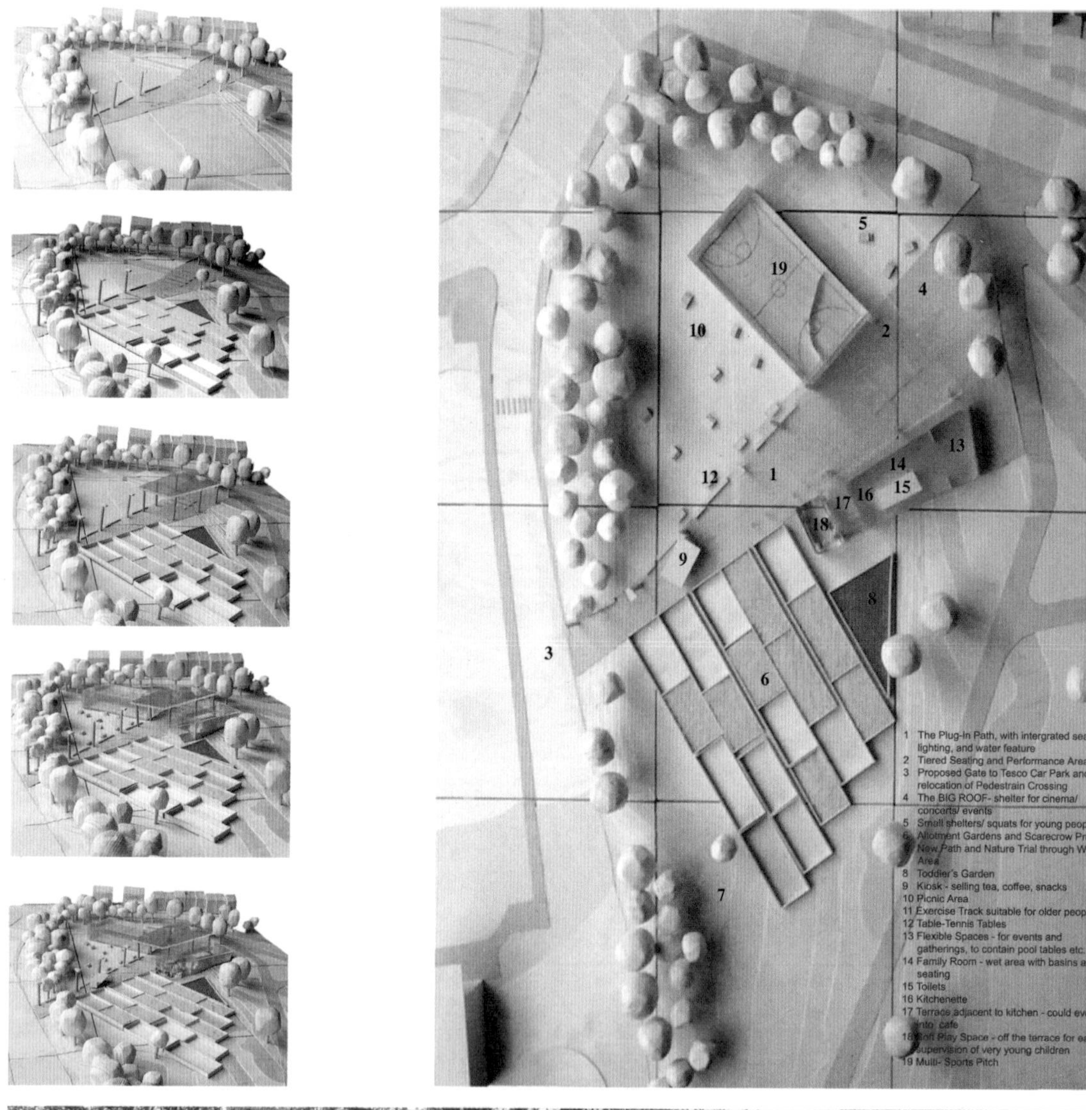

图 15.5
伍德维尔插座：模型平面图，展示了提出的时间设计策略“插入路径”；随着时间的推移，不同项目的“插入式”增加；路径的不同用途和使用者透视图（来源：Deirdre McMenamin，Dougal Sheridan，Sarah Allen，Ryan Ward-LiD Architecture）

都柏林会客厅：繁荣后的荒地

215

该项目的背景环境是最近的经济危机，尤其是在爱尔兰导致的极端状况。经济危机使得宝贵的房地产和开发场地变成了无法出租、无法销售的空置建筑和不可靠的建筑工地。在柏林，城市荒野是权力、所有权和管理真空的产物，而在都柏林，未建成的商业荒地则是财政亏空的结果。而与20世纪90年代在柏林盛行的自下而上的过程不同，"都柏林会客厅"（Dublin Parlour）项目源于自上而下地处理这种现象的愿望。

该场地位于新都柏林港口再开发区的中心位置，毗邻新轻轨线路的终点站，且位于最近建成的20000平方米无人租赁的地区中心和改造成大型音乐会场馆的前码头仓库之间。该场地包含爱尔兰最高的建筑和相邻的大理石地面市政广场，玻璃檐篷和高规格的街道设施具有相应的企业特色。投机房地产业的消亡导致办公楼建筑只建到地下室就停工了，就更不用说与之相连的城市广场了。作为一项创新的应急方案，市议会与场地开发商合作举办了一场建筑竞赛，以寻找激活该空间的设计策略。这里展示的方案是我们为应对这种城市条件而开发的临时使用的方案，该方案赢得了竞赛。

该项目旨在打造一个高度灵活、适应性强、活力十足的公共空间，以举办多种多样的艺术、文化和休闲活动，从户外音乐会、表演和电影，到市场和艺术展览。除了强调活动属性之外，该方案还意图激发相邻港口的活力，并进一步强调项目的临时性。集装箱作为全球贸易和交流的象征，被用作建筑材料，除了满足基本的使用，还可以有很多可能的使用方式待发掘。设计团队采用了一种未完成性的策略，即这些具有高度灵活的适应性的单体只提供基本服务（水和电），这样人们的使用方式和方案功能就可以随着时间而发展、进化。因为单个集装箱规模较小且具有一定可变性，它们可在人们的使用和感知中多样化地演变。例如，地面集装箱可用作售货亭或市场摊位，并可进入上层的集装箱。上层集装箱可作为观看活动的连续观景廊，或作为线性的半户外艺术画廊或个人工作室（图15.6）。

集装箱堆叠起来形成一个有很多出入口的围合结构，限定出广场空间，同时创造了实体与空间、光影的动态变化，在视觉上赋予空间动感，提供了各种艺术形式的融合的可能性。在晚上，这些开放式的集装箱就像城市规模的照明装置，其动态照明的装置随着海风强度和方向的变化而波动和闪烁。集装箱易于组装、拆卸、运输和再利用，而且来自当地港口，因此，它们是理想的、可持续的建筑材料。

217

该方案让人联想起邻近港口废弃的一堆空集装箱，方案记录了这些集装箱的变化，它们看上去就像陷入停滞的全球贸易的废墟，与附近投机开发的空置商业空间形成某种类比。通过探索和想象来确定集装箱的新用途，而不是像它们通常的使用方式那样，进一步加强了这种类似废墟的特质。

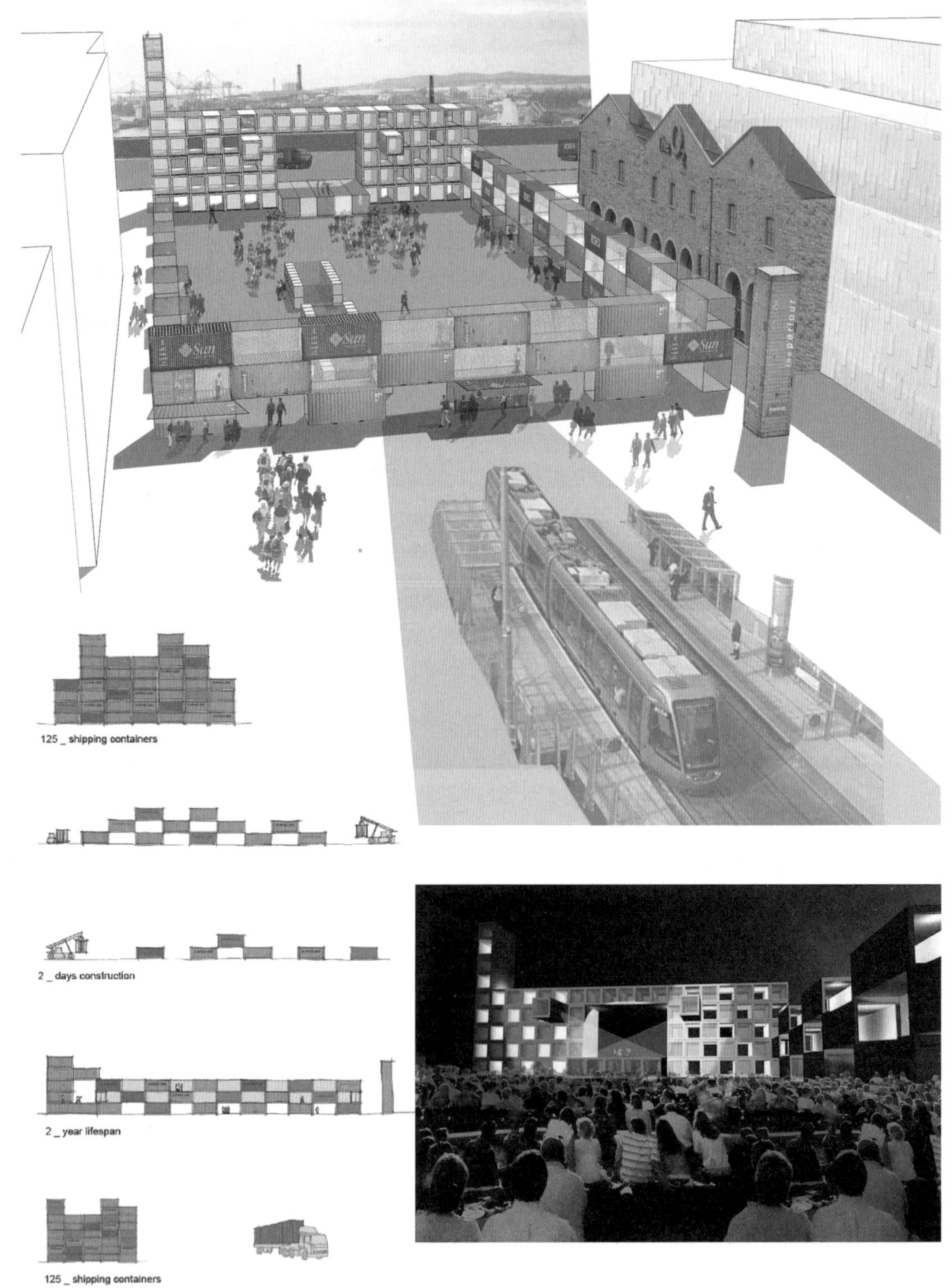

图 15.6
都柏林会客厅：竞赛获奖方案，展示了与周围环境的关系；项目“借用”集装箱的概念，并在项目的临时使用期结束后，将其作为集装箱归还使用；夜景效果图展示了用于照明、围护和搭建舞台的集装箱（来源：Deirdre McMenamin，Dougal Sheridan，Sarah Allen，Ryan Ward-LiD Architecture）

在这些新用途中，集装箱空间的语境重构吸引了人们对其材料特质和潜力的关注。集装箱坚固的质地材料可用于包括涂鸦艺术在内的各种活动。反过来，这又唤起了对周围枯燥乏味的城市领域已疏离的感官意识，在那里，光滑的表面和不断维护的空间限制了对材料直接的感知和接触。[1]

沥青，这种城市景观中无处不在的物质，被选为广场铺装的材质。因为它恰好呼应了场地具象化的性质，"还没有发现其他如此灵活、适应性强、能够承载多种功能、又有多种使用方式、还能产生多种影响的材料"（Bélanger 2006：242）。这种材质不仅表面无缝又很耐用性，而且比较容易获取，另外还可以作为一个城市尺度的图形肌理使用。在与涂鸦艺术家的合作中，沥青表面用刷道路标志的方法放上重新设计过的标志，而且还可以作为背板投上人物剪影图像做出平面动画效果。

虽然这个城市景观项目不是由有机的、植被的要素构成的，但它确实是从城市荒野景观的过程和潜力中得来灵感。类似废墟记录变化的特性，临时活动和临时性结构的使用，对灵活性、适应性和表现化性质的强调，以及对空间功能的开放式态度，使对空间的使用方式可以随时间变化有机地发展进化，恰恰体现了城市荒野景观的特质。

结论

关于城市荒野景观及其过程如何广泛地启发实际工作的问题，主要跟三个方面有关——政策和法规、更优的工作方式、设计过程和策略。

在规划和城市发展政策方面，城市荒野景观提出了一个问题：有多大可能性让公共空间及其周围环境根据自身内在动力发展演变。如上所述，当局在战略和政策上的重大变化，就如柏林，是为了将其荒野景观中非常规城市进程所产生的文化和社会资本合法化，并加以利用，但这也启示我们，在其他监管体制类似的国家应该如何对待这些空间。在政策和法规跟上城市发展的这些过程之前，意图在这一领域中引领风骚的从业者在监管体系中寻找空白、部署策略，以在严格管控的系统中维持其建筑、艺术和环境的模糊性。

218

这为建筑、景观和城市设计的实际工作方式的改变带来了机遇和挑战。柏林城市荒野景观中对空间的自发使用方式，在实际工作中人们很可能并不会那样去做。然而，空间的定义和实际工作方式都在演变，从而使之可以更好地融入城市荒野景观的社会和环境背景。这不仅包括对所谓"专业"工作的重新定位，还包括鼓励各种现有的城市人群参与到实际工作中，并将这种公众参与视为有效的、有价值的。对待城市荒野景观通常需要并且

1 蒂姆·伊登索的研究描述了这些与工业废墟相关的属性（Edensor 2005）。

能够激发一种积极的、跨学科的、参与性的方式，其中包含了设计师、使用者、开发商、环保主义者、施工人员等角色，这些角色有时是交织的，有时是重合的。在处理现有的城市荒野景观时，既需要随时关注社会与环境的变化动态，也需要构建一个鼓励各类利益相关者使用和参与的框架。

对政策和新的工作方式的影响主要与如何对待现有的城市荒野景观有关，上文已经提到了一些与该主题有关的现有观点。但是，研究上述三个项目针对的问题是，城市荒野景观中的非常规使用方式如何为公共空间的设计过程和策略提供灵感。这些记录变化、采用临时干预方式、保留不确定性和模糊性的、强调流动性、未完成性、多样性和参与性的策略，以及对公共空间具象化性质的关注，都对所研究项目的概念生成和规划设计阶段产生了重要的影响。但是，评判已实现的项目中这种策略的成功与否还为时尚早，因为这些项目仍处于使用或实现的初级阶段。评估的关键在于更长的时间、更广泛的使用者体验。

通过上述项目，我们发现城市荒野景观并不能直接应用在传统的公共空间营造方法上，尤其是仅仅复制它们表面的材质、形式，是不可能创造出它们的内在过程和特质的。从定义上讲，城市荒野就是生长在常规体制及其视觉形式之外的。但是，熟悉荒野景观中的基本过程并将这些过程应用于公共空间的营造，能为人们向城市荒野景观学习创造更富有意义的机会。

219

参考文献

Allen, S.(2001)'Mat urbanism: the thick 2D', in H. Sarkis (ed.) *Case: Le Corbusier's Venice Hospital*, Munich: Prestel.

Building Initiative (2007) *Yellow Space Belfast: Negotiations for an Open City*. Online: www.buildinginitiative.org (accessed 28 June 2010).

——(2006) Online: www.buildinginitiative.org (accessed 28 June 2010).

Bélanger, P. (2006) 'Synthetic surfaces', in C. Waldheim (ed.) *The Landscape Urbanism Reader*, New York: Princeton Architectural Press.

Craigavon Borough Council Arts Development Department (2009) *Regenerate Projects*. Online: www.regenerateprojects.com/carbondesign.htm (accessed 20 March 2010).

Edensor, T. (2005) *Industrial Ruins: Space, Aesthetics and Materiality*, Oxford: Berg.

Katz, S. and Mayer, M. (1983) 'Gimme shelter: self-help housing struggles within and against the state in New York City and West Berlin', *International Journal of Urban and Regional Research*, 9, 1: 15-45.

Lange, B. (2006) 'From Cool Britannia to Generation Berlin? Geographies of culturepreneurs and their creative milieus in Berlin', in C. Eisenberg, R. Gerlach and C. Handke (eds) *Cultural Industries: The British Experience in International Perspective*, 145-172. Online: http://edoc.hu-berlin.de/docviews/abstract.php?lang=ger&id=27716 (accessed 1 April 2010).

McMenamin, D. and Sheridan, D. (2006) LiD Architecture. Online: www.lid-architecture.net (accessed 28 June 2010).

——(2008) *Yellow Press* August. Online: www.buildinginitiative.org/yellowpress.html (accessed 28 June 2010).

Misselwitz, P., Oswalt, P. and Overmeyer, K. (2003) *Strategies for Temporary Uses-Potential for Development of Urban Residual Areas in European Metropolises*：*Final Report*（*Extract*）. Online：www.studio–uc.de/downloads/suc_urbancatalyst.pdf（accessed 20 March 2010）.

Senatsverwaltung für Stadtentwicklung Berlin（Senate Department of Urban Development Berlin）（2004）*Raumpioniere*（*Land Pioneers of Berlin*）.

——（2007）*Urban Pioneers*：*Temporary Use and Urban Development in Berlin*, Berlin：Jovis Verlag.

Sheridan, D.（2007）'Berlin's indeterminate territories：the space of subculture in the city', *Field Journal*, 1：97–119. Online：www.fieldjournal.org/index.php?page=2007–volume–1（accessed 1 May 2010）.

——（2009）'Building initiative in Belfast', *Architectural Research Quarterly*, 13, 2：151–162.

Studio Urban Catalyst（2003）*Urban Catalysts*：*Strategies for Temporary Uses*, *Berlin*：*Studio Urban Catalyst.* Online：www.templace.com/think–pool/attach/download/1_UC_finalR_synthesis007b.pdf?object_id=4272&attachment_id=4276（accessed 1 July 2011）. 220

Zagami, B.（2009）'Indeterminate spaces：an investigation into temporary uses in Berlin and the implications for urban design and the high street in the UK', unpublished M. Urban Design Thesis, University of Westminster.

第16章

反规划、反设计？探索创造未来城市荒野景观的其他方法

安娜·乔根森，莉莉·列克卡

221

引言

本章的目的是探讨如何利用城市荒野景观的特质为城市环境提供更广泛的规划和设计策略，并将这些策略与一些现代的城市公共开放空间规划设计方法进行对比。本章分为四个部分。介绍部分概述了本章的总体结构和内容，并定义了城市荒野景观。第二部分对现代城市公共空间规划设计的一些方法进行了评述，特别是关于地方特色和场所特性的概念，并提出了可以从城市荒野景观的特质中汲取可用的策略。第三部分将更详细地研究这些特质，并探讨六个最为关键的——多重功能性、不确定性和多重性、共有性、动态性、易变性、过程性。理论阐述结合一系列已完成的景观项目案例研究[1]，进而在最后一部分中继续探讨城市荒野景观的这些特质如何启示城市公共空间的规划设计。

贯穿本章的一个中心思想是，受管制的与类似荒野的（或不受管制的）城市空间的二分法是不成立的；相反，在不同的尺度上还存在着两类空间相互转换的可能性。一处场地不需要（也不能）是完全管控或纯粹自然状态，但可能介于二者之间，正是这两种状态之间的拉锯关系使城市公共空间有了创新的可能。

就本章的目的而言，城市荒野景观被定义为“在更程序化和受管控的城市空间之间或边缘地带的空间……其特点是为各种各样的人类和非人类活动和过程提供了机会”（Jorgensen 2009）。[2] 由于官方认可的规划和设计、使用者和维护者所做的不正式的更改、包括材料和结构的老化退化以及植被的过度生长等自然过程，随着时间的推移，这些空间逐步发展变化。

222

城市公共开放空间规划设计的最新趋势

全球城市规划者和设计师都面临着一个后现代主义的困境，即城市形

1 本章涉及的景观项目是维也纳景观建筑事务所 Koselićka 的作品，详见：www.koselicka.at。

2 本章基于“景观——伟大构思！”大会中给出的论文，会议于 2009 年 4 月在维也纳自然资源与应用生命科学大学召开。

态和空间的目的及形式都与最初形成它们的过程相去甚远。例如，城市化最初是为了在地理上便利的特定地点进行商业交流，但随着交通和通信技术的发展导致的工业生产迁离城市中心，商业交易正从物理意义上的市场转移到信息及通信技术的虚拟空间（Lyster 2006），城市空间的功能和意义都发生了变化。如今，“发达”国家的城市中心被与休闲活动有关的事务所占据，特别是对全球生产的商品和文化的消费活动和消费人口，这些人口也恰是依赖于消费活动的地方经济的推动力。

众所周知，建筑与空间的形式和结构取决于当地的资源、工艺和意识形态；但由于建筑形式和建筑技术的巨大变化，以及材料、专业知识和理念的全球化，城市空间的形式、功能、意义就不再受限于所在地区了。然而，这并没有增加城市公共空间的多样性。相反，在城市中心致力于消费和休闲的同时，一种程式化的城市规划设计方法也应运而生，直接导致了对地方特色的侵蚀。

在这些新的城市空间内，在规定的使用方式和活动以外的行为，例如即兴演出、摆摊、有组织的集会或政治示威、儿童游戏、年轻人的闲逛（Worpole 2003）、滑板游戏和露宿，通常会被禁止。无论是室内还是室外空间，都以方便使用或严格遵照土地利用性质为佳。就商业而言，对应的空间必须提供积极的体验，干净整洁，没有危险，不令人感觉不适；游客必须能够“无缝地”从一个地方去到另一个地方（Edensor 2005）。

英国设菲尔德市就是这些趋势的典型代表。随着钢铁行业的逐渐衰落，几十年来以汽车为中心的规划和与利兹、曼彻斯特等城市的攀比完全改变了市中心的风貌；而设菲尔德市议会的新总体规划设想在发展城市商业和文化设施的基础上实现复兴（Sheffield City Council 2008）。

城市中商品和服务的增加使其本身正在成为一个被消费的“商品”；因此，城市的结构、建筑、街道和开放空间必须被包装并商品化（Kwon 1997）。作为其品牌建设的一部分，设菲尔德市中心被分成12个“区”，有自己的名字和独特的特点，由不同的路线连接，包括著名的“黄金路线”和“钢铁工业路线”。

必须加强地方特色，为游客提供一些与众不同的体验。为增强或创造地方特色而采取的措施包括：保护历史建筑和结构、使用新材料来维持特定历史时期的“外观”（尤其是铺装和街道家具）、根据当地历史和文化的特产创造新的景观。设菲尔德因其作为钢铁和刀具制造中心的历史地位而闻名。因此，在希夫广场（Sheaf Square）这一火车站前新的公共空间，设计放置了90米长的“前锐”（The Cutting Edge）不锈钢雕塑和喷泉水景（Sheffield City Council 2007）（图16.1）。这个雕塑也例证了一种城市公共空间的设计方法，它由有特定象征含义的对象集合而成，而不是通过对景观要素的处理来形成连贯的空间。作为地方符号的物体传达了“你在此地”的含义（Baudrillard 1983）。

223

图 16.1
希夫广场"前锐"雕塑和喷泉水景，由 Si Applied 与向出圭子设计（摄影：安娜 · 乔根森，2009）

优越的物理结构作为地方特色和"场所精神"的首选表现形式，也限制了这些场所的使用方式和诠释方式。某个特殊的历史时期或文化视角仿佛拥有了展示的特权，但其他的就被动隐没了（Hellström 2006）。它还将有形的物体置于几乎无形的场所组成部分之上，如时过境迁、沧海桑田等时空间变化和自然过程。希夫河在广场附近的地下涵管内流动，而开放空间却以一个巨大的人工动力水景为中心，且以"希夫"命名。[1] 这种水景用以表达空间和功能的规模和形式都是华丽的、巴洛克式的设计语言的典型特点（Lund 1997）。

此外，尽管城市设计实践手册声称要宣传当地文化（CABE 2000），但社会和环境过程通常都是被忽视的，而倾向于静态的、固定的地方性表现形式。在对英国工业遗址改造的批判中，希瑟林顿（Heatherington 2006）提到了多琳 · 马西（Doreen Massey 1993；2005）对场所的诠释，场所被描述为多种叙事、意识形态以及空间中人类和非人类实体的临时具象化，而不是具有固定意义的物品的集合。

城市荒野景观的特质

224

这部分的主要内容是探讨城市荒野景观如何展现出某些特质，并可以用于建构更丰满的地域性和地方特色。与理论文字一同列出的实践案例可表明，这些特质通常可以通过城市公共开放空间规划和设计的特定方法得以凸显。

尽管术语和定义各不相同（见参考文献 Edensor 2005；Doron 2007；Franck and Stevens 2007 等文章），关于城市荒野景观的特质和意义的研究正

1　作者非常感谢设菲尔德大学景观系高级讲师凯瑟琳 · 迪伊（Catherine Dee）对这些细节的观察，以及她的慷慨建议，并真挚感谢她参与文章观点的讨论，对文章写作提供了很大帮助。

在不断发展。它们包括废弃的场地和各种性质不明的空间，从类似荒野的地方如林地、废弃的次生演替场地（及其中的建筑物）以及线性场地如铁路、河流，到更偶然的“松散弹性空间”（Franck and Stevens 2007）、更规范城市空间的边缘空间（甚至有时是其一部分）如间隙场地、“剩余”空间、地下通道、建筑物出入口周围的小灰空间（Stevens 2007）（图 16.2）。

维也纳15区“美丽精灵”项目

“美丽精灵”是 1992 年维也纳委托 koselička 进行的一个项目，旨在打造一个“可玩的城市”。设计团队选择了一个典型的区域，分析了其中的城市开放空间（包括街道景观、小公园、广场）形成一个供儿童使用的空间网络的潜力。在该地区社会资本的支持下，低程度的干预充分利用了现有的物理结构，如栏杆、人烟稀少的小径和更宽的人行道。其目的是提高儿童的自主行动能力，以便传授他们空间感知的方法和社会技能。

“美丽精灵”指的是一层商店或作坊的老板，他们在橱窗上贴上一根仙女棒。孩子们在去学校或去玩耍场地的路上可能会突然跑进来给家里打个紧急电话，或者喝杯水、磕碰了涂个药。

作坊老板还可以在窗户上贴一个眼睛标志，以此向孩子们表达自己的邀请，表示让孩子们看看他们的工作。孩子们——以及成年人，可以在去学校的路上作为“间谍”观察地下室或一楼正在进行的制作。各种各样超出想象的（被认为）失传的手工艺成了“被监视”的团体。该项目揭示了墙后丰富多样的活动内容：雕工、玻璃雕花、老式汽车散热器护栅制造、木工等等。现在，许多有创意的小公司都在寻找沿街店面或融入城市环境的工作室。它们确实丰富了街景；但生产常常隐藏在墙壁或百叶窗后，不为人知。

许多因素为城市荒野景观中各种各样活动的发生创造物质和社会条件，这些活动从许多不常规的使用行为和交易（Hellström 2006；Sheridan 2007；Mörtenböck and Mooshammer 2007）到与自然和建筑环境亲密接触的活动，有时甚至是具有挑战性的活动（Edensor 2005）。这些活动正是马诺罗普卢（Manolopoulou 2007：63）所称的“游憩机会适度简化”的结果。这种容纳不同活动和体验的能力通常被称为多功能性，在城市规划和设计中被视为一个理想的目标（CABE 2000），但往往被错误地解释为土地利用的混合类型。混合用途开发不是多功能的，因为每个开发单元只有一个批准的土地利用类型（Ling et al. 2007）。多功能性也不应与灵活性或可适应性混淆，灵活性或可适应性要么是指留足余地，要么是指试图控制环境的变化方式，以适

226

225

图 16.2
（从左上角顺时针方向）“美丽精灵”：裁缝店入口处的“美丽精灵”标签；另一家小公司也在橱窗外贴上了仙女棒和眼睛标签，“我看到一个木匠的作坊”；景观设计师办公室入口处的眼睛标签——上述都在维也纳 15 区（摄影：乌苏拉·高丝、莉莉·列克卡——koselička，1992）

应预期的未来用途（Manolopoulou 2007）。“多功能性”给予了某些功能以优先权，以牺牲非工具性的活动形式为代价。“多重功能性”虽然是开放式的，但似乎包含了与地方更广泛的互动（图 16.3）。

布雷根茨校园停车场（Schule Rieden）项目

koselička 在以前作品的场地上重新设计了一个 3500 平方米的开放空间，以提供多样的功能，而不只是停车。毗邻商业学院的两所当地中学参与了新设计的试用过程，该项目是由奥地利布雷根茨市市议会发起的，于 2010 年竣工。

这个开放空间紧邻主要的自行车道和步行路，从火车站通往学校综合体和周边社区。设计的目的是同时满足多种功能——它将作为一

图 16.3
布雷根茨校园停车场［摄影（从上至下）：吉塞拉·埃拉切（Gisela Erlacher）、莉莉·列克卡，2009］

个小的社区公园、中学的校园花园，同时还是享誉当地的手球队体育馆的停车场。

现有的空间特质将得到更有效的利用，包括开放空间和建筑立面之间的关系，以及场地中的古树名木。作为之前干预的一部分，老槐树的树冠成为露天教室的天然屋顶，树下一排排的长椅也保护着树根。

这个小型公共开放空间的几个功能并不是通过显式的设施来表达的，而是通过提供让每个人都可以使用的要素来实现的，使用方法完全由路过的人或学生自己决定。

228

一个地方的使用与它的含义密切相关（Blundell Jones 2007），这种含义不是从周围环境中被动吸收的，而是与场地积极且独特互动的一部分。与当今许多城市公共空间中所蕴含的局部、极简和整洁的含义不同，城市荒野景观包含了多种含义，而且往往相互矛盾，包括不安全感、无序、衰败、浪费、混乱、自由、可能性、发现、冒险和魅力（Jorgensen and Tylecote 2007）。处理这些空间的不确定性和“多重性”（Hellström 2006）需要谨慎地思考，这本身就是一种与空间的互动行为。

正如希瑟林顿（参见第 13 章）所证明的那样，符号作为地方特色的一种表达方式的有意使用，使城市景观具有较好的可读性。相应的方法包括使用抽象的形式来控制一个场地及其环境的重要特质（Dee 2010），以及把场地内的物理或文化痕迹作为引入新层次或进行干预的起点（图 16.4）。

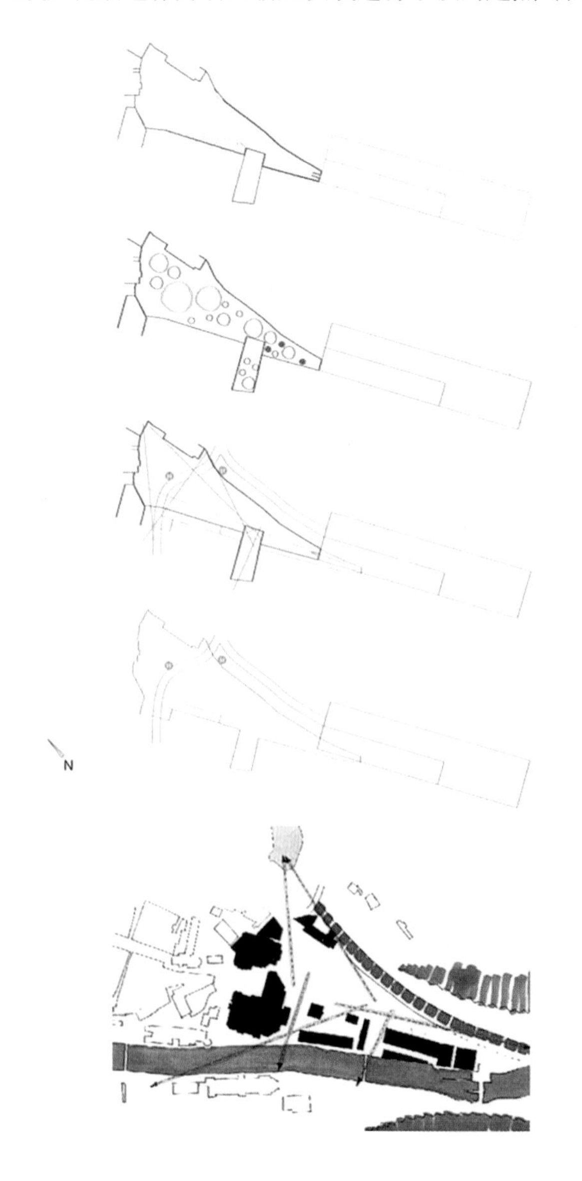

图 16.4
费尔德基希查沃尔公园：带状公园中的“花园珍珠”。从上至下：现有树木；“花园珍珠”；看进和看出场地的视线；现有的路径；场地综合现状图包括周围建筑物和河[绘制：乌苏拉·高丝（Ursula Kose）、莉莉·列克卡 -koselička]

费尔德基希查沃尔（Tschavoll）公园：带状公园中的“花园珍珠”

毗邻奥地利西部小镇费尔德基希中世纪时的镇中心，一些工业建筑为从峡谷中的溪流取水，建在了溪流岸边，街道和这些建筑限定出了一块狭长的三角形地块。峡谷两侧陡崖之间的封闭位置使5000平方米的公园看起来更小了。荒弃后时常有人在这里嗑药和进行一些不良活动，为解决这个形状奇特且衰败的空间的问题，费尔德基希市举办了一场设计竞赛。

koselička的参赛方案提出建立一个明亮的“界面”，使更多的自然光线进入空间，并提供良好的内外视线和视线交叉。这个想法的初衷是增加行人的数量，让废弃的角落不再废弃，进而改变空间的形象。参照中世纪的封闭花园，在平地上种植了弧形的绿篱。这些绿色的“花园珍珠”柔化了场地的气质，同时仍然能为空间的非常规管控提供便利。保留现有的大树也会通过颜色和光线的变化来改变空间氛围。这个空间将会变成一个有很多花园要素的柔性广场，而不是一个表面坚硬的公园。

方案以两种方式回应了场地形状和环境限制：打开空间供大众使用、重新设计了看进公园的视线和越过公园看峡谷奇特岩石的视线。虽然这个对公园的激进诠释得到了竞赛评委的认可，但最终还是选择了另一个参赛作品实施建造。

人类与城市荒野景观的接触，往往涉及对其物质组成的临时或永久修改，而这在管控更严格的城市环境中是不可能实现的。在城市荒野中，可以采摘水果、可以搜寻和丢弃东西、可以建造或破坏构筑（Edensor 2005）。从某种意义上说，这些空间是公共的，任何人似乎都有权使用它们，只要它们仍然开放给其他人使用。相比之下，在许多当代城市空间中，未经授权的改造是被禁止的，甚至贴个临时使用/占用的标志也被好言劝阻。使用者产生的垃圾会被例行清理，而磨损或受损的景观组件则会被替换，以维持这些地方的原始状态。然而，如果允许不那么严格管制和维护的城市景观发展，结果可能会更有趣，也更能传达出地域性。 230

城市更新策略往往要求城市空间的大规模更新，但也有许多低干预的景观方法，直接利用场地中现有的景观要素。包括强调出已经存在的东西——无论是现有的树木和草本植物还是坚硬的景观构筑，或者通过将这些要素置于新的空间或物质环境中来重新构建场所，以及通过去除已经失去价值或目的构筑来改变现有景观（图16.5）。

231

图 16.5
奥古斯汀广场：维也纳的小型公共开放空间 [摄影：玛蒂娜·克里梅尔（Martina Kremmel），2010]

奥古斯汀广场：维也纳的一个小型公共开放空间

在一个狭窄的十字路口，两个远离街道的住宅区夹出了两小块三角形的开放空间。从 20 世纪初开始，住宅的高立面阻挡了广场 1300 平方米的阳光。近几十年来，这个空间又被奥古斯汀的雕像（维也纳民歌中的人物）、喷泉、灌木丛、长椅、辅路和公交候车亭填满。维也纳市委托 Koselićka 重新设计这个小小的公共空间，为人们提供一个舒适的通过或停留之处。在根据《21 世纪议程》进行的征询民意过程中，确定了改造这个空间的要求。

新设计没有从根本上重新配置和改造场地，而是采用了比较简单的策略，通过更新和简化来为多种功能提供空间、通过移除辅路来减少车行交通、连接不同的区域，以及设置更宽敞的座椅。最终成果是一个令人感觉更轻松、更开放的空间，但它仍然包含着历史要素，在新的景观中铭刻着过去。

城市荒野景观是动态的——作为更大的社会环境的循环和过程的一部分不断变化。如兰格（参见第 11 章）介绍的柏林的萨基兰德自然公园的建立和生态维持得益于自然、社会、政治和经济力量的联合。城市荒野景观也是易变的——容易发生突然的、计划外的或意想不到的变化。一棵树倒下、一座建筑被拆除，或者其他地方的开发项目改变了公众对场地的使用频率，就能引发一系列对景观的影响。 232

容易被占用、改造或变化的城市空间，很可能会被更多不同群体的使用者所使用，从长远来看也更可持续。如果对现有方案进行增加或修改就可以满足不断变化的使用者的需求，那就无须进行大规模的更新（图 16.6）。

布鲁诺·克雷斯基公园：维也纳的一个老公园

这个占地 1.03 公顷的公园自 18 世纪维也纳的防御工事建成以来，一直坐落在维也纳的“外环”。随着时间的推移，它已经被改造过，并在 2000 年再次翻新。维也纳市议会在其自己的性别敏感规划、建设及生活水平司关于在公共开放空间促进性别平等的倡议下，宣布了一项对公园进行性别敏感的更新的设计竞赛。koselička 获奖方案的目标是尽可能减少空间的定义，让人们可以在公园里自由做任何事。

方案拆除了足球网，并在草坪上放置了 4 米 × 2 米的木质平台，将这种简单的结构引入到整个空间。这些平台创造了给人们使用的“小岛”，通过将它们小心地放置在现有的大树之间，它们也为公园内的空

图 16.6
布鲁诺·克雷斯基（Bruno Kreisky Park）公园的吊床，这是维也纳的一个老公园（摄影：安娜·乔根森，2010）

间单元定义了中心。这些单元的大小和形状可能会随着平台和周围空间的使用方式而改变。除了这些具体要素的增加，公园还保持较高的开放度，因为公园中有一条从住宅区到地铁站的重要通道。2009 年，维也纳艺术家迈克尔·基恩策（Michael Kienzer）增加了大量红色吊床作为艺术装置。事实证明，这些吊床非常受公园使用者的欢迎，园艺部随即在第二年翻新了吊床。

城市荒野景观并没有自行强加“地方特色”，它只是具有荒野特质的城市空间，是一段时间内一系列过程和相互作用表征出的结果，尽管对其特质的鉴赏需要将我们的价值观和审美标准进行彻底的重新定义。

233

对城市规划设计的启示

本文简要回顾了当前一些城市规划和设计方法的缺陷，并介绍了相应的城市荒野景观与城市规划和设计有关的六个关键特质——多重功能性、不确定性和多重性、共有性、动态性、易变性、过程性。本章的案例研究表明，这些特质不需要局限于极端或存疑的城市区域，但可以为城市公共开放空间的规划和设计提供便利、兼容并可用的启示。更广泛地说，这对城市地区的规划和设计有什么影响呢？

首先，提出了对支撑规划设计决策和审美标准的价值观的异议，需要人们重新审视现有的价值观。它们出自何处，它们有何意义，它们对何人有利？景观实践和教育需要对其所依据的美学、文化、社会和政治背景有更深入的认识和批判。城市规划设计的核心宗旨和价值取向需要重新审视。城市规划者和设计师需要有更广泛的视野，而不仅仅是让地方盈利，要看到更广大的目标，要看到社会正义和环境公平。包括要为不那么依赖私人资金的城市发展项目寻找新的资金来源。城市公共开放空间应被视为必不可少的公共基础设施，并理应得到公共资金的支持。景观干预不应以强加意义为主要目标（Hallal 2006）。特雷布（Treib 2002）提出"快乐"本就是一个目的，尽管"快乐"是否能完全概括景观的意义是值得怀疑的。例如，它是否能解释在景观中适当放入危险要素的迫切需要（CABE Space 2005）？ 234

其次，城市荒野景观的这些特质意味着对城市现有结构多样性和不完美性的接受，甚至是褒扬。建筑师亚历山大·切梅托夫（Alexandre Chemetoff 2009：82）批判了规划完美、可持续的城市的理念，他说：

> "这种纯粹主义的生态，即遗忘和隔离，导致了我们城市的生产方式脱离了城市的历史，也脱离了必要的不整洁、多样性和不确定性，而所有这些都是很必要的。我更喜欢多样性，也喜欢不整洁，喜欢城市生产和城市空间中通俗的一面。"

城市荒野景观还强调了"缝缝补补"的景观更新的价值；随着时间的推移，这些景观被无数不同的人重新塑造——规划者、设计师、维护这些场地的人，以及最后同样重要的，场地使用者。由此表明了所有的人类行为者都可以通过物理干预，即切梅托夫所说的"城市生产和城市空间中通俗的一面"，或通过使城市空间变得有意义的使用和体验，在创造城市空间方面发挥作用。

城市荒野景观还揭示了城市地区是许多过程的产物，并要求我们找到更有创造性地利用这些过程的方法——全球化的进程使已有构筑变得多余或突然可用、现有机会和非人类活动激发了人类的活动、自然过程对人类使用方式的变化作出反应。城市设计和规划策略需要整合这些过程和广义生态系统（Mostafavi and Najle 2003；Waldheim 2006）；这就需要找到能够考虑到所涉及的方方面面的方法（Corner 2006）；也可能需要扩大景观实践的范围。

因此，城市荒野景观也揭示了改变是不可避免的，试图让时间停滞大多是注定会失败的，我们应该致力于创造适应改变的城市空间，而不是追求稳定的状态。

最后，对城市更新是大规模重建的观点的质疑。如果随着时间逐渐进化的景观更能表达地方特色，那么应该着重考虑"具有大规模影响潜力的小规模干预措施"（Corbin 2003）；正如迪伊（Dee 2010）提出的"节俭美学"是景观设计的一种方法。城市规划和景观设计有时也要学会退一步——什么都不做，或者尽可能少做，往往比推倒重来更可取。

235

参考文献

Baudrillard, J.（1983）*Simulations*, New York：Semiotext.

Blundell Jones, P.（2007）'The meaning of use and the use of meaning', *Field*, 1：4–9. Online：www.field–journal.org（accessed 5 January 2009）.

CABE（Commission for Architecture and the Built Environment）（2000）*By Design：Urban Design in the Planning System：Towards Better Practice*, London：CABE.

CABE Space（2005）*What Are We Scared Of? The Value of Risk in Designing Public Space*, London：CABE Space.

Chemetoff, A.（2009）'The projects of Grenoble and Allonnes or the economy of means', *Journal of Landscape Architecture*, Autumn：82–89.

Corbin, C.（2003）'Vacancy and the landscape：cultural context and design response', *Landscape Journal*, 22（1）：12–24.

Corner, J.（2006）'Terra fluxus', in C. Waldheim（ed.）*The Landscape Urbanism Reader*, New York：Princeton Architectural Press.

Dee, C.（2010）'Form, utility and the aesthetics of thrift in landscape education', *Landscape Journal*, 29：1–10.

Doron, G. M.（2007）'badlands, blank space...' *Field*, 1：10–23. Online：www.field–journal.org（accessed 5 January 2009）.

Edensor, T.（2005）*Industrial Ruins：Space, Aesthetics and Materiality*, Oxford：Berg.

Franck, K. A. and Stevens, Q.（2007）*Loose Space：Possibility and Diversity in Urban Life*, London：Routledge.

Hallal, A. M.（2006）'Barcelona's Fossar de les Moreres：disinterring the heterotopic', *Journal of Landscape Architecture*, Autumn：6–15.

Heatherington, C.（2006）'The negotiation of place', unpublished MA dissertation, Middlesex University. Online：www.chdesigns.co.uk（accessed 8 January 2009）.

Hellström, M.（2006）'Steal this place：the aesthetics of tactical formlessness and "the Free Town of Christiania"', unpublished doctoral thesis, Swedish University of Agricultural Sciences：Alnarp.

Jorgensen, A.（2009）'Anti–planning, anti–design? Exploring alternative ways of making future urban landscapes', paper presented at *Landscape–Great Idea!* conference, University of Natural Resources and Applied Life Sciences, Vienna, April 2009.

Jorgensen, A. and Tylecote, M.（2007）'Ambivalent landscapes：wilderness in the urban interstices', *Landscape Research*, 32（4）：443–462.

Kwon, M.（1997）'One place after another：notes on site specificity', *October*, 80：85–110.

Lund, A.（1997）*Guide to Danish Landscape Architecture*, Copenhagen：Arkitekten's Forlag.

236 Ling, C., Handley, J. and Rodwell, J.（2007）'Restructuring the post–industrial landscape：a multifunctional approach', *Landscape Research*, 32：285–309.

Lyster, C.（2006）'Landscapes of exchange', in C. Waldheim（ed.）*The Landscape Urbanism Reader*, New York：Princeton Architectural Press.

Manolopoulou, Y.（2007）'The active voice of architecture：an introduction to the idea of chance', *Field*, 1：62–72. Online：www.field–journal.org（accessed 5 January 2009）.

Massey, D.（1993）'Power geometry and a progressive sense of place', in J. Bird, B. Curtis, T. Putman, G. Robertson, and L. Tickner（eds）*Mapping the Futures：Local Cultures, Global Change*, London：Routledge.

——（2005）*For Space*, London：Sage.

Mörtenböck, P. and Mooshammer, H.（2007）'Trading indeterminacy：informal markets in Europe', *Field*, 1：73–87. Online：www.field–journal.org（accessed 5 January 2009）.

Mostafavi, M. and Najle, C.（eds）（2003）*Landscape Urbanism：A Manual for the Machinic Landscape*, London：AA Publications.

Sheffield City Council（2007）*Cutting Edge Sculpture：More Information*. Online：

www.sheffield.gov.uk/out-about/city-centre/public-spaces/sheaf-square/cutting-edge-sculpture（accessed 3 January 2011）.

——（2008）*Sheffield City Centre Masterplan and Roll Forward.* Online：www.creativesheffield.co.uk/DevelopInSheffield/CityCentreMasterplan（accessed 30 December 2008）.

Sheridan，D.（2007）：'The space of subculture in the city：getting specific about Berlin's indeterminate territories'，*Field*，1：97–119. Online：www.field-journal.org（accessed 5 January 2009）.

Stevens，Q.（2007）'Betwixt and between：building thresholds，liminality and public space'，in K. A. Franck and Q. Stevens（eds）*Loose Space：Possibility and Diversity in Urban Life*，London：Routledge.

Treib，M.（2002）'Must landscapes mean?'，in S. Swaffield（ed.）*Theory in Landscape Architecture：A Reader*，Philadelphia：University of Pennsylvania Press.

Waldheim，C.（ed.）（2006）*The Landscape Urbanism Reader*，New York：Princeton Architectural Press.

Worpole，K.（2003）*No Particular Place to Go? Children，Young People and Public Space*，Birmingham：Groundwork UK.

237

图片来源

图F.1 © Richard Keenan

图0.1 © Marian Tylecote

图0.2 © Anna Jorgensen

图0.3 © Marian Tylecote

图0.4– 图0.6 © Anna Jorgensen

图1.1– 图1.6 © Christopher Woodward

图2.1 © Chicago Park District

图2.2– 图2.4 © Paul H. Gobster

图2.5 © US Forest Service

图3.1 *Vauxhall Fete*：engraving by George Cruikshank，reproduced by kind permission of Lambeth Archives Department；© Lambeth Archives Department

图3.2 © Anna Jorgensen

图3.3 © Marian Tylecote

图3.4 © Anna Jorgensen

图3.5 © Marian Tylecote

图3.6– 图3.7 © Anna Jorgensen

图4.1– 图4.2 © Tim Edensor

图4.3 © Ian Biscoe

图4.4– 图4.5 © Tim Edensor

图5.1– 图5.4 © James Sebright

图6.1 © Henning Seidler，nothofagus.de

图6.2 © Rianne Knoot

图6.3 © Renée de Waal

图6.4 © Frank Döring

图6.5 Archiscape/bgmr；© IBA Fürst–Pückler–Land GmbH

图7.1 © Shanghai Urban Planning and Design Institute

图7.3 © Turenscape Design Institute

图7.4 © Yichen Li

图7.5 © Shanghai Urban Planning and Design Institute

图8.1（from top）© Udviklingsselskabet By og Havn（The City and Port Development Association）；© Nils Vest

图8.2 © Anna Jorgensen

图8.3 Plan of Christiania © Slots–og Ejendomsstyrelsen（The Palaces and Properties Agency）and printed with their kind permission

238

图8.4 © Maria Hellström Reimer

图9.1 Plan based on OS and UKBORDERS 2001 Census boundary data；© Crown copyright Ordnance Survey，All rights reserved.

图9.3 Reproduced with the kind permission of Sheffield City Council

图9.2，9.4 and 9.5 © Richard Keenan

图10.1– 图10.2 © Nigel Dunnett

图10.3（from top）© Marian Tylecote；© Nigel Dunnett

图10.4– 图10.6 © Marian Tylecote

图11.1（lower photograph）© Grün Berlin GmbH

图11.2 Plan of the Nature–Park Südgelände © planland Planungsgruppe Landschaftsentwicklung

图11.3 Section of the Nature–Park Südgelände © planland Planungsgruppe Landschaftsentwicklung

图11.4– 图11.5 © Laura Silva Alvarado

图12.1– 图12.4 © Helen Morse Palmer and John Deller

图13.1 © Catherine Heatherington

图13.2 © Alex Johnson

图13.3 © Entasis Design Architects

图13.4– 图13.5 © Catherine Heatherington

图13.6 © Christian Borchert，McGregor Coxall Landscape Architects

图14.1 © Mattias Qviström

图14.2 © Birgitta Geite

图14.3 © Mattias Qviström

图14.4–图14.5 © Malmö stadsarkiv：Fastighetsnämnden（Malmö Municipal Real Estate Office）

图14.6 © Mattias Qviström

图14.7 © Malmö stad Gatukontoret and Tema（Malmö Municipal Highways Department）

图15.1–图15.2 © Dougal Sheridan

图15.3–图15.6 © Deirdre McMenamin，Dougal Sheridan，Sarah Allen，Ryan Ward–LiD Architecture

图16.1 © Anna Jorgensen

图16.2 © Ursula Kose and Lilli Lička–koseliička

图16.3（from top）© Gisela Erlacher；© Lilli Liička

图16.4 © Ursula Kose and Lilli Liička–koseliička

图16.5 © Martina Kremmel

图16.6 © Anna Jorgensen

译者寄语

世界城市化的进程并非一帆风顺，由于资源有限、发展瓶颈或其他不可抗力，许多城市不得不面对中心疏散、规模收缩等问题，城市更新存量发展成为当下一大关注重点。这些逆城市化或城市更新需求激增的问题也成为了城市荒野景观被发现与关注的契机。“荒野”这一概念指代无人类影响下的自然区域，而为其加上“城市”的前缀则限定了其作为城市空间的范畴。尽管这种简单粗暴的并置看似自相矛盾，但这份矛盾也正是城市荒野景观所具有的特质之一——既非完全人工制造，又非纯粹的自然。因此城市荒野是暧昧的，是在人工与自然不断拉锯下而动态的。也许这正是城市荒野景观的魅力所在。

城市荒野第一次受到的广泛关注得益于2007年在英国谢菲尔德大学举办的国际会议“Landscape，Wilderness and the Wild”，会议中对城市荒野的正式定义强调它在城市中是以多种尺度和景观要素的组合形式呈现的，还指出了植物的自发生长和演替是其一项重要特征。但随即许多学者的研究又发现，仅仅将城市荒野视为城市中的一类自然空间，似乎难以解析它的复杂性和动态演变效应。《城市荒野景观》这一著作在继承上述会议成果的基础上，对城市荒野景观的理论和实践、以及对规划设计的启示进行了进一步探索。正如主编之一安娜·乔根森在其总揽性的前言中所述的，本书是在将城市荒野视为一种思考城市的方式，并且认为城市荒野反映了从严格管理到完全自发的人与自然关系的动态平衡。即是说，城市荒野就如同衡量城市空间状态的一把标尺，通过测定城市空间受到人为力量支配的程度，揭示空间中自然过程与社会过程共同作用的成果。由此，城市荒野不是对自然荒野的单纯复制，以维持其外在形式或无人的特性，而是已开发或待开发的城市空间由于自然与社会过程共同作用而呈现出了荒野缺少管理、人的力量不占主导的特征，或者可将其称为野化的城市景观。我们关注这类城市中的自然景观，首先在于它们与众不同的外观形式——尽管带着某种无法避免的芜杂，但又是如此的生机盎然，与传统的整齐修剪的灌丛截然不同。

迄今为止，对自然形式的效仿作为城市景观规划设计的一种方法一直被广泛应用，从自然主义式的花境到对自然地形的抽象。尽管人们欣赏设计师有意设计的“荒野式”城市景观，但仅仅归因于其丰富多样和具有鲜明特色的外在表现形式，而不对其背后的价值加以思考，或者说将其专门化为一种表达方式或种植方法，则会丧失城市荒野真正的意义。城市荒野背后遵循着生态伦理的审美逻辑，一定程度上消解了传统的以空间限定为主要手段而设计的景观中对无序、复杂、善变的否定。创造一种独特的视觉体验并不是城市荒野景观唯一的效用。实际上，对城市荒野概念的探讨不仅有助于了解它们的表现形式，更有助于认识到它们在生态、弹性和游憩等方面的潜力，和提高城市应对气候变化与自然灾害的能力。本书包含众多与城市荒野有关的案例分析，例如：柏林由废弃调车站改造的萨基兰德自然公园成为柏林生物多样性最高的地区之一，揭示了城市荒野在保护城市生态系统和生物多样性方面的重要意义；流经谢菲尔德的唐河从渠化到恢复自然后，为该市提供了包括野生动物栖息地以及洪水调节在内的多种生态系统服务，表明了城市荒野作为绿色基础设施在应对城市自然灾害方面的潜力；工业废墟成为游戏场所得益于其多样化的材质和低程度的管理，则阐释了城市荒野在提供城市游憩空间方面的潜力……

综上，《城市荒野景观》作为这一对象研究的先行专著，以丰富的案例和图文并茂的表达形式为此前界定较为模糊的城市荒野进行了概念上和效用上的正名。在中国，城市荒野是刚刚兴起的议题，目前大部分城市荒野仍然呈现着杂乱无章、无人管理、入侵物种肆虐的状况，城市居民对“荒野”的印象没有完全转变，而野化景观的实践也才刚刚起步故成果尚少。这也意味着城市荒野在中国城市中还是一片“待探索”的领域。

致谢

翻译工作是痛并快乐的。一方面，反复阅读原著与校对译文无疑启发了我们对城市荒野景观更深入的思考；另一方面，我们又在忠于原文与清晰易解的程度上不断纠结。在此过程中，许多朋友无私地贡献了自己的时间和精力，为部分翻译工作提供了帮助，使本书得以顺利完成。她们是：陈茜、杨奕、赵双睿、朱亦婷。另外，薛贞颖、林晖虎、李裕、孙泽良、武昕竺等同学在翻译初稿完成后首先进行了阅读并提出了有益的修改建议，他们的热情帮助是本书得以出版不可或缺的。我们对所有为翻译工作和出版事宜贡献了力量的伙伴表示真诚的感谢。

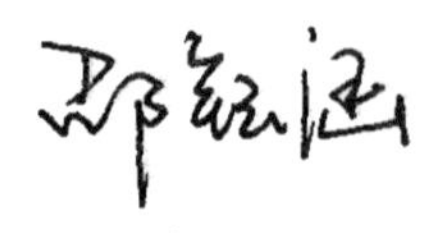

2020 年 6 月 1 日